기술교과
수업
컨설팅

기술교과 수업 컨설팅

진의남 · 이춘식 · 이승표 공저

한국학술정보(주)

머리말

우리 학교 교육에서 기술교과 교육은 도구적(道具的) 성격을 가진 일반 교과와는 달리 실생활에 바탕으로 두고 있는 실용 학문인 것이다. 즉, 기술학이라는 지식 체계에 근거한 교양 교육으로서 실천적 문제해결 학습 활동을 통하여 학생들이 기술적 소양(technological literacy)을 갖도록 하는 교과 교육의 성격을 지니면서 기술적 이해, 기술적 조작, 기술적 문제해결, 기술적 평가 능력을 기르는 데 중점을 두고 있다. 중·고등학교에 기술 교육이 국가 교육과정에 정식으로 편성된 것은 1969년에 출발하여, 현재 약 40여 년이 흘렀으나 아직도 우리나라 기술교과 교육은 여러 가지 지향해야 하는 많은 과제를 안고 있다.

그동안 기술교과 교육에 관련된 교과 교육, 교수법, 교수·학습 방법 등 다수의 책들이 출간되었으나, 충분하지 않다고 본다. 특히 중등학교 현장에서 기술교과 영역을 가르치는 교사를 위한 교수 및 수업 자료는 매우 부족한 실정이다. 본 교재는 중등학교 기술교과 교사들에게 기술 영역별 수업 컨설팅 자료를 제공하여 각 영역 수업 활동에 적극적으로 활용하는 데 도움을 주고자 한다. 이 교재의 특징으로는 기술교과 영역 중에서 교사들이 수업 활동 중에 많은 어려움을 느끼고 있는 영역 중에서 가장 대표적 체험 활동 등을 교사가 직접 모든 활동 과정을 손쉽게 활용·병행할 수 있도록 수업 자료를 구성하고자 하였다.

이 교재는 총 3파트로 구성되어 있다. 각 파트별로 내용을 간단히 소개하면 다음과 같다.

Ⅰ에서는 수업 컨설팅이 무엇이며, 수업 컨설팅의 원리 및 절차 등에 대하여

소개하였다.

Ⅱ에서는 기술교과 수업에 주로 활용되고 있는 교수·학습 방법을 소개하였으며, 또한 기술교과 수업 컨설팅 관련 자료 등을 정리하였다.

Ⅲ에서는 기술교과의 주요 5가지 영역별 체험 활동 수업 자료를 수록하였다.

첫 번째에서는 제조 기술 및 발명 영역의 우드락 및 목제품 제작, 창의적인 생활용품 만들기 활동 체험 자료를 담았다.

두 번째에서는 건설기술 영역의 '종이, 수수깡 교량 모형 만들기' 활동 체험 자료를 담았다.

세 번째에서는 전기, 전자, 기계 기술 영역의 '전통 등, 로봇 팔 만들기' 체험활동 자료를 담았다.

네 번째는 수송기술 영역의 '수송 모형 장치 만들기' 체험 활동 자료를 담았다.

다섯 번째는 생명기술 영역의 '잔디인형 키우기' 체험 활동 자료를 담았다.

마지막으로, 미국 피츠버그 대학의 Gage(1978) 교수는 그의 저서에서 '교수·학습 방법에는 묘안이 없고, 왕도가 없다'하고 제안한 바 있다. 이는 교실 수업에서 정형화된 교수·학습 방법은 이론적으로 정립할 수 있으나, 수업 활동에서는 결코 획일화된 교수·학습 방법의 목적, 의도, 전략 등이 그대로 적용되고 활용되기 어렵다는 점이다.

이는 학교 교실 수업에서 성공적으로 적용할 수 있는 교수·학습 방법을 찾아

본다는 것은 그리 쉬운 일이 아닐 것이다. 결국에는 수업 교사들의 교수·학습 이론, 방법, 전략 등에 대한 전문적 식견에 따른 수업 실천에 대한 통찰적인 지식과 경험이 교실 수업의 혁신적인 변화에 결정적인 요인이 될 것이다.

끝으로, 이 책이 나오기까지 많은 수고와 헌신적인 노력을 아끼지 않은 한국학술 정보 관계자 여러분께 감사드립니다.

2010년 6월
저자 일동

목 차

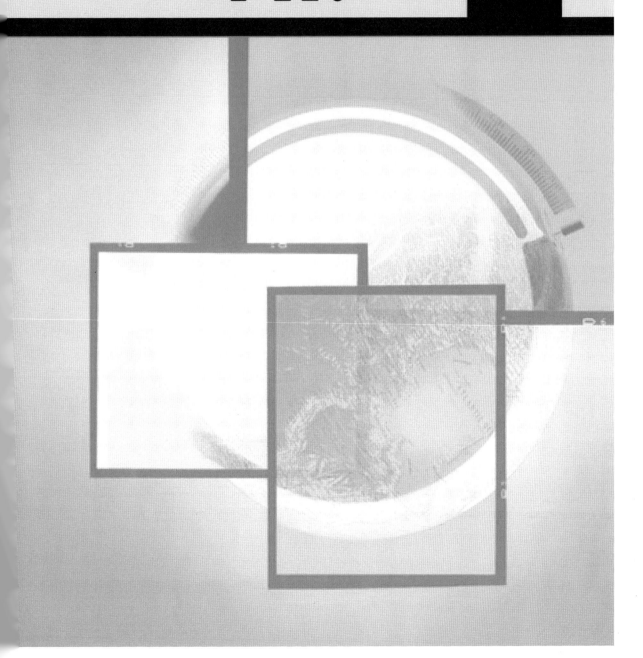

수업 컨설팅의 개요   I

1. 왜 '수업 컨설팅'인가?

컨설팅(consulting)은 '전문 지식을 가진 사람이 상담·자문에 응하는 일'이란 뜻으로 그동안 경영이나 기업에서 사용되던 용어였는데, 이제 이 용어가 수업의 변화를 요구하는 시대의 요청에 의해 수업 컨설팅이란 말로 학교현장에서도 널리 사용되고 있다.

21세기 지식기반 경쟁사회에서 교육경쟁력 제고는 시대적 요구이고 학교교육의 질은 국가 경쟁력을 좌우한다. 그러나 학교교육은 단순지식 전달의 획일적인 교육이어서 창의적인 사고력과 문제해결력을 갖춘 인재를 육성하지 못했다는 반성이 있어 왔다. 지식기반 경쟁사회에서 요구하는 창의적인 인재를 육성하기 위해서는 교실 수업에 대한 개선이 무엇보다 필요하다. 또한, 경제 발전과 민주주의 발전의 결과로 수준 높은 교육 서비스를 제공받기를 원하는 학부모와 학생은 잘 가르치는 교사에 의한 즐거운 수업을 요구하게 되었다.

교육을 간단히 정의하면 '가르치고 배우는 활동'으로, 가르치는 교사와 배우는 학생의 상호 작용은 교실을 통해 이루어진다. 교실 수업은 교육 활동의 핵심이며 정성껏 가르치고 열심히 배우는 수업이야말로 학습능력 신장의 지름길이다.

교실 수업 개선을 위해서는 가르치는 교사의 역할이 가장 중요하기에 수업 장학과 연수를 통해 교사의 수업전문성의 신장이 필요하다. 그러나 기존 교육청 주도의 장학과 연수는 부정적 이미지로 인하여 교사들의 자발성을 이끌어 내지 못해 교사의 전문성 신장에 거의 기여를 하지 못해 왔다는 평가를 받고 있다.

이제 수업 컨설팅은 교사의 전문성 개발을 위한 하나의 대안이 되고 있다. 수업 컨설팅은 교사들의 자발성을 보장하여 교사들의 전문성 개발을 도모하는 장학의 새로운 접근법이다. 수업 컨설팅은 기존의 수업장학과 달리 의뢰교사의 자발성과 컨설턴트의 전문성을 중요하게 여긴다. 교실에서 학생들에게 최선의 것들을 전달하기 위해, 나아가 학생들과 감동을 나누기 위해 교사들이 해야 하는 고민들을 교사들 스스로 나누고 풀어 가는 방편이 바로 수업 컨설팅이다. 넓은 의미로는 동료 교사에게 자신의 고민을 이야기하고 이를 함께 해결해 가는 모든 과정이다. 좁은 의미로는 교과 지식과 수업 기술이 자신보다 뛰어난 교사에게 자신의 수업을 진단·평가받고 더 나은 발전 방향으로 지도·조언받는 과정이라 할 수 있다. 분명 수업 컨설팅은 기존 수업장학의 부정적 이미지를 감소시키면서 교사의 수업 개선에 상당히 기여하고 있다. 수업 컨설팅은 학생의 학력 신장을 위한 가장 본질적 해법이 되고 있다.

2. 수업 컨설팅의 정착 요건

진동섭(2005)은 수업 컨설팅의 정착 요건으로 다음과 같은 것들을 제시하고 있다.

첫째, 교사들의 의식 변화가 필수적이다. 수업 컨설팅은 일선 학교 교사가 필요성을 느끼고 원해야 시작되는 것이다. 수업 컨설팅의 활성화에는 현장 교사들의 의식 변화가 무엇보다 중요한 선결 과제라고 할 수 있다. 학교 내에서의 모든 일은 성격상 교사들이 변화의 필요성을 크게 느끼지 못하도록 되어 있고, 변화를 시도한다 하더라도 그것의 성과를 분명하게 그리고 단기간에 확인하기 어렵다는 것이 특징이다. 따라서 교사들은 변화를 추구하는 것은 물론 그것을 위해 외부의 도움이나 지원을 구하는 것에 대해 큰 필요를 느끼지 못해 왔던 것이 사실이다. 그러나 이제는 교육계 안팎의 변화로 인해 교원들은 더 이상 그러한 상황에 안주할 수 없게 되었다. 이제 교사들은 사회나 외부의 변화에 능동적이어야 하고 자신들의 전문성 신장을 위해 전문가로부터의 도움을 적극적으로 구해야 하는 상황에 와 있다.

둘째, 수업 컨설팅 담당교사들의 전문성 확보가 필요하다. 수업 컨설팅은 일선 학교나 교사들의 신청을 받아 그들의 구체적인 문제를 해결하고 필요를 채워 주는 전문적 활동이라고 할 수 있다. 따라서 수업 컨설팅을 담당하는 교사들은 요청받은 문제의 해결을 위한 전문적 지식, 기술, 능력을 구비해야 한다. 그것을 갖추지 못한 수업 컨설턴트는 교사들의 선택을 받지 못하고, 결국은 도태될 것이 뻔하기 때문이다. 수업 컨설팅과 유사한 기존의 장학이나 연수 등이 효과를 거두지 못했던 큰 이유 중의 하나는 교사들의 필요와 요구를 충족시키지 못했기 때문이다.

셋째, 학교체제의 변화가 필요하다. 학교 경영의 권한을 일선 학교로 넘겨주고 동시에 경영의 결과에 대해 책임을 지도록 하는 단위학교 자율책임경영제는 일선 학교에 활력을 불어넣어 자발적으로 경영과 교육의 질을 높이는 데 목적이 있으며, 교장, 교감, 교사들의 분발과 책임감을 강조하고, 이들의 전문성 향상을 위한 노력을 자극하게 될 것이다. 일선 학교와 교사 개개인이 자력으로 해결할 수 없는 일이 생길 경우 누군가 전문성을 갖춘 사람의 도움이 필요할 것이다. 이때 도움을 줄 수 있는 사람이 바로 수업 컨설턴트이며, 그들의 존재 이유인 것이다.

넷째, 제도적 지원이 요구된다. 수업 컨설팅은 공교육을 대상으로 하기 때문에 국가의 교육정책 및 제도와 밀접하게 관련되므로 국가는 수업 컨설팅이 정착할 수 있도록 정책적, 제도적 지원을 해 주어야 한다.

3. 수업 컨설팅을 위한 수업평가 및 분석

수업 컨설팅을 수행하기 위한 예비 단계인 진단 단계에서 필요한 컨설팅 의뢰 교사의 수업을 평가하고 분석할 때 활용할 수 있는 각종 분석도구들을 아래같이 제시하고자 한다.

〈수업 계획 분석표〉

( )과 수업관찰자 ( )

학년 반		교사		학생 수	
단원 명		(/)차시	일시	년 월 일	

본시 학습목표:

수업 계획	있음	없음	구체적인 내용 및 대안
1. 학생들에게 학습 전에 인사말을 계획하고 있습니까?			
2. 학생들의 활동(반응)을 알아보려는 계획을 갖고 있습니까?			
3. 학생들에게 수업계획을 제시함으로써 동기부여를 시킬 계획을 갖고 있습니까?			
4. 수업 전이나 도중에 학생들과 의사소통을 활발하게 할 방법을 생각해 보았습니까?			
5. 수업 중 학생의 능력 차이에 대처할 계획을 갖고 있습니까?			
6. 수업을 위한 좌석배치를 계획하고 있습니까?			
7. 필요하다면 학생들에게 숙제를 부여할 계획을 갖고 있습니까?			
8. 학생들에게 강화(긍정적, 부정적 강화)를 주기 위한 방법을 계획하고 있습니까?			
9. 학생들이 주어진 과제를 얼마나 학습하였는지를 위한 평가계획이 있습니까?			
계			

의견:

〈교사의 수업 진행 분석표〉

(   )과 수업관찰자 (   )

학년 반		교사		학생 수		
단원 명		(/)차시	일시	년 월 일		

본시 학습목표:

교사인 나는?	계속적으로	가끔	전혀 안 한다
1. 학생의 주의 집중을 촉진한다.			
2. 수업시작 전에 동기 유발을 시킨다.			
3. 학습의 중요 개념을 강조한다.			
4. 수업목표를 확인시킨다.			
5. 학생의 능력수준에 따라 다양한 수업 활동을 전개한다.			
6. 개별화 수업을 유도한다.			
7. 학생의 요구를 수업 중에 반영한다.			
8. 학생의 창의성을 발전시킨다.			
9. 학생의 질문을 적극적으로 수용한다.			
10. 적절한 강화를 제공한다.			
11. 매 교시마다 학생의 학습 정도를 확인한다.			
12. 학생들에게 개별적인 목표를 설정하게 한 후 성취에 따른 격려를 해 준다.			
13. 사고를 할 수 있는 질문을 한다.			
계	개	개	개

의견:

〈교사의 질문 분석표〉

(   )과 수업관찰자 (   )

학년 반		교사			학생 수	
단원 명		(/)차시		일시	년 월 일	

본시 학습목표:

시간(분)	질문 내용	지식	이해	적용	분석	종합	평가
계		개	개	개	개	개	개
%							

의견:

〈교사의 질문 분석표〉

(   )과 수업관찰자 (   )

학년 반		교사			학생 수	
단원 명			(/)차시	일시	년 월 일	

본시 학습목표:

영역	착안점	빈도수	%
1. 지시적 발문	지시, 비난하는 발문(예: 공책에 써요, 칠판을 봐요, 그것도 몰라요? 틀렸어 등)		
2. 비지시적 발문	칭찬, 권장, 학생의 생각을 받아들이거나 이용하는 발문(예: 잘했어요, 맞았어요, 으음, 그래 등)		
3. 재생적 발문	재생, 암기, 계산, 열거 등 학생이 단편적인 지식으로 답하게 하는 발문(예: 우리나라의 수도는?)		
4. 추론적 발문	인과관계, 종합, 분석, 구분, 비교, 대조하게 하는 발문(비슷한 점, 같은 점, 다른 점)		
5. 적용적 발문	새로운 사태에 원칙을 적용, 이론화, 예언하는 반응을 나타내게 하는 발문(예: 지리산이 없어지면 어떻게 될까?)		
계			
특기 사항			

의견:

〈교사의 개인적 특성 분석표〉

( )과 수업관찰자 ( )

학년 반		교사			학생 수	
단원 명			(/)차시	일시	년 월 일	

본시 학습목표:

항목/시간(분)		5	10	15	20	25	30	35	40	분석 결과
목소리	높낮이									
	속도									
	어조									
비언어적 행위	시선 접촉									
	열정									
	자세									
	손동작									
	제스처									
	이동									
옷차림										
언어	※ 목소리는 1) 높낮이에 따라 ① 높다 ② 적당하다 ③ 낮다 　　　　2) 속도에 따라 ① 느리다 ② 적당하다 ③ 빠르다 　　　　3) 어조에 따라 ① 단조롭다 ② 변화가 있다 ③ 정상적인 경우는 '정'이라고 표시 비언어적 행위는 ① 효과적이다 ② 비효과적이다 교사의 옷차림과 언어의 사용(표준말과 사투리를 쓰는 정도)은 ① 적절하다 ② 부적절하다									
의견:										

〈교사의 시선 분석표〉

( )과 수업관찰자 ( )

학년 반			교사			학생 수		
단원 명				(/)차시	일시		년 월 일	

본시 학습목표:

시간선 시선 지점		1	3	5	7	9	11	13	15	17	19	21	23	25	27	29	31	33	35	37	39	합	%
학생	개인																						
	전체																						
칠판																							
교재/교구																							
게시판																							
복도나 창밖																							
기타																							

의견:

의견:

※ 관찰자는 2분(혹은 1분)마다 교사의 시선이 어디로 향해 있는지를 표에 표시한다. 시간선에 나타나 있는 번호는 관찰자의 편의에 따라 정할 수 있다.

〈판서 분석표〉

학년 반		교사			학생 수	
단원 명			(/)차시	일시	년 월 일	

본시 학습목표:

평 가 요 소	평 정		
1. 계획성 있게 판서한다.	상	중	하
2. 글씨를 쉽게 알아볼 수 있다.	상	중	하
3. 색분필 사용으로 시각적 효과가 있다.	상	중	하
4. 기록할 시간 여유를 준다.	상	중	하
5. 적당한 양의 판서를 한다.	상	중	하
6. 판서하는 동안 몸으로 글씨를 가리지 않는다.	상	중	하
7. 학생들이 잘 기록한다.	상	중	하
8. 지운 흔적이 남지 않도록 잘 지운다.	상	중	하
계	개	개	개

의견:

※ 평정은 상, 중, 하로 해서 하단에 합계를 낸다.

〈정리 활동 분석 도구〉

(   )과 수업관찰자 (   )

학년 반		교사			학생 수	
단원 명			(/)차시	일시	년 월 일	

본시 학습목표:

행 동 유 형	빈 도
1. 수업시간 중 특정행위에 대해서 칭찬한다.	
2. 학생들이 질문에 잘 응답하는 것으로 봐서 대체적으로 그 시간의 수업이 잘 되었음을 칭찬해 준다.	
3. 학생들이 물음에 잘 답하지 못하는 것으로 봐서 대체적으로 그 시간의 수업이 잘 못 되었다고 꾸중을 한다.	
4. 모호한 일반적인 꾸중(예: 오늘 여러분들의 수업태도가 나빴습니다)	
5. 모호한 일반적인 칭찬(예: 오늘 여러분들이 참 잘 했어요)	
6. 올바른 자세나 바람직한 행동을 칭찬한다.	
7. 나쁜 자세나 바람직하지 못한 행동을 꾸중한다.	
8. 학습요소를 간략하게 요약, 정리해 준다.	
9. 부진한 부분의 학습요소를 피드백해서 지도에 임한다.	
10. 형성평가의 문제는 학습요소와 관련하여 구성되었다.	

의견:

〈교사에 대한 이미지 분석표〉

(   )과 수업관찰자 (   )

학년 반		교사				학생 수	
단원 명			(/)차시		일시	년 월 일	

본시 학습목표:

순 서	내 용	점 수
1	교과목에 대한 충분한 지식을 가지고 있다.	5 4 3 2 1
2	학생들에게 고르게 발표를 시킨다.	5 4 3 2 1
3	부드럽고 친절하게 수업을 진행한다.	5 4 3 2 1
4	학생들이 수업에 흥미를 가질 수 있도록 한다.	5 4 3 2 1
5	학생들의 의견을 존중한다.	5 4 3 2 1
6	학생의 질문에 친절하게 답변한다.	5 4 3 2 1
7	유머 감각이 풍부하다.	5 4 3 2 1
8	적절한 분량의 과제를 준다.	5 4 3 2 1
9	선생님의 용모는 단정한 편이다.	5 4 3 2 1
10	최선을 다해서 열심히 가르친다.	5 4 3 2 1
계		

의견:

〈교사의 이동 분석표〉

( )과 수업관찰자 ( )

학년 반		교사			학생 수	
단원 명		(/)차시		일시	년 월 일	

본시 학습목표:

칠 판
교 탁

의견:

〈학생 참여 확인표〉

(   )과 수업관찰자 (   )

학년 반		교사		학생 수	
단원 명		(/)차시	일시	년 월 일	

본시 학습목표:

내 용 　　　　　　　　　　평정 척도	그렇다	보통이다	그렇지 않다
1. 토론에 열심히 참여하고 있는가?			
2. 중요한 아이디어를 사용하는가?			
3. 실제적인 개념을 분명히 알고 있는가?			
4. 논의의 핵심을 계속 유지하는가?			
5. 자신의 생각을 발전시키는 데 동료학생의 아이디어를 활용하는가?			
6. 자신의 생각에 대한 증거나 예를 제시하는가?			
7. 동료학생의 아이디어에 얼마나 관심이 있는가?			
8. 동료학생의 아이디어에 얼마나 논리적으로 대응하는가?			
9. 핵심을 요약해서 진술하는가?			
합 계			
%			

의견:

〈교사의 언어 관찰 분석표〉

(   )과 수업관찰자 (   )

학년 반		교사			학생 수	
단원 명		(/)차시		일시	년 월 일	

본시 학습목표:

시간＼내용	정보 제공	질문	대답	칭찬	지시	꾸짖음
5						
10						
15						
20						
25						
30						
35						
40						
계						

의견:

〈학생을 통한 수업평가표〉

학년 반		교사		학생 수	
단원 명		(/)차시	일시		년 월 일

본시 학습목표:

본 질문지는 이번 시간에 선생님께서 가르친 활동에 대한 여러분의 생각을 알고자 마련된 것입니다. 다음 항목에 대하여 여러분의 솔직한 의견을 ( ) 안의 응답요령과 같이 기록해 주시기 바랍니다.

※응답요령: 전혀 그렇지 않다(1) 그렇지 않다(2) 잘 모르겠다(3) 그렇다(4) 매우 그렇다(5)

선생님께서는	매우 그렇다	그렇다	잘 모르 겠다	그렇지 않다	전혀 그렇지 않다
1. 이번 시간의 학습내용에 대하여 잘 알고 있다고 생각하십니까?					
2. 수업 단계별로 학습 흥미와 요구에 맞게 진행하십니까?					
3. 분명한 목소리로 알아듣기 쉽게 가르치십니까?					
4. 누구에게든지 발표의 기회를 골고루 주십니까?					
5. 문제를 해결하기 위해 다양한 자료를 적절하게 주십니까?					
6. 자유롭게 질문하고 좋은 생각을 말하도록 하십니까?					
7. 여러분의 좋은 생각에 대하여 칭찬이나 격려를 해 주십니까?					
8. 칠판에 써 주신 글자의 크기가 알맞다고 생각하십니까?					
9. 공부한 내용을 잘 요약해서 정리해 주십니까?					
10. 공부한 내용을 얼마나 알았는지 꼭 확인해 주십니까?					
11. 여러분의 능력에 맞게 과제를 내 주십니까?					
	갯수				
	총점				

의견:

기술교과 교수·학습 방법 및 수업 컨설팅 II

1. 기술교과 교수·학습 방법

산업 사회에서 지식정보화 사회로의 이전에 따른 사회적 환경 변화와 이에 따른 교육적 요구가 크게 변화하면서 학교 현장에서의 교수·학습 방법 개선을 위한 다양한 요구가 증가되고 있다. 이에 따라 학교 현장의 수업 과정에서도 여러 가지 형태의 교수·학습 방법이 적용, 실현되고 있다. 이에 기술교과 수업에서 활용, 적용가능한 교수·학습 방법 및 모형을 제시하고자 한다.

가. 기술교과 교수·학습 방법 및 모형[1]

1) 문제해결 학습

가) 개요 및 특징

문제는 결점(deficiencies), 지적 곤란(gaps in knowledge), 요소의 결여(missing

---

[1] 실과(기술가정) 교수학습 방법 및 자료 개발 연구(최유현 외, 2003, 한국교육학술정보원) 내용을 일부 발췌하여 수정 보완하였음.

elements), 부조화(disharmony)를 말한다(James, 1990). 여기서 문제는 잘 구조화된 문제(well-structured problems), 중간 정도 구조화된 문제(semi-structured problems), 구조화가 잘 안 된 문제(ill-structured problems) 등으로 구분되는데, 구조화가 잘 안 된 문제일수록 발산적 사고, 창의적 사고를 요구하게 되기 때문에 학생들의 문제해결력, 의사결정능력 등의 고등사고 능력을 길러 주기에 바람직하다. 그러나 구조화가 전혀 되지 않은 문제는 해결과정에서 많은 시행착오를 겪게 되고 시간도 지나치게 많이 소요될 수 있으므로 적당히 구조화할 필요가 있다(최유현, 2001: 248 재인용).

문제해결을 통한 교육적 방법은 Dewey의 반성적 사고(reflective thinking)에 그 뿌리를 내리고 있다. 그는 반성적 사고의 특징으로 다섯 가지 단계를 제시하였다. ① 아직 성격이 충분히 파악되지 않은 불완전한 사태에 처하여 우리가 느끼는 곤혹, 혼란, 의심, ② 가설적 예견, 즉 주어진 요소에 관한 잠정적 해석 및 그것이 가져올 결과에 대한 예측, ③ 현재 문제의 성격을 규정하고 명료화하는 데에 도움이 되는 고려 사항의 세밀한 조사, ④ 보다 넓은 범위의 사실에 맞도록 잠정적 가설을 더 정확하고 일관성 있게 가다듬는 일, ⑤ 설정된 가설을 기초로 하여 현재의 사태에 적용할 행동의 계획을 수립하고, 예견된 결과를 일으키기 위하여 실제로 행동을 함으로써 가설을 검증하는 것이다. 이와 같은 듀이의 아이디어는 오늘날 문제해결 수업의 초석이 되었다.

즉 문제해결 학습은 문제를 해결하는 과정에서 반성적 사고의 활동으로 새로운 지식이나 능력·태도를 습득시키는 학습 방법이라고 할 수 있다.

문제해결 학습의 교육적 효과를 정리하면 다음과 같다.
- 교사. 학생들에게 과정이나 절차가 복잡하지 않고 접근이 용이하다.
- 문제해결의 각 단계가 연계, 지속될 수 있다.
- 최종 단계에서 평가된 내용을 반영하여 재시도하거나 다음 학습에 도움을 줄 수 있다.
- 학습자 중심의 학습으로 진행하기 때문에 자기 주도적인 학습능력을 기를 수 있다.
- 문제해결은 역동적인 학습이며, 발견적 학습을 가능케 한다.
- 문제해결은 교과 통합적 활동이다.
- 문제해결은 관계와 실생활적인 맥락을 강조한다.
- 문제해결과 창의적 사고는 인간 활동에 있어서 가장 복잡한 수준 높은 인간 활동이다.
- 문제해결은 의사소통 능력을 강화시킨다.

나) 교수·학습 단계

문제해결 교수·학습은 기본적으로 학습자가 중심이 되어 문제를 확인하고 정보를 수집하며, 계획을 세워 그대로 실행해 보는 단계를 거치게 되어 있다. 또한 수업 도입단계에서 교사가 안내할 때를 제외하고는 학습자가 전 과정을 통하여 적절하게 필요에 따라 적용하도록 설계되어야 한다.

단계	탐구적 문제해결 단계	공작적 문제해결 활동단계
문제 확인	문제를 이해하고 기록하기	
정보 수집	참고 자료를 모으기	
계획	문제해결 방안을 생각해 보기	
	· 문제해결을 생각하기 · 좋은 방안 고르기 · 방안을 자세히 기록하기	· 문제해결을 생각하기 · 제품모양 제도하기 · 재료 목록과 작업 순서 기록하기
문제 해결	생각한 대로 해 보기	생각한 대로 만들기
반성 및 평가	각 단계와 결과를 평가하고 반영하기	각 단계와 작품을 평가하고 수정하기

문제해결 교수·학습 모형은 기술 영역에 걸쳐 적용할 수 있다. 특히, 제조 기술 영역의 만들기에서는 공작적 문제해결 모형을 적용하기에 적합하고, 나머지 영역들에 대해서는 일반적 문제해결 모형을 적용하면 된다.

2) 프로젝트 학습

가) 개요 및 특징

Project는 던지다, 생각하다, 구상하다, 계획하다, 연구하다의 뜻을 갖고 있으며, 마음속에 있는 생각을 외부로 내어 던짐으로써 구체적으로 실현하고 형상화하기 위해 학생 스스로 계획을 세워서 시행하도록 하는 교수·학습 방법이다. 즉 학생들 스스로 자신이 하고자 하는 활동 과정을 계획하고 결정할 수 있도록 배려한 수업은 학생들의 학업에 대한 책임감이나 적극성을 한층 높일 수 있는 수업 전략이 될 수 있다(정태희, 1998).

프로젝트 학습(Project Method)은 Dewey의 이론적 바탕 위에 1908년 Kilpatrik이 Massachusetts 주 실업학교에서 농업에 관한 Home project란 논문에 이어 그를 중심으로 연구, 개발된 교수·학습 방법이다. Katz와 Chard(1989)의 프로젝트 접근법에서도 '프로젝트'는 역시 유목적적 활동으로서 '프로젝트'란 "한 명 또는 그 이상의 학생이 어떤 주제를 깊이 있게 탐구하는 활동"으로 정의하고 있다(Katz & Chard, 1989; 지옥정). 특히, 프로젝트 교수·학습 방법은 문제해결 학습이 언어활동과 사고 활동으로 제한되어 있다는 단점을 보완하기 위해 고안된 것으로 문제해결 학습에서 한 단계 더 발전시킨 학습 방법이라고 할 수 있다. 프로젝트 교수·학습 방법은 교사의 지도와 동시에 학생이 생활에 가치 있다고 생각되는 문제를 설정하고, 계획하고, 해결해 나가는 학습 방법이다(김광자, 2000).

프로젝트 학습은 결과를 가져오는 목표를 생각하지 않으면 안 되는 것으로 학교 신문이나 문예지의 편집, 통계나 도표의 작성, 시나 단편의 창작, 사건의 극적 연출 등 학습 활동은 당연히 프로젝트 학습에 포함된다. 따라서 프로젝트 교수·학습 방법은 교육현장에서 특히 기능분야에서 보통 많이 사용되는 교수·학습 방법 중 하나이다.

프로젝트 학습의 교육적 효과를 정리하면 다음과 같다.
- 종래의 주입식 교수를 배격하고 학생들의 자발적이고 능동적인 학습 활동을 촉구한다.
- 학생 자신의 계획, 구안, 문제해결의 실천을 거쳐서 지식과 경험을 종합적으로 획득한다.
- 실제의 생산이나 생산 활동을 자연환경 속에서 전개시킨다.
- 문제해결의 학습 활동을 강조한다는 데 있다.

나) 교수·학습 단계

프로젝트 학습은 Katz와 Chard(1989)와 김대현의 프로젝트 학습과정을 참고한 김상욱(2000), 박신영(2000)의 연구에서 제안한 과정을 종합하여 제시하고자 한다. 프로젝트 학습은 주제 선정 및 주제 망 작성, 활동 계획하기, 프로젝트 실행, 평가하기의 4~6단계로 이루어질 수 있으나 이들 중 일부가 생략될 수도 있고, 두 요소가 합쳐 하나로 나타날 수도 있으며, 진행의 순서가 달라질 수도 있다.

단계	교수·학습 활동
목적 설정	· 교육과정 및 교과서 분석 · 주제 선정 및 관련 자료 탐색 · 예상 학습내용 및 활동 조직표 구성 · 자원 목록 작성, 자원 준비 · 학생들에게 주제 관련 단원 알리기

계획	· 동기 유발(학생의 선 지식, 선 경험회상 및 묘사 자극) · 학생과 공동으로 주제망 구성 · 학습 활동을 기본 활동과 선택 활동으로 분류 · 자원 준비 및 환경 조성
실행	· 조사·관찰을 위한 자원 준비 및 환경 조성 · 실험·실습을 위한 준비 · 탐구 활동 결과에 대한 발표기회 제공 · 프로젝트 진행 상황 점검
완료	· 프로젝트 활동 및 결과에 대한 평가 · 전시·발표회 · 프로젝트 활동 기록 및 결과물 정리

3) 역할놀이 학습

가) 개요 및 특징

역할이란 '감정, 언어, 행동 등의 모형화된 계열'로서, 다른 사람과 관계 짓는 독특하고 습관화된 태도를 말한다. 자신과 다른 사람에 대한 이해를 위해서는 역할에 대한 인식과 자각이 절대적으로 중요한데, 이를 위해서 자신을 다른 사람의 위치에 두고 그 사람의 사고와 감정을 경험해 볼 필요가 있다.

역할 놀이는 교육에 관한 개인적·사회적 측면에 그 뿌리를 두고 있는 경험 중심 교수·학습 모형으로 학생들에게 하나의 상황에서 다양한 체험을 해 보도록 함으로써 개인으로 하여금 그들의 사회적 세계 안에서 개인적 의미를 발견하게 하고, 개인적 딜레마들을 사회 집단의 도움을 받아 해결하는 교수·학습방법이다.

역할놀이 학습은 개인적 가치와 행동의 분석, 대인 관계 문제해결을 위한 전략, 타인에 대한 감정 이입의 전개와 같은 일을 돕기 위해 고안되었으며, 간접적인 효과는 사회 문제와 가치에 관한 정보의 획득과 자기의 의견을 개진함에 있어서 편안함을 준다. 뿐만 아니라 역할 놀이의 경험은 학생들의 관찰력, 영향력, 동정심, 의사결정 능력을 기르는 데 도움이 되며, 특히 사회와 문학을 가르치는 데 유용하다.

역할놀이 수업의 교육적 효과를 정리하면 다음과 같다.
* 학생들은 인간 상호간에 일어나는 여러 가지 평범한 문제를 정의하고, 직면하여 대처해 나갈 수 있다.
* 학생들은 자신의 행동과 타인의 행동에 영향을 미칠 가치, 충동, 두려움, 외적인 영향력 등을 깨닫게 된다.

- 학생들은 역할 놀이 상황에서 얻은 통찰력을 실제 생활에 적용할 수 있다.
- 학생들은 가상적인 상호 행동을 통하여 자신의 이상, 의견, 행동 등을 평가해 볼 수 있다.
- 가상적으로 어떤 역할을 해 봄으로써 문제나 상황을 깊이 이해할 수 있게 된다.
- 역할 놀이 방법을 배움으로써 학생들은 대인 관계 기술을 향상시키고 자신과 타인의 동기에 대한 이해력을 높일 수 있다.
- 자기중심적 사고에서 탈피할 수 있게 한다. 그리하여 상대방의 의견도 포용할 수 있는 원만한 성격 형성에 도움이 된다.
- 학생들의 생활 주변에서 야기될 수 있는 다양한 갈등 상황에 대해, 자발적으로 문제를 해결할 수 있는 능력을 증진시킨다.
- 개인이 해결하기 어려운 문제를 집단적으로 생각하고 토론하는 과정에서 최선의 방안을 도출해 낼 수 있다는 사실을 깨닫게 되어 집단의식을 증진시킨다.
- 역할 놀이에 참여한 학생은 자기주장의 타당성을 설득하기 위해 노력하게 되어 언어 능력이 증진되며, 각각의 상황에 필요한 역할 행동이 무엇인지를 상의하고 타협할 때 민주시민으로서 지켜야 할 도덕관념이 발전하게 된다.
- 사회 학습 이론에서는 타인의 역할을 자꾸 해 보게 됨으로써 새로운 행동을 익히게 되며 역할 수행을 통해 새로운 기술을 습득하게 된다고 하였다.

나) 교수·학습 단계

순서	단계	교수 · 학습 활동
1	역할 놀이 준비	교사의 판단이나 학생들과의 토론을 거쳐 상황을 선정하고, 교사는 학생들이 묘사하고자 하는 인물의 배경을 설명한다.
2	참여자 선정하기	· 역할을 분석한다. · 관련 인물과 동일한 말을 하거나 수행할 역할과 비슷한 모습의 학생들을 선정한다.
3	무대 설치하기	· 행동 라인을 정한다. · 교사가 역할들을 다시 설명한다. · 문제 상황 속의 구체적인 문제를 파악한다.
4	관찰자들 준비시키기	· 무엇을 바라볼 것인가를 설정한다. · 학습지를 사용하면 학습효과에 더욱더 도움이 된다.
5	실연하기	· 역할 놀이를 시작한다. · 역할 놀이를 유지한다. · 역할 놀이를 중지시킨다.
6	토론과 평가하기	· 역할 놀이 행동을 검토한다. · 중요한 초점에 대한 토론을 한다. · 다음 실연할 내용을 고려한다.
7	재실연하기	· 수정된 역할 놀이를 한다. · 다음 단계 또는 행동 대안을 제안한다.
8	토론과 평가하기	· 역할 놀이 행동을 검토한다. · 중요한 초점에 대한 토론을 한다. · 다음 실연할 내용을 고려하기

9	경험 내용의 교환 및 일반화	· 문제 상황을 실제 경험과 현존 문제에 관련시킨다. · 행동들의 일반원칙을 탐색한다.

4) 개념 획득 학습

가) 개요 및 특징

Bruner(1960)는 개념획득 모형에 관한 실험을 통하여 피험자는 문제의 인식, 가설 설정, 가설의 검증, 결론짓기의 과정을 거쳐 개념을 획득한다고 주장하였다. Dewey와 Bruner가 주장에 바탕을 두는 실험적 탐구와 개념적 탐구의 교수·학습 방법은 세부적인 단계에서 약간 차이가 있으나 증거를 기초로 한 귀납적 추리에서 연역적 추리란 형식적인 면에서 유사할 뿐만 아니라 '탐구를 통한 이해'를 강조했다는 점에서 교육 과정 원리로서의 교육 방법은 동일하다고 할 수 있다.

기술 교육은 매우 광범위하고 급격한 사회 기술의 변화에 따라 영향을 받는다. 기술교과 교육 내용을 기술적인 측면에서 계속적으로 새롭게 하기란 매우 어렵다. 개념 획득 학습 방법이 적용될 때 기술교과를 담당하는 교사는 사회, 경제적 기술 시스템에 대한 다양한 원리, 개념 등을 인식하고, 가르쳐야 한다. 예를 들면 태양 에너지 단원에서 태양열 집열기의 표면에 사용하기 위하여 발명된 새로운 선택적 코팅 기술을 가르치기란 매우 어렵다. 그 이유는 매년 새로운 코팅 기술이 사회 현장에 출현하기 때문이다. 그러나 선택적 코팅에 대한 개념은 목적이나 유용성을 포함해서 매우 중요하다. 기술교과 교사는 선택적 코팅 기술에 관련된 개념들을 가르쳐야만 한다. 개념 획득 학습법을 이용한 장점은 다음과 같다.

- 개념은 계속적으로 불변하게 남아 있는 반면에, 특수 기술은 항상 변하고 있다.
- 개념은 다른 기술적 영역과 쉽게 연관될 수 있다.
- 전체 교육 내용을 쉽게 조정될 수 있고, 부가적인 학습 활동을 통해 많은 시간을 활용할 수 있다.

나) 교수·학습 단계

개념 획득 교수·학습 방법은 문제 인식, 가설 및 속성 제시, 가설의 검증, 적용 및 분석 등의 문제해결 과정을 거치며 개념의 획득이나 원리의 이해를 목적으로 하는 단원에 적용이 가능하다.

단계	교수 · 학습 활동
학습문제 확인	학습 개념 소개 · 향후 에너지 위기에 대해서 우리가 대처할 수 있는 방안은 무엇인가? · 기존 에너지를 대체할 수 있는 에너지에는 무엇이 있는가?
개념 확인	개념의 형태, 종류, 관계 파악하기 · 석유 에너지란? · 석유 에너지 소비량 · 경제 수준에 따른 석유 소비량
가설 설정 및 속성 검토	가설 설정 · 석유는 용도가 다양하므로 그 소비량은 계속적으로 증가할 것이다. · 경제 수준에 따라 석유의 소비량도 증가할 것이다. 속성의 검토 · 석유의 활용 및 소비량 관계 · 여러 나라의 경제 수준과 석유 소비량 관계 비교, 분석
개념 분석 및 적용	설정된 가설에 따른 보충 과제를 학생들에게 제시하여 조사, 연구, 토론을 통해서 가설을 상세화 한다. · 석유의 용도가 현재보다 더 다양해진다면 소비량도 역시 증가될 것이다. · 생활이 편리하고 유용한 기계들이 계속적으로 개발된다면 석유의 소비량도 계속적으로 증 가될 것이다. 설정된 가설과 조사된 자료 사이의 관계를 비교, 분석, 평가한다. · 최근 우리나라의 석유 소비량은 크게 늘어나고 있으며, 계속적으로 증가될 것이다. · 경제의 계속적인 발전과 편리한 생활의 추구로 석유의 소비량은 계속적으로 증가될 것이다. 확인/정리 · 마인드맵을 통해 집적의 이익의 개념 형성 정도를 확인해 본다.

첫 번째 개념 획득 학습은 수용 조건 하에서 개념의 획득이다. 이 모형의 두 번째 변형은 선택 조건 하에서 개념 획득 게임이고, 세 번째 변형은 비조직적인 데이터에서 개념의 분석이다. 수용 모형은 학생에게 개념의 요소와 개념 획득에서 그들을 사용하도록 가르치는데 있어 보다 직접적이다. 선택 모형은 학생들이 그들 자신의 주도와 통제를 사용하여 그들의 개념적 활동의 인식을 보다 능동적으로 사용할 수 있게 한다. 이 모형의 세 번째 변형은 개념 이론과 획득 활동을 비조직적인 데이터를 사용하면서 실생활 상황에 전이시킨다.

개념의 확인 단계에서는 학습자에게 자료를 제시하는 것이 포함된다. 자료의 각 단위는 개념의 독립된 예이거나 예가 되지 않는 것이다. 데이터는 사건, 사람, 물체, 그림 또는 다른 변별할 수 있는 단위일 것이다. 학습자는 모든 긍정적인 예는 공통점을 가지고 있으며, 그들이 한 일은 개념에 대한 가설을 설정하는 것이란 말을 들을 것이다.

개념의 획득 단계에서, 학생들은 첫째로 개념의 명칭을 붙이지 않은 추가적인 예들을 획득하고, 다음에는 그들 자신의 예를 도출하면서 그들의 개념 획득을 검토할 것이다. 이후 학생들은 필요하면 개념과 속성에 대한 그들의 선택을 수정하면서 그들의 최초 가설을 긍정하거나 부정한다.

개념 분석 단계에서, 학생들은 그들이 개념을 획득한 전략을 분석하기 시작한다. 어떤 학습자는 처음에 넓은 분야를 시도하고 점진적으로 영역을 좁히며, 다른 사람들은 보다 분절된 부분에서 시작한다. 학습자는 그들이 속성에 초점을 두었는지, 개념에 초점을 두었는지, 그들이 한 번에 하나씩 했는지, 여러 개를 했는지, 그들의 가설이 긍정되지 않았을 때 어떤 일이 있었는지 등의 그들의 형태를 기술할 수 있다. 그들은 전략을 변경하였는가? 점진적으로 그들은 다른 전략의 효율성을 비교할 수 있다.

5) 협동학습(cooperative learning)

가) 자율적 협동학습(Co-op Co-op)

(1) 개요 및 특징

Co-op Co-op(자율적) 협동학습은 캘리포니아 대학의 Kagan(1985)에 의해서 개발되었다. Kagan은 실제로 이 방법을 학생들로 하여금 그들 자신이 학습과제를 선택하도록 하고 자신과 동료들의 평가에 참여하도록 고안하였다. Kagan에 의하면 Co-op Co-op는 다음과 같은 철학에 근간을 두었다. 교육의 목표는 자연적인 호기심, 지능, 학생의 발표력을 나타내게 하고 개발하게 하는 조건을 마련하는 데 있다. 이 철학에서 강조하는 것은 학생들 사이에 자연스러운 지적, 창조적, 표현적 경향성이 있음을 가정하고 이를 발휘하게 하고 양육하게 하는 것이다.

Co-op Co-op는 STAD와 Jigsaw의 많은 요소를 포함한다. 중요한 차이점은 Co-op Co-op에서의 목표가 각 팀이 학습 전체에게 그들 팀의 학습한 것을 나누는 데에 있다. 만일 교사가 학생들이 학습한 내용을 학습하는 방법의 학습이란 측면에서 학생들에게 좀 더 책무성을 주는 데 관심이 있다면 교사는 자기 학급에서 Co-op Co-op 수단을 활용해야 할 것이다.

자율적 협동학습의 교육적 효과를 정리하면 다음과 같다.

- 학생들이 학습 주제를 생성해 내고, 탐구하기를 희망하는 주제를 선택하여 모둠을 이루는 데 있다.
- 주제가 생성된 후에 그 주제에 따라 모둠이 형성된다는 것이다.
- 모둠 주제를 다시 소주제로 세분화하여 개별적 책무를 강화시킬 수 있다.

(2) 교수 · 학습 단계

순서	단계	교수 · 학습 활동
1	학습 주제 소개	교사는 학습할 주제를 소개한다.
2	학생 중심의 학급 토의	학생들은 교사가 제시한 주제에서 학습하고 싶은 주제를 브레인스토밍을 통하여 협의하고 필요한 하위 주제를 확정한다.
3	소집단 구성을 위한 하위주제 선택	제안된 하위 주제에 대하여 학습자는 자유롭게 주제를 선택한다(칠판이나, 게시판 활용).
4	하위 주제별 소집단 구성	하위 주제별로 소집단을 구성한다. 주제에 학생들이 몰리는 경우 한 주제에 두 모둠을 운영할 수도 있다.
5	하위 주제의 정교화	소집단별로 하위 주제를 다시 정교화한다.
6	소주제 선택과 분업	소집단 내에서 각자 소주제를 하나씩 맡는다.
7	개별 학습 및 준비	개별적으로 맡은 소주제를 학습한다.
8	소주제 탐색 발표	학습한 소주제를 소집단 내에서 발표한다.
9	소집단별 활동	소집단별로 전체 학급에 발표할 준비를 한다.
10	소집단별 학급 발표	소집단별로 전체 학급에 발표하고 보고서를 제출한다.
11	평가와 반성	소집단 및 전체 발표 내용을 평가하고 반성한다.

나) 과제분담 협동학습(Jigsaw)

(1) 개요 및 특징

Jigsaw 모형은 미국의 Texas 대학에서 Aronson과 그의 동료들(1978)에 의해서 개발된 협동학습 모형으로서 학생들이 학습 과제 내용에 대해 교육적 전문가가 되는 형식을 취한다. 즉 전문가가 되면 팀원 각자가 자신이 맡은 부분을 가르치고 모둠 구성원인 다른 학생들은 배우는 것이다.

이 모형은 보상 구조를 통해서가 아니라 학습 과제의 분담, 즉 과제 분담 구조를 통해서 집단 구성원 간의 상호 의존성과 협동을 하게 하는 것이다. 처음에 이 모형은 학업 성취보다는 이질적인 인종 간, 문화 간의 교우관계와 같은 정의적 측면의 증진을 일차목표로 삼고 있다. 그러나 Jigsaw는 교사의 흥미에 맞게 창조적으로 수정, 보완이 가능하기에 학생들이 다양한 방식으로 배울 수 있도록 발전하였다. 또한 학생들은 도서관, 서점, 백과사전, 교과서 등에서 사전에 정보를 수집하는 동안에 조사, 탐구 실험이나 정보 해석을 배울 뿐 아니라, 다른 사람과 대화하고 비디오테이프를 보거나 환등기 필름을 보거나 사전 실험 활동을 해 본 정보자료와 연결시키는 활동을 통해서 자기가 맡은 주제내용 부분의 전문가가 된다.

(2) 교수 · 학습 단계

순서	단계	교수 · 학습 활동
1	모둠 구성하기	교사는 학생들의 모둠을 전문 주제를 고려하여 구성한다.
2	개인별 전문 과제 부과하기	모집단 모둠에서 개인별로 전문 주제를 맡는다.
3	전문가 집단 활동	전문 주제 모둠으로 가서 전문가 활용 과제를 해결한다.
4	모집단에서 전문가 발표하기	모집단 모둠에서 전문주제별로 가르친다.

다) 이중 전문가 집단 과제 분담학습(Double Expert Group Jigsaw)

(1) 개요 및 특징

Jigsaw 수업 방법은 40명의 학급에서 적용할 때, 5명씩 한 모둠을 이루면 전문가 집단은 8명이 된다. 실제로 교실에서 8명의 아이들이 전문가 활동을 하기에는 현실적으로 무리가 따른다. 따라서 전문가 집단을 4명씩 나누어 같은 주제를 두 개의 전문가 집단을 이루게 하는 전략이 이중 전문가 집단 과제 분담학습이다.

이중 전문가 집단이란 한 개의 주제를 다루는 전문가 집단이 두 개란 의미로, 전문가 집단 내의 학생 수가 많아지는 것을 방지할 수 있다. 따라서 학생들의 참여가 촉진될 수 있다. 또한 모둠 배정 시 성적이 상, 중, 하인 학생을 고루 배치한다면, 또래 가르치기의 효과를 높일 수 있다. 같은 주제를 공부한 이중 전문가 집단이 서로 협의를 할 수도 있고, 과제를 완수한 대표 전문가를 상대 집단에 파견할 수 있으므로 새로운 유형의 전문가 협의를 가능하게 하므로 학생들은 새로운 역할을 경험할 수 있다.

(2) 교수 · 학습 단계

순서	단계	교수 · 학습 활동
1	모둠별 구성하기	교사는 학생들의 모둠을 전문 주제를 고려하여 구성한다.
2	개인별 전문 과제 맡기	모집단 모둠에서 개인별로 전문 주제를 맡는다.
3	이중 전문가 집단 모임	해당 전문 주제 모둠으로 가서 전문가 활용 과제를 해결한다.
4	이중 전문가 협의하기	같은 주제에서 리더 한 명이 같은 주제의 다른 전문가 집단에 가서 협의활동을 한다.
5	이중 전문가 발표 준비	모집단에서 가르칠 주제를 준비한다.
6	이중 전문가들이 모둠에 발표하기	모집단에서 전문 주제 내용별로 가르친다.

라) 짝 전문가 집단 과제 분담학습(Partner Expert Group Jigsaw)

(1) 개요 및 특징

이 학습 모형은 로스앤젤레스 교육국 **Billie Telles**가 개발하였다. 같은 전문가 주제를 가진 학생끼리 짝 관계를 만들고, 짝들은 학습 문제를 함께 학습한다.

이 과정에서 전문가 학습의 질을 높일 수 있고, 활발한 상호작용을 기대할 수 있다. 같은 주제를 공부하는 짝들로 구성된 전문가 집단은 짝과 함께 학습한 내용은 충분한지, 또 그것에 대해 동의하는지 확인한다. 다시 한 번 짝끼리 만나 집단 앞에서 해야 할 발표를 준비하고 연습하며, 연습을 마친 후 원래 집단으로 돌아가 전문가들은 준비한 발표를 한다. 파트너끼리 활동하는 것은 전문가 모둠에서 참여의 기회를 배가시킨다. 학생들은 학문적, 언어적 또는 사회적 면에서 좋은 상대가 될 수 있는 다른 학생들과 짝을 이루게 된다. 그리고 발표 준비에 상호 도움을 받게 된다.

(2) 교수 · 학습 단계

순서	단계	교수 · 학습 활동
1	소집단 구성하기	교사는 학생들의 모둠을 전문 주제를 고려하여 구성한다.
2	개인별 전문 과제 부과하기	모집단 모둠에서 개인별로 전문 주제를 맡는다.
3	짝끼리 내용 익히기	다른 모둠의 짝을 정해 주고 전문 주제 내용을 예습한다(짝 활동지 활용).
4	전문가 집단 협의하기	전문 주제의 학습 활동을 한다(전문가 활동지 활용).
5	짝들이 발표를 위해 연습하기	모집단에서 가르칠 주제를 짝이 다시 만나 발표 준비를 한다.
6	전문가들이 소집단에서 발표하기	모집단에서 전문 주제 내용별로 가르친다.

6) 문제중심 학습

가) 개요 및 특징

문제중심 학습(Problem－Based Learning; PBL)은 1960년대 의과대학 교육에서 출발하였다. 그 당시에 캐나다 온트리오 McMaster 대학에서 임상 의과대학 교수들이 의과 대학생들에게 적용하였고, 1970년대 New Mexico 대학은 McMaster 대학으로부터 지원을 받아 PBL프로그램을 진행하였고, 1980년대 하버드대학 의과대학 New Pathway Program에서 PBL를 채택하였다(Aspy, Aspy, and Quinby, 1993; Torp & Sage, 1998: 27－29 재인용).

문제중심 학습은 실생활 문제(real world problems)와 복잡하고 혼란스러운 문제해결(resolution of messy)을 탐구하기 위한 경험적 학습(정신적: minds on, 수공적 활동: hands on)에 초점을 둔다. 또한 PBL은 교육과정 재조직자(curriculum organizer)인 동시에 수업 전략(instructional strategy)이다(Torp & Sage, 1998: 14).

이러한 정의에서 보면 PBL은 크게 두 가지 사실이 명확해진다. 그 하나는 PBL이 실생활적 맥락에 기초를 둔 교육과정 통합 및 문제해결 수업 전략을 구성주의적 학습 환경에 기초하고 있다는 사실이고, 다른 하나는 PBL이 단순히 하나의 수업전략을 넘어선 교육과정 설계 전략까지 그 정의에 포함시키고 있다는 사실이다. 이는 앞서 다룬 문제해결 수업 전략과 다른 점이라고 할 수 있다. 실제로 PBL의 수업 전략은 문제해결 접근에 기초하고 있다. 그러나 엄격히 따지면 보다 바람직한 문제해결 수업 전략도 교육과정의 재구성을 장려하고 있기 때문이다.

PBL에서 문제(problem)는 매우 중요한 의미를 갖는다. PBL이 교육과정 설계 조직자이고 수업 전략이라는 의미는 바로 이 문제와 밀접히 관련되어 있다. 즉 교육과정 재구성을 통하여 학생들에게 유의미한 교육과정을 잘 함의하는 '문제'를 재구성한다는 의미와, 그 문제를 해결하기 위한 문제해결 접근을 다룬다는 의미를 모두 포함하고 있다.

문제중심 학습의 교육적 효과는 다음과 같은 특징을 갖는다.
- 학생들은 문제 상황에서 주도권을 잡고(stakeholder) 능동적으로 학습한다.
- 전체적이고 맥락적인 문제(holistic problems)를 중심으로 교육과정을 재구성하여 학생들에게 자신의 과제로 몰입하고 관련이 있는 학습을 추구하게 한다.

- 교사는 학생들의 깊은 수준의 이해를 촉진시키기 위하여 그들의 탐구를 안내하고 사고를 조력하는 학습 환경을 창조한다.
- PBL은 가능한 한 실생활(real life) 상황에 밀접한 문제를 다룬다.
- PBL은 학생들의 역동적인 학습 참여와 몰입(active engagement)을 증진시킨다.
- PBL은 간학문적 접근(interdisciplinary approach)을 촉진한다.
- PBL은 학습자가 무엇을 배울 것인지, 어떻게 학습할 것인지를 선택하게 한다.
- PBL은 협력적인 학습(collaborative learning)을 촉진시킨다.
- PBL은 교육의 질을 증대시키는 것을 돕는다.

나) 교수·학습 단계

순서	단계	교수·학습 활동
교육과정 설계	주제의 설정	학습 대주제를 선정한다.
	통합 유형의 결정	대주제와 관련된 교육과정을 분석하고, 통합 유형을 결정한다.
	관련 단원의 선정	관련 단원의 목표, 내용, 차시 등을 분석한다.
	문제의 구체화	학습 문제를 구체화한다.
수업 적용	문제로의 초대	학습 문제를 연출하여 제시한다.
	문제의 재정비	학습자가 정확히 문제를 확인한다.
	해결방안의 탐색	문제해결 방안을 탐색하고 해결 방안을 구체화한다.
	실행	계획대로 문제를 해결한다.
	평가와 반성	문제해결 과정과 결과를 평가한다.

2. 기술교과 수업 컨설팅

중등학교에서 기술교과 수업 컨설팅을 원활하게 하기 위해서는 수업 컨설팅을 위한 수업 평가 및 분석에 대한 이해가 필요하다. 수업컨설팅에 대한 적절한 이해를 통하여 기술교과 수업 컨설팅에 필요한 절차와 구체적인 내용에 대하여 소개하고자 한다.

가. 수업 컨설팅이란

요즘 컨설팅(consulting)이란 용어가 사회 전반에 널리 통용되고 있다. 예컨대, 부동산 컨설팅, 경영 컨설팅, 의료 컨설팅, 건강 컨설팅, 교육 컨설팅, 직업 컨설팅 등 이루 헤아리기 어려울 만큼 많이 사용되고 있다. 일반적인 경영 업무에서 출발하여 그 영역이 확대됨에 따라 교육 분야에 새롭게 도입되어 활용이 활발해지고 있다. 영역이 다양한 만큼 컨설팅에 대한 개념도 조금씩 변형하여 사용하고 있다.

경영 분야에서의 컨설팅이란, "의뢰인이 처한 현안 과제와 이슈를 관련 지식과 경험 및 자원을 유기적으로 연계하여 해결하는 과정"을 의미한다(설중웅 외, 2006). 국제노동기구(ILO)에서는 컨설팅을 "조직의 목적을 달성하는 데 있어서 경영·업무상의 문제점을 해결하고, 새로운 기회를 발견·포착하고, 학습을 촉진하며, 변화를 실현하는 관리자와 조직을 지원하는 독립적인 자문 서비스"라고 정의하고 있다(조민호 외, 2006). 컨설팅을 교육 분야에 도입하여 정의한 것으로 "일정한 전문성을 갖춘 사람들이 의뢰인의 요청에 따라 의뢰인의 문제를 진단하여, 그 해결 방안을 제시하고, 필요한 경우 그 방안의 시행을 지원하는 활동으로서 의뢰인으로부터 독립적으로 이루어지는 전문적인 자문 활동"(진동섭, 2005)이 있다. 여기서 말하는 컨설팅은 "조직의 목적을 달성하기 위하여, 일정한 전문성을 갖춘 전문가(consultant)가 의뢰인(consultee)의 요청에 따라 고객(client)의 문제와 기회를 조사, 확인, 발견하고, 이것의 해결, 변화, 발전을 위한 방안과 대안을 제시하고, 필요한 경우에 시행을 돕는 전문적인 자문활동"을 의미한다. 이러한 컨설팅의 정의는 상당히 범위가 넓어서 학교 수업과 관련지으면 직접적이지 않다. 따라서 수업과 관련지은 컨설팅의 정의가 필요하기 때문에 여기에 초점을 두어 다시 정의해 보기로 한다.

이 책에서의 컨설팅은 "수업의 전문가가 교사의 요청에 따라 수업에서의 여러 가지 문제점을 해결해 주기 위해 수업을 관찰하고 분석하여 효과적인 수업의 해결 방안을 제시해 주는 자발적인 자문 활동 서비스"로 정의한다. 이 정의에서 알 수 있듯이 수업에서의 컨설팅은 문제를 가진 교사의 요구가 있어야 시작된다는 점이다. 그리고 그러한 컨설팅은 자발적이어야 하며 서비스의 정신을 가지고 임

해야 한다는 점이다.

진동섭(2005)은 컨설팅의 원리를 여섯 가지로 제시하고 있다. 즉 전문성의 원리,2) 독립성의 원리,3) 자문성의 원리, 일시성의 원리,4) 교육성의 원리,5) 자발성의 원리가 바로 그것이다. 여기서 우리가 주목해야 하는 것은 자문성의 원리와 자발성의 원리이다. 자문성의 원리란, 컨설턴트가 의뢰한 교사를 대신해서 문제나 과제를 직접 해결하는 것이 아니라 의뢰한 교사가 해당 문제를 해결하도록 자문하는 역할을 수행해야 한다는 것이다. 따라서 컨설팅의 결과에 대한 최종적인 책임은 컨설턴트에게 있지 않고 해당 교사에게 있다. 물론 컨설턴트에게도 수업 서비스의 질에 대한 책임이 없는 것은 아니나 궁극적인 책임은 해당 교사에게 있음을 주지해야 한다. 또한 자발성의 원리라는 것은, 수업 컨설팅이 수업에서의 문제나 새로운 과제를 가지고 있는 교사가 스스로의 필요성을 느끼고 자발적으로 도움을 요청함으로써 시작된다는 데 있다. 다시 말해서 컨설턴트가 교사들의 요구와 무관하게 수업 서비스를 제공하는 것이 아니라는 것이다. 따라서 수업 컨설팅에서 강조되는 것이 교사의 자발적인 참여와 활동에 있음을 상기할 필요가 있다.

이와 같은 맥락에서 수업 컨설팅은 다음과 같은 특징이 있다.

첫째, 전문적인 서비스 활동이다. 수업에 대한 컨설팅을 수행하기 위해서는 교사들이 원하는 문제에 대해 풍부한 지식과 경험을 가지고 있어야 한다. 수업 방법이나 수업의 원리 등과 같은 활동에 대해 전문적인 지식이 없다면 컨설팅 자체가 이루어지지 않기 때문이다.

둘째, 독립적인 서비스 활동이다. 수업 컨설팅은 개인의 친분관계나 외부의 부

---

2) 컨설팅 요원은 교원과의 합의에 따라 독립적으로 객관적인 조언과 도움을 제공해야 한다. 이것이 독립성의 원리이다. 이러한 측면에서 보면, 컨설팅 수업요원은 학교의 내부인보다는 외부인이 유리한 위치에 있다고 볼 수 있다. 컨설팅 수업은 이러한 관계 속에서 이루어지는 활동이기 때문에, 교장이나 교감이 개입할 여지가 거의 없다. 그렇기 때문에 교원은 상급자들에 의해 이루어지는 수업과는 달리 상급자들의 공식적·비공식적 평가의 부담에서 벗어날 수 있다.

3) 도움을 요청한 교원은 수업요원과 하급자-상급자의 입장이 아니라 수업 의뢰인-제공자의 입장에서 상호작용을 해야 한다. 컨설팅 요원은 교원과의 합의에 따라 독립적으로 객관적인 조언과 도움을 제공해야 한다.

4) 교원에게 제공되는 컨설팅 수업은 계약 기간 동안 제공되는 일시적인 서비스가 되어야 한다. 이것이 일시성의 원리이다. 컨설팅의 목표는 똑같은 과제나 문제에 대해 교원이 컨설팅 요원의 도움이 필요하지 않게 만드는 것이다. 합의한 문제나 과제가 해결되면, 컨설팅 수업 관계는 종료된다. 이러한 컨설팅의 일시성은 컨설팅의 효과를 높이는 데 긍정적으로 작용한다.

5) 수업 컨설팅은 컨설팅 요원과 교원 간에 문제나 과제 해결에 필요한 지식, 기술, 능력 혹은 식견에 차이가 있음을 전제로 성립한다. 그런데 교원은 교육 전문가이다. 따라서 교원은 컨설팅 수업의 전 과정에서 수업요원으로부터 컨설팅 수업 자체에 관해서도 잘 학습할 수 있다.

탁에 의해 이루어지는 것이 아니라 문제를 의뢰한 교사와 이를 자문해 주는 전문 컨설턴트 간의 독립적인 관계에 의해 이루어지는 활동이다. 수업 컨설팅을 생계의 수단으로 하는 경우가 아니라면 전문 컨설턴트 역시 교육기관에 종사하는 동료나 교수가 될 확률이 크다.

셋째, 자문 서비스 활동이다. 수업 컨설팅의 특징으로 계속 서비스라는 것을 강조하는 이유는, 컨설팅 활동 자체가 직업이 아니라 부가적인 활동으로 이루어지기 때문이다. 자문 서비스 활동은 문제를 의뢰한 교사의 고민을 직접적으로 모두 해결해 줄 수 있는 것이 아니라, 하나의 예시로 자문하여 해결의 돌파구를 찾는다는 데 초점을 두어야 한다. 아무리 좋은 해결책이 있다 하더라도 해당 교사가 이를 수용하지 못하거나 능력이 부족한 경우에는 뾰족한 방법이 없기 때문이다. 컨설턴트가 대신 수업을 해 줄 수 없는 것과 같은 이치이다.

마지막으로, 일시적인 봉사 서비스 활동이다. 컨설팅을 의뢰한 교사의 문제가 항상 지속되는 것도 아니고, 시간이 지남에 따라 부분적으로 문제는 해결되는 특징이 있다. 전문적인 컨설턴트의 자문 역시 특정 기간에 이루어지고 해결되기도 한다. 수업의 특성에 따라 같은 문제도 처방은 얼마든지 달라질 수도 있기 때문에 지속적인 활동은 아니라는 점이다. 또한 컨설팅의 활동 역시 특정한 보수가 정해진 것도 아니고 자발적인 활동이라는 점에서 봉사 서비스의 특징을 가진다. 이런 활동이 전문적이고 생계의 수단으로 행해진다면 이는 다른 차원에서 재정의되어야 한다.

나. 수업 컨설팅의 영역과 내용

수업 컨설팅에서는, 컨설팅 활동을 수업에 초점을 두고 교사들의 요구에 따라 자발적이고 전문적으로 수행하는 것을 주목적으로 한다. 그렇다면 수업 컨설팅을 통해 얻을 수 있는 것은 무엇인지 살펴볼 필요가 있다.

교사들이 주로 전문 컨설턴트에게 의뢰할 수 있는 내용이나 영역으로는, 수업의 원리, 수업의 방법이나 기법, 수업 자료의 개발 방법, 수업자료의 활용 방법, 수업자료의 공유 등이 주를 이룰 것이다. 이를 그림으로 나타내면 다음과 같다.

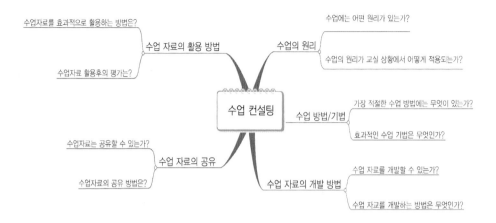

[수업 컨설팅의 영역]

수업 컨설팅을 하기 위해서는 다양한 구성 요소를 파악할 필요가 있다. 초등 실과에서는 실과 내용지식, 실과 수업 설계, 실과 수업 환경 세 가지를 중심으로 구성한 바 있다(이춘식 외, 2006). 여기에서는 기술·가정과와 국한하여 수업 컨설팅의 내용을 다음과 같이 정리할 수 있다. 즉 내용 지식, 수업 방법, 수업 환경 차원에서 컨설팅 분야를 분류할 수 있다.

⟨기술교과 수업 컨설팅 모형의 구성 요소⟩

컨설팅 분야	관 점
1. 내용지식	· 제조기술 분야의 목표와 성격, 내용, 교수·학습 방법, 평가를 이해하고 있는가? · 건설기술 분야의 목표와 성격, 내용, 교수·학습 방법, 평가를 이해하고 있는가? · 수송기술 분야의 목표와 성격, 내용, 교수·학습 방법, 평가를 이해하고 있는가? · 통신기술 분야의 목표와 성격, 내용, 교수·학습 방법, 평가를 이해하고 있는가? · 생물기술 분야의 목표와 성격, 내용, 교수·학습 방법, 평가를 이해하고 있는가?
2. 수업방법	· 기술교과의 특성을 고려하여 수업목표를 진술하였는가? · 학습자의 능력이나 환경을 고려한 목표로 진술하였는가? · 기술 단원의 목표를 실현하기에 적절한 교재를 개발할 수 있는가? · 기술교과 특성에 맞는 수업 방법을 선정하였는가? · 기술교과 특성에 맞는 수업을 하고 있는가? · 학생들이 문제해결 과정을 주도적으로 체험하도록 수업을 진행하고 있는가? · 수업목표 달성 정도를 측정하기에 적절한 평가 방법을 선정하였는가? · 수업에서 교사와 학생 간의 의사소통이 원활하게 이루어지고 있는가?
3. 수업환경	· 기술수업에 적절한 실습 재료를 준비하고 있는가? · 기술교과 수업에 필요한 각종 도구나 공구를 구비하고 있는가? · 실습 중 안전사고 위험 요소는 없는가? · 실습장은 안전사고를 예방할 수 있는 환경을 갖추고 있는가?

다. 외국의 수업 컨설팅의 사례[6)

미국의 경우 현재 우리나라에서 이루어지고 있는 교사 중심의 수업 컨설팅 활동은 '동료 지원 및 평가(Peer Assistance and Review, PAR)' 또는 '동료 중재 프로그램(Peer Intervention Program, PIP)'으로 시행되고 있다. PAR과 PIP의 차이는, PAR의 경우 교사 지원 활동뿐만 아니라 교사 평가 활동까지 함께 수행한다면, PIP의 경우 교사 평가와 별도로 도움을 필요로 하는 교사들을 지원하는 활동에만 초점을 맞추고 있다는 점이다. 두 프로그램 모두 교원단체(AFT, UFT)와 지역의 교육행정당국이 협력하여 운영하는 프로그램으로서 각각의 특성과 운영 방식을 살펴보면서 그 시사점을 찾아보고자 한다.

가) PAR 프로그램

이 프로그램은 1908년대 초에 오하이오 주 톨레도 시의 교원 단체와 교육구가 협상하여 만든 프로그램(톨레도안)이 그 시초로서, 이후 오하이오 주를 비롯한 35개 주에서 모든 초임 교사는 PAR 프로그램을 받도록 명문화되었다. PAR 프로그램의 기본 전제는 우수한 경력 교사가 새로 임용된 교사들의 자질을 판단하는 데 가장 적합하며 또한 초임 교사의 멘토로서 '컨설턴트 교사'가 될 수 있다는 것이다. 즉 PAR 프로그램은 두 가지 목적으로 운영되는바, 그 하나는 지원이고 또 다른 목적은 평가를 통해 부적격 교사를 선별하는 기능이다.

콜럼버스 PAR 프로그램은 7명의 평가 패널 위원으로 운영된다. 4명은 교원단체 소속이고, 3명은 지역 교육구에서 참여한다. 7명의 패널이 자격 있는 컨설팅 교사를 선발하고 프로그램 준거를 만들고, 교사 종신 계약 여부 및 훈련에 관한 결정을 내린다. 현재 콜럼버스 PAR 프로그램은 다른 PAR 프로그램과 마찬가지로 초임 교사와 수업 능력이 낮은 경력 교사를 대상으로 운영되고 있다. 구체적인 활동 내용은 초임 교사 지원 및 평가, 경력 교사 지원 및 평가, 컨설턴트 교사의 선정, 컨설턴트 교사 훈련 프로그램, 초임 교사 전문성 발달 지원 프로그램 등을 연구, 개발하고 있다.

---

6) 이화진 외(2006)의 연구 '수업 컨설팅 지원 프로그램 및 교과별 내용 교수법(pck) 개발 연구'의 내용을 맥락에 맞게 수정하였음.

나) PIP 프로그램

'동료 중재 프로그램(PIP)'은 뉴욕 시가 교사 및 상담 교사를 중심으로 시행하는 동료 장학 프로그램으로서 어려움을 겪는 경력 교사와 자원 교사를 대상으로 운영하는 프로그램이다. 모든 지원은 선별된 자원자에게만 주어지며, 비밀이 보장되고 각자의 장점과 약점에 따라 프로그램이 적용된다.

이 프로그램의 목적은 교사/상담 교사들이 좀 더 훌륭한 교사의 자질을 갖출 수 있도록 조력하는 것으로서, 단 훌륭한 교사의 자질을 갖출 가능성이 없다면 교직을 떠나도록 비밀리에 조언하는 것이다. 일단 참여를 결정하면 중재 교사(교수 능력, 대인간 기술, 동료 지원 기술이 뛰어난 경력 교사)와 더불어 다음의 과정을 통해 목적을 추구하게 된다. 즉 개별화된 전문성 개발 프로그램 계획하기(수업안 계획, 내용 제시, 학급 운영, 건전한 동료관계), 계획대로 수행하기, 본인이 목적을 수정하거나 재규정하기 등의 과정을 거치며, 중재 과정은 코칭, 시범, 학교 밖 컨설팅, 수업안 설계, 자료 지원, 연구 안내, 워크숍, 협의회 등 여러 가지 방식으로 이루어질 수 있으며, 기간은 자원자의 요구에 따르되, 1년을 넘지 못하도록 규정하고 있다.

라. 수업 컨설팅의 모형

일반적인 컨설팅의 절차는 정형화되어 있는 것이 아니라 분야에 따라서 매우 다양하게 활용하고 있다. 경영분야에서 사용하고 있는 대표적인 컨설팅 모델에는 다음과 같은 것들이 있다(조민호 외, 2006).

첫째, 르윈·샤인 모델(Lewin, 1961)이 있다. 수행절차는 해빙(unfreezing),[7] 이동(moving),[8] 재동결(refreezing)[9] 과정을 거친다.

---

7) 변화에 대한 조직의 수용성을 높이기 위해 동기 유발을 이끄는 단계이다.
8) 실제로 변화를 위한 행위를 선택하여 시행하는 단계이다.
9) 일단 변화가 이루어지고 새로운 수준에서의 균형이 이루어진 이후에 그 상태가 고착화되는 단계이다.

[르윈·샤인 모델]

둘째, 콜프·프록만 모델(Kolb·Frohman, 1970)이 있다. 이 모델은 조사(scouting), 착수(entry), 진단(diagnosis), 계획(planning), 행동(action), 평가(evaluation), 종료(termination)로 이루어진다. 조사단계에서는 변화 담당자와 피변화자 서로가 상대방의 요구와 노력을 평가하여 착수점을 결정한다.

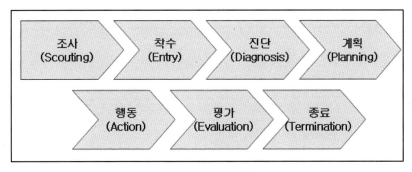

[콜프·프록만 모델]

셋째, 한국능률협회 모델(1997)은, 프로젝트 구축과 작업계획, 현상 분석, 가설 설정과 검증, 해결방안 강구와 구조화, 실행 계획 수립, 실행으로 이루어진다.

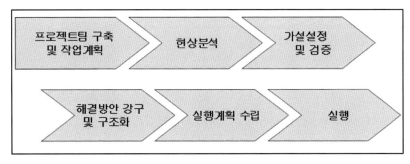

[한국능률협회컨설팅 모델]

넷째, 밀란(ILO) 모델(1996)이 있다. 국제노동기구를 주관으로 정리된 것으로, 착수, 진단, 실행 계획 수립, 구현,[10] 종료 단계로 구성된다.

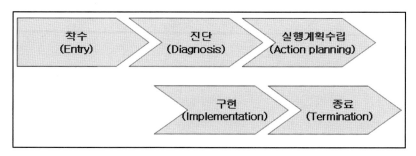

[밀란(ILO) 모델]

다섯째, 매거리슨의 12단계 모형(Mergerison, 1988)이 있다. 주요 단계는 도입, 접근, 적용 세 단계로 이루어진다. 도입단계에서는 접촉, 준비, 계약, 계약을 위한 협상을 한다. 접근단계는 자료 수집, 자료 분석 및 진단, 분석 자료의 피드백, 분석 자료에 대한 토의로 구성된다. 적용단계는 권고와 제안, 최고 경영층의 판단, 의사결정, 검토와 평가로 수행된다.

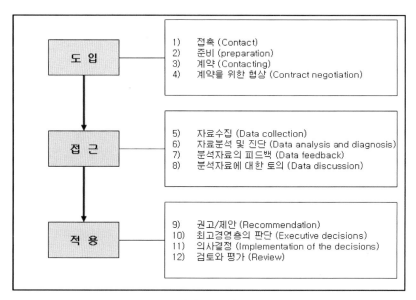

[매거리슨 모형]

---

10) 수립된 실행 계획에 따라 변화를 유도하며, 실행지원, 해결대안의 조정 교육·훈련 실시 등의 내용으로 이루어진다.

마지막으로, 경인교대 컨설팅 모형(이춘식 외, 2006)이 있으며, 전체적인 구성은, 준비단계, 실행단계, 평가단계로 이루어져 있다. 준비단계는 첫 만남, 사전 문제 확인, 컨설팅 수행계획 제안, 협약 등으로 구성된다. 실행단계는 진단, 문제해결 실행 계획 수립, 문제해결로, 평가단계는 컨설팅 평가, 피드백, 보고서 작성으로 이루어진다. 이 모형은 다소 형식적이고 정규적인 것이어서 교과 모임이나 자발적인 단체에서 활용하기에는 다소 무리가 따른다.

여기에서는 밀란 모델을 중심으로 기술교과의 특성에 맞게 재구성하여 사용하기로 하였다. 즉 밀란의 다섯 단계를 네 단계로 축소하였다. 착수 단계(Entry), 진단 단계(Diagnosis), 수행 단계(Action), 종료 단계(Termination)가 바로 그것이다. 착수 단계에서는 컨설팅을 의뢰하고 접수하는 활동이 따른다. 진단단계는 의뢰인의 문제를 분석하고 발견하는 단계이다. 수행 단계는 실행 계획을 세우고, 실제로 문제를 해결하는 단계이다. 마지막으로 종료 단계는 전 컨설팅 과정을 평가하고, 그 평가 결과에 따라 피드백을 받는 과정이다. 각 단계는 모든 수업 컨설팅에 적용되는 것이 아니라, 기술교과의 수업에 맞게 재조정된 것이기 때문에 적용할 때 유의해야 한다.

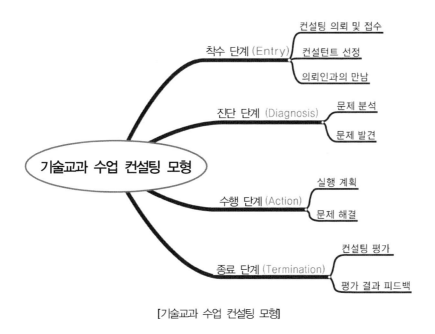

[기술교과 수업 컨설팅 모형]

위의 그림을 표로 정리하여 구체적인 내용을 설명하면 다음과 같다. 컨설팅 의뢰 및 접수에서는 산발적으로 흩어져 있는 컨설팅 창구를 일원화하고, 접수된 내용을 분류, 정리하는 작업이 필요하다. 컨설턴트를 선정하는 과정에서는 해당 분야의 전문가가 필요한데, 이들 전문가들은 현장교사들이 주를 이룰 것이다. 따라서 해당 분야의 전문가들을 발굴하여 원활한 컨설팅 배정이 되도록 해야 한다. 이 과정에서 가장 어려운 문제 중의 하나는 컨설팅의 창구를 어디로 해야 되는가 하는 것이다. 현시점에서 딱히 정해진 것이 없기 때문이다. 결국 기술수업 컨설팅을 효과적이면서 널리 활성화하기 위해서는 기술교과 모임에서 창구를 개설하여 자발적으로 자문이 이루어지도록 지원할 필요가 있다. 컨설턴트가 선정되면 전문 컨설턴트와 의뢰인과의 만남을 주선하여 상호 익히도록 해야 한다.

문제의 분석 단계에서는 의뢰인의 문제가 무엇인지를 빨리 파악하는 것이 관건이다. 기술교과 수업 중에서 방법의 문제인지, 내용의 문제인지를 파악하여 의뢰인과 일정을 짜야 하는 과정이 뒤따른다. 대부분의 수업 컨설팅에서는 해당 내용, 즉 실습 과제를 무엇으로 어떻게 적용하는 것이 좋은지에 대하여 의뢰하는 경우가 많다. 기술교과 수업 컨설팅에서는 컨설팅의 진행을 프로젝트형 과정을 공동으로 수행하면서 자연스럽게 익히도록 하고 있다.

마지막 종료 단계에서는 전 과정을 비형식적으로 평가하여 어떤 점들이 도움이 되고 차후에 개선해야 하는지에 대한 반성이 필요하다.

〈기술교과 수업 컨설팅 모형(EDAT)〉

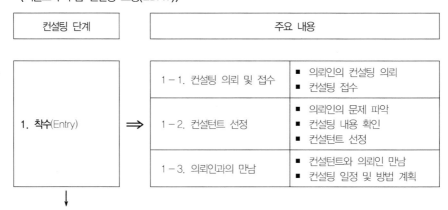

컨설팅 단계	주요 내용	
1. 착수(Entry) ⇒	1-1. 컨설팅 의뢰 및 접수	■ 의뢰인의 컨설팅 의뢰 ■ 컨설팅 접수
	1-2. 컨설턴트 선정	■ 의뢰인의 문제 파악 ■ 컨설팅 내용 확인 ■ 컨설턴트 선정
	1-3. 의뢰인과의 만남	■ 컨설턴트와 의뢰인 만남 ■ 컨설팅 일정 및 방법 계획

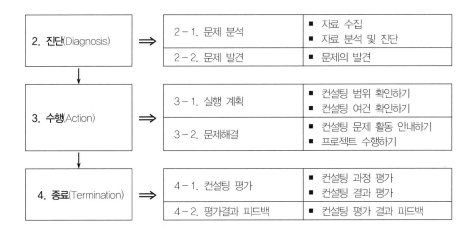

2. **진단**(Diagnosis)	⇒	2 - 1. 문제 분석	■ 자료 수집
			■ 자료 분석 및 진단
		2 - 2. 문제 발견	■ 문제의 발견

3. **수행**(Action)	⇒	3 - 1. 실행 계획	■ 컨설팅 범위 확인하기
			■ 컨설팅 여건 확인하기
		3 - 2. 문제해결	■ 컨설팅 문제 활동 안내하기
			■ 프로젝트 수행하기

4. **종료**(Termination)	⇒	4 - 1. 컨설팅 평가	■ 컨설팅 과정 평가
			■ 컨설팅 결과 평가
		4 - 2. 평가결과 피드백	■ 컨설팅 평가 결과 피드백

마. 수업 컨설팅의 매뉴얼

기술교과 수업 컨설팅을 효과적으로 하기 위하여 다음과 같이 구체적인 단계별 매뉴얼을 설명하고자 한다. 여기에서는 각 단계별로 무엇을 해야 하는지에 대하여 설명한다.

모듈 1 - 1. 컨설팅 의뢰 및 접수

1. **착수**(Entry)	**1 - 1. 컨설팅 의뢰 및 접수**
	1 - 2. 컨설턴트 선정
	1 - 3. 의뢰인과의 만남

| 2. **진단**(Diagnosis) | 2 - 1. 문제 분석 |
| | 2 - 2. 문제 발견 |

| 3. **수행**(Action) | 3 - 1. 실행 계획 |
| | 3 - 2. 문제해결 |

| 4. **종료**(Termination) | 4 - 1. 컨설팅 평가 |
| | 4 - 2. 평가결과 피드백 |

■ 목적

의뢰인이 수업에 대한 컨설팅을 의뢰하고 컨설팅 담당 모임에서는 컨설팅을 접수하여 기술교과 교사들의 수업을 지원하고자 함.

■ 주요 내용
- · 의뢰인의 자발적인 컨설팅 의뢰
- · 의뢰인이 선호하는 컨설팅 주제 정리
- · 컨설팅 접수와 분류

■ 절차 및 방법
- · 의뢰인의 관심 주제에 따라 컨설팅 접수(온라인, 오프라인, 전화, 팩스 등)
- · 일정 기간에 접수하는 방법
- · 기간에 관계없이 상시 접수하는 방법 등 다양하게 활용

■ 유의사항
- · 컨설팅에 적극적으로 참여하도록 유도하여야 함.
- · 자발적인 참여임을 확인시켜야 함.
- · 과거 의뢰인에 대한 비밀을 철저히 보장하여야 함.

〈컨설팅 의뢰 및 접수 포트폴리오〉

접수 정보	접수받은 사람			접수일자			
의뢰자 기초정보	성명				성별		
	학교명						
	지역						
	경력						
	대학 전공						
	연락처	직장 전화번호				휴대폰	
컨설팅 주제							
컨설팅 받고자 하는 구체적 내용							

모듈 1-2. 컨설턴트 선정

1. **착수**(Entry)	1-1. 컨설팅 의뢰 및 접수
	1-2. 컨설턴트 선정
	1-3. 의뢰인과의 만남

| 2. **진단**(Diagnosis) | 2-1. 문제 분석 |
| | 2-2. 문제 발견 |

| 3. **수행**(Action) | 3-1. 실행 계획 |
| | 3-2. 문제해결 |

| 4. **종료**(Termination) | 4-1. 컨설팅 평가 |
| | 4-2. 평가결과 피드백 |

■ 목적

의뢰인이 어려워하고 있는 문제를 파악하고 내용을 확인하여 의뢰인에게 적절한 컨설턴트를 선정하여 효과적인 수업 컨설팅을 수행하고자 함.

■ 주요 내용
  · 의뢰인의 문제를 파악
  · 컨설팅 내용을 확인
  · 의뢰인의 요구에 맞는 컨설턴트를 선정

■ 절차 및 방법
  · 의뢰인의 문제를 파악하기 위해서는 다양한 자료가 필요
  · 의뢰인이 요구한 수준에서 일차적으로 문제를 파악함.
  · 컨설턴트의 정보를 확인하여 적절한 인사가 선정될 수 있도록 함.

■ 유의사항
  · 일차적인 문제는 의뢰인의 요구에 따라야 하고 구체적인 문제는 진단단계에서 할 수 있도록 해야 함.
  · 컨설턴트는 다양한 경로로 발굴해야 하며 데이터베이스화하여 의뢰에 따른 선정이 적절하게 이루어질 수 있도록 함.

- 경우에 따라서는 컨설턴트를 교체할 수도 있으며, 사정이 생겨서 일정에 차질이 생길 경우에는 예비 컨설턴트를 신속히 배정할 수 있도록 함.

〈컨설턴트 선정 포트폴리오〉

컨설팅 제안 일자				
의뢰인				
해결해야 할 문제				
컨설턴트(예비목록)	분야		컨설턴트	비고
	제조기술 분야			
	건설기술 분야			
	수송기술 분야			
	통신기술 분야			
	생물기술 분야			
	교과교육 전반			
1차 선정 컨설턴트의 이력	역할	이름	전화	주 업무
	담당 컨설턴트			

▶ 모듈 1-3. 의뢰인과의 만남

1. 착수(Entry)	1-1. 컨설팅 의뢰 및 접수
	1-2. 컨설턴트 선정
	1-3. 의뢰인과의 만남

2. 진단(Diagnosis)	2-1. 문제 분석
	2-2. 문제 발견

3. 수행(Action)	3-1. 실행 계획
	3-2. 문제해결

4. 종료(Termination)	4-1. 컨설팅 평가
	4-2. 평가결과 피드백

■ 목적

의뢰인이 어려워하고 있는 문제에 대해 이에 적절히 선정된 컨설턴트와 의뢰인이 상호 만나서 컨설팅에 착수하고자 함.

■ 주요 내용
  · 의뢰인과 컨설턴트가 만남
  · 컨설팅의 전체적인 일정을 정함.
  · 컨설팅의 방법을 광범위하게 논의

■ 절차 및 방법
  · 기술교과 수업 지원 컨설팅 창구를 개설
  · 컨설팅 창구는 기술교과 모임이나 학회가 될 수 있음.
  · 컨설팅 일정은 구체적으로 정함(시기와 장소 포함).
  · 컨설팅의 방법은 추후 변경 가능함.

■ 유의사항
  · 의뢰인과 컨설턴트가 일차로 만날 때, 상호 어색하지 않도록 컨설팅 매니저가 초기에 개입할 필요가 있음.
  · 초기에는 컨설팅 매니저가 필요하지만, 컨설팅이 본격적으로 진행되면 컨설턴트와 의뢰인과의 일대일 만남으로 진행되도록 해야 함.
  · 컨설팅 매니저는 최소한의 개입으로 원활하고 전문적인 컨설팅이 진행되도록 보조해 주어야 함.

모듈 2-1. 문제 분석

1. 착수(Entry)	1-1. 컨설팅 의뢰 및 접수
	1-2. 컨설턴트 선정
	1-3. 의뢰인과의 만남

| 2. 진단(Diagnosis) | **2-1. 문제 분석** |
| | 2-2. 문제 발견 |

| 3. 수행(Action) | 3-1. 실행 계획 |
| | 3-2. 문제해결 |

| 4. 종료(Termination) | 4-1. 컨설팅 평가 |
| | 4-2. 평가결과 피드백 |

■ 목적

의뢰인이 요구하는 수업상의 문제점들을 컨설턴트의 관점에서 분석하여 본격적인 컨설팅에 활용하고자 함.

■ 주요 내용
- 의뢰인의 수업과 관련된 자료를 수집
- 수집한 자료를 분석하여 실제의 문제를 진단
- 문제점을 주요 문제와 부가적인 문제로 나누어서 진단

■ 절차 및 방법
- 문제점 진단을 위해 의뢰인의 수업 지도안과 같은 문서를 수집함.
- 문제를 객관적으로 진단하기 위해서는 자료를 다양하게 분석
- 동영상과 같은 자료가 보다 진단에 효과적이며 없을 경우에는 본인이 찍어서 보내도록 함.
- 가능하다면 의뢰인의 수업을 직접 관찰함.

■ 유의사항
- 의뢰인의 수업을 직접 참관할 수 없을 경우에는 동영상을 찍어서 분석할 수 있도록 하는 방법도 있음.
- 컨설턴트가 문제를 진단할 때에 지나치게 다른 문제점을 찾으려고 확대할 필요는 없음.
- 의뢰인이 요구한 문제가 때로는 크게 문제가 안 될 수도 있음.

〈문제 확인 포트폴리오〉

일시	년 월 일		
교과 영역			
의뢰인		컨설턴트	
진 단 내 용			
기술 수업에서 가장 어려운 부분은?	(수업 내용, 수업 설계, 수업 준비물, 기타)		
주로 사용하는 기술 수업 방법은?	(되도록 구체적으로 진술해 주십시오.)		
의뢰인의	강점		
	약점		
컨설팅 시 원하는 문제 진단방식	① 수업 공개를 통한 관찰 ② 의뢰인이 제공하는 수업 동영상, 지도안 분석 ③ 학생 동료 교사 면담 ④ 의뢰인 면담		
컨설팅 진행 과정에 대한 제안사항			

〈교사 능력 진단 포트폴리오〉

기술교과 수업에 대한 컨설팅을 의뢰한 교사의 능력을 진단하기 위하여 교사능력 진단표를 활용한다.

컨설팅 분야	관 점	평 점					비고
		1	2	3	4	5	
1. 기술내용지식	· 제조기술 분야의 목표와 성격, 내용, 교수 · 학습 방법, 평가를 이해하고 있는가? · 건설기술 분야의 목표와 성격, 내용, 교수 · 학습 방법, 평가를 이해하고 있는가? · 수송기술 분야의 목표와 성격, 내용, 교수 · 학습 방법, 평가를 이해하고 있는가? · 통신기술 분야의 목표와 성격, 내용, 교수 · 학습 방법, 평가를 이해하고 있는가? · 생물기술 분야의 목표와 성격, 내용, 교수 · 학습 방법, 평가를 이해하고 있는가?						
2. 기술수업방법	· 기술교과의 특성을 고려하여 수업목표를 진술하였는가? · 학습자의 능력이나 환경을 고려한 목표로 진술하였는가? · 기술교과 성격에 적절한 교재를 개발할 수 있는가? · 기술 단원의 목표를 실현하기에 적절한 교재를 개발할 수 있는가? · 기술교과 특성에 맞는 수업 방법을 선정하였는가? · 기술교과 특성에 맞는 수업을 하고 있는가? · 학생들이 문제해결 과정을 주도적으로 체험하도록 수업을 진행하고 있는가? · 수업목표 달성 정도를 측정하기에 적절한 평가 방법을 선정하였는가? · 수업에서 교사와 학생 간의 의사소통이 원활하게 이루어지고 있는가?						
3. 기술수업환경	· 기술 내용에 적절한 실습 재료를 준비하고 있는가? · 기술교과 수업에 필요한 각종 도구나 공구를 구비하고 있는가?						

〈기술교과 수업 지도안 진단 포트폴리오〉

영역	평가 관점	평점				
		5	4	3	2	1
학습자	1. 선정한 프로젝트가 학습자의 수준에 적절한가?					
	2. 선정한 프로젝트가 학습자의 흥미에 맞는 주제인가?					
	〈컨설팅 포인트〉					
수업 방법	3. 프로젝트 수행에 알맞은 모둠 편성을 하였는가?					
	4. 기술교과 수업에 적절한 수업 방법을 사용하고 있는가?					
	〈컨설팅 포인트〉					
수업 자료	4. 기술교과 성격에 맞는 수업 자료인가?					
	5. 학습자 수준에 맞는 자료인가?					
	〈컨설팅 포인트〉					
평가 측면	6. 평가 항목이 기술교과의 특성을 반영하고 있는가?					
	7. 과정과 결과를 모두 평가하고 있는가?					
	〈컨설팅 포인트〉					
수업 지도안	8. 수업지도안이 수업에 활용될 수 있도록 구체적인가?					
	9. 기술교과의 특징을 잘 살린 지도안이 작성되었는가?					
	10. 학습자들에게 적절한 동기부여 활동이 제시되어 있는가?					
	〈컨설팅 포인트〉					

〈기술교과 수업 관찰 진단 포트폴리오〉

영역	하위 영역	관 점	평점			비고
			상	중	하	
수업내용	내용영역	1. 제조기술 분야 목표와 성격, 내용, 교수 · 학습 방법, 평가를 이해하고 있는가?				
		2. 건설기술 분야 목표와 성격, 내용, 교수 · 학습 방법, 평가를 이해하고 있는가?				
		3. 수송기술 분야 목표와 성격, 내용, 교수 · 학습 방법, 평가를 이해하고 있는가?				
		4. 통신기술 분야 목표와 성격, 내용, 교수 · 학습 방법, 평가를 이해하고 있는가?				
		5. 생물기술 분야 목표와 성격, 내용, 교수 · 학습 방법, 평가를 이해하고 있는가?				
	컨설팅 포인트					
수업 설계	수업목표	6. 단원의 목표를 정확히 이해하고 있는가?				
		7. 학습자의 능력을 고려한 목표로 진술했는가?				
	수업전략	8. 기술교과 수업에 적절한 교수 · 학습 방법을 선정했는가?				
		9. 절차적 지식을 얻도록 하고 있는가?				
		10. 실습 활동과 관련된 적절한 문제 제시를 하는가?				
	컨설팅 포인트					
수업 환경	실습공구	11. 제조기술, 건설기술, 수송기술, 통신기술, 생명기술 영역의 수업에 필요한 각종 도구나 공구를 제대로 구비하고 있는가?				
		12. 실습 도구와 공구의 유지 관리 방법을 알고 있는가?				
	실습시설	13. 제조기술, 건설기술, 수송기술, 통신기술, 생명기술 영역의 수업에 필요한 시설과 설비를 갖추고 있는가?				
	컨설팅 포인트					

1. **착수**(Entry)	1-1. 컨설팅 의뢰 및 접수
	1-2. 컨설턴트 선정
	1-3. 의뢰인과의 만남

| 2. **진단**(Diagnosis) | 2-1. 문제 분석 |
| | **2-2. 문제 발견** |

| 3. **수행**(Action) | 3-1. 실행 계획 |
| | 3-2. 문제해결 |

| 4. **종료**(Termination) | 4-1. 컨설팅 평가 |
| | 4-2. 평가결과 피드백 |

■ 목적

  의뢰인이 요구하는 수업상의 문제점에 대해 다양한 자료를 통해 최종 문제를 발견하고 정리하여 실질적인 컨설팅 수행에 활용하고자 함.

■ 주요 내용

  · 의뢰인과 관련된 문제점 자료 정리
  · 의뢰인의 컨설팅 문제점 최종 확인

■ 절차 및 방법

  · 의뢰인과 관련된 각종 자료를 유형별로 분류하여 정리
  · 정리된 문제점 중에서 컨설팅이 필요한 최종 한 가지로 압축
  · 압축된 문제점을 중심으로 컨설팅 내용을 제시

■ 유의사항

  · 의뢰인의 문제점들은 문제 분석단계에서 수집된 자료를 다각도로 분석하여야 가시적인 내용이 드러남.
  · 의뢰인은 한 가지 문제점만을 지원하도록 의뢰하였으나, 문제점 분석단계에서 몇 가지 문제가 복합적으로 내재되어 나타날 수도 있음.
  · 따라서 문제점이 많을 경우에는 컨설팅의 우선순위를 두어서 긴급히 요구되는 것과 시간을 두고 해결할 것을 잘 분류하는 것이 필요함.

〈문제 발견 포트폴리오〉

일 시	200 년 월 일		
교과 영역			
의뢰인		컨설턴트	
문제점 진단 내용			
컨설팅 내용 영역	제조기술		
	건설기술		
	수송기술		
	통신기술		
	생명기술		
	교과교육		
의뢰인	강점		
	약점		
컨설팅 방법			
기 타			

◖ 모듈 3 – 1. 실행 계획

1. **착수**(Entry)	1 – 1. 컨설팅 의뢰 및 접수
	1 – 2. 컨설턴트 선정
	1 – 3. 의뢰인과의 만남

2. **진단**(Diagnosis)	2 – 1. 문제 분석
	2 – 2. 문제 발견

3. **수행**(Action)	**3 – 1. 실행 계획**
	3 – 2. 문제해결

4. **종료**(Termination)	4 – 1. 컨설팅 평가
	4 – 2. 평가결과 피드백

- **목적**

  의뢰인의 필요에 따라 컨설턴트가 컨설팅을 하기 위해 컨설팅의 범위나 여건 등을 확인하여 의뢰인의 문제해결에 도움을 주고자 함.

- **주요 내용**
  - 컨설팅의 범위 확인하기
  - 컨설팅의 여건 확인하기

- **절차 및 방법**
  - 의뢰인의 문제를 최종 확인한 결과에 따라 컨설팅의 범위를 정함.
  - 문제가 한 가지이더라도 컨설팅의 범위는 매우 달라질 수 있으므로 여건을 확인
  - 실제적인 컨설팅을 위한 제반 사항을 계획

- **유의사항**
  - 컨설팅의 범위는 다소 압축하는 것이 필요하다. 왜냐하면 컨설턴트 한 사람이 모든 영역을 다루기는 어려운 점이 있음.
  - 컨설팅의 여건에서는 실제 컨설팅을 수행하는 장소와 해당 장소에서의 프로젝트 수행에 필요한 제반 공구나 재료 등이 구비되어 있는지를 확인
  - 컨설팅 계획을 잘 해 놓아야 차질 없이 컨설팅을 수행할 수 있으며, 의뢰인과 상호 협의한 일정 내에 끝낼 수 있음.

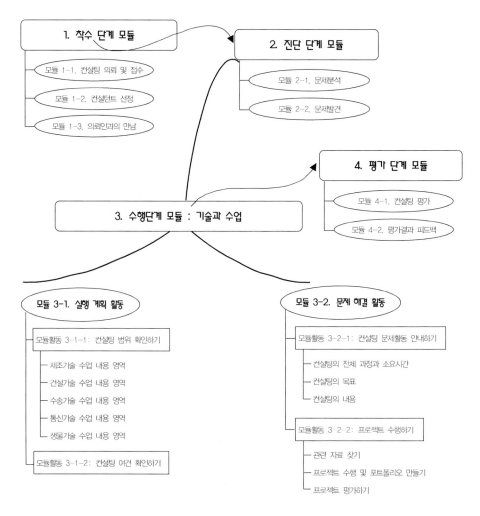

[기술교과 수업 컨설팅 모듈]

위의 그림은 기술수업 컨설팅의 전체 개요를 모듈식으로 표현한 것이다. 수업 컨설팅에서 가장 핵심이 되는 부분은 바로 3단계의 수행단계이다. 이 단계에서는 각각의 모듈 활동을 프로젝트 방식으로 전개하기 때문에 다른 단계와는 달리 보다 구체화하였다. 모듈 3 - 1은 컨설팅 실행 계획단계이고, 모듈 3 - 2는 문제해결 활동이다. 실행 계획 활동에서는 컨설팅의 범위를 한정시키기 위하여 각 기술 영역의 내용 중에서 하나를 선택하도록 한 것이다. 문제해결 활동에서는 컨설팅의 문제해결 활동을 안내하고, 프로젝트를 수행하면 된다.

기술교과 수업 컨설팅을 위한 영역은 기술의 구체적인 내용 영역을 중심으로 구분되고, 그 각각의 영역에는 하위 요소들이 포함되어 있다.

계획 사항에는 컨설팅의 범위와 시간, 활동 방법, 컨설턴트, 의뢰인의 역할, 환경, 소요시간 등에 대한 구체적인 계획이 수립된다. 진단에서 컨설팅 내용을 정하는 과정과 범위는 아래의 표와 같다.

[컨설팅의 범위 확인하기 포트폴리오]

컨설팅의 목적	
컨설팅의 내용	구체적으로 진술
컨설팅 기간	
수업 자료	
포트폴리오 구성 계획	
프로젝트 수행 계획	
기타 사항	

컨설턴트와 의뢰자가 정기적으로 만나서 컨설팅을 할 수 있는 시간과 장소 등의 여건을 상의하여 정한다. 컨설팅의 내용과 범위에 따라서 시간과 장소 등이 달라질 수 있기 때문에 상세하게 논의하는 것이 좋다. 또한 활용가능한 자료나 도구 및 공구 등이 있는지도 확인해야 한다.

[컨설팅 여건 확인 포트폴리오]

	장소와 시간	
컨설팅 여건	필요한 시설	
	기타 사항	
컨설팅 방법		구체적으로 진술
	온라인 자료	
컨설팅 관련 자료	오프라인 자료	
	인적 자료	

1. **착수**(Entry)	1-1. 컨설팅 의뢰 및 접수
	1-2. 컨설턴트 선정
	1-3. 의뢰인과의 만남

| 2. **진단**(Diagnosis) | 2-1. 문제 분석 |
| | 2-2. 문제 발견 |

| 3. **수행**(Action) | 3-1. 실행 계획 |
| | **3-2. 문제해결** |

| 4. **종료**(Termination) | 4-1. 컨설팅 평가 |
| | 4-2. 평가결과 피드백 |

■ 목적

의뢰인의 문제점을 해당 분야의 컨설턴트가 컨설팅을 본격적으로 하는 단계이며, 문제점에 대한 대안이나 해결 방안을 제시하여 실제 활동을 수행함.

■ 주요 내용
· 컨설팅의 문제 활동 안내하기
· 프로젝트를 통한 컨설팅 수행하기

■ 절차 및 방법
· 구체적으로 수행할 컨설팅의 활동을 안내하며, 수행의 전체적인 그림을 그릴 수 있도록 해 줌.
· 기술수업에서의 컨설팅은 프로젝트를 수행해 가면서 이루어지므로 하나의 프로젝트가 한 가지 주제를 모두 포괄하기는 어렵기 때문에 여러 개의 프로젝트를 수행할 수도 있음.

■ 유의사항
· 컨설팅의 문제 활동 안내에서는 이미 개발된 모듈이나 자료를 참고하여 의뢰인과 컨설턴트가 상호 의사소통이 잘 되도록 조율해야 함.
· 의뢰인과 프로젝트를 수행할 때, 일방적인 강요가 아닌 자발적인 상태에서 이루어지도록 분위기를 조성해 주어야 함.

모듈 활동 3-2-1: 컨설팅 문제해결 활동 안내하기

이 모듈 활동에서는 기술교과 내용의 지도능력 컨설팅 전체 과정을 설명하고 구체적인 일정을 서로 정하는 과정이다. 의뢰인과 컨설턴트가 실제 문제해결을 위해 무엇이 문제인지를 논의하고 컨설팅 내용의 범위를 정하도록 한다.

■ 컨설팅 전체 과정과 소요시간

제조기술 분야, 건설기술 분야, 수송기술 분야, 통신기술 분야, 생명기술 분야의 지도 능력 컨설팅에서는 기술교과의 내용과 관련된 교육과정을 이해하기, 내용 지식을 탐구하기, 실습 지도 활동에 대한 프로젝트를 수행하기로 이루어진다. 따라서 내용 분야 실습 지도 능력이 부족한 부분에 따라서 프로젝트의 구체적인 주제는 달라진다. 예컨대, 여러 가지 재료를 이용하여 만드는 생활용품과 관련한 프로젝트인지, 아니면 수송기술과 관련된 물건을 만드는 것인지에 따라 달리 적용될 수 있다. 또한 프로젝트를 수행하면서 각종 포트폴리오 서식을 만들면서 관련 지식도 배우게 된다. 소요시간은 구체적인 내용을 고려하여 정한다. 만들기와 관련된 컨설팅을 한다면 최소 6시간 이상이 필요하다.

■ 컨설팅 목표
  · 기술교과 제조기술, 건설기술, 수송기술, 통신기술, 생명기술 분야의 창의적 물건 만들기 지도 능력을 배양하고 문제점을 해결할 수 있다.
  · 기술교과 내용 분야와 관련된 만들기의 효과적인 교수·학습 방법을 적용할 수 있다.

■ 컨설팅 내용
  · 제조기술 실습 활동을 지도할 수 있는 능력 기르기
  · 건설기술 실습 활동을 지도할 수 있는 능력 기르기
  · 수송기술 실습 활동을 지도할 수 있는 능력 기르기
  · 통신기술 실습 활동을 지도할 수 있는 능력 기르기
  · 생명기술 실습 활동을 지도할 수 있는 능력 기르기
  · 교과교육 학습 활동을 지도할 수 있는 능력 기르기
☞ 기타 추가할 사항을 논의한다.

1 수업 관련 자료 탐색하기

여러 가지 기술 분야의 수업 컨설팅을 하기 위하여 이 분야의 오프라인 자료와 온라인 자료 목록을 컨설턴트가 마련하고 의뢰자와 협의하여 준비해야 한다. 자료의 성격에 따라서는 의뢰자가 가지고 있지 않아서 컨설턴트가 준비하여 제공해 주어야 하는 것도 있을 수 있다. 다양한 자료 목록을 가지고 상의하는 것이 좋다.

구 분	절차적 지식의 수업 자료	만들기 활동 수업 자료
오프라인 수업 자료 목록		
온라인 수업 자료 목록		

2 프로젝트 수행 및 포트폴리오 만들기

기술 내용과 관련된 전문 컨설턴트는 의뢰자의 조건에 따라 프로젝트를 수행하면서 이루어지기 때문에 이 과정에서 여러 가지 포트폴리오를 활용한다. 포트폴리오는 직접 프로젝트를 수행하면서 채워 가야 한다. 컨설턴트는 의뢰자가 포트폴리오를 만들어 가면서 프로젝트를 수행할 수 있도록 안내해야 한다.

[포트폴리오 1] 프로젝트 안내

프로젝트를 수행하는 데 필요한 각종 정보를 적어 보게 한다. 이 과정에서 수행 시간도 정할 수 있다.

【포트폴리오 1】 프로젝트 안내하기

관련 단원	
프로젝트 구상하기	
재 료	학교에서 준비해 주는 재료:
	컨설턴트가 준비해야 할 재료:
공 구	학교에 있는 공구:
	컨설턴트가 준비해야 할 공구:
각 프로젝트 단계에서 할 일 적어 보기	1. 프로젝트명 정하기(시간) 2. 정보 수집·정리하기(시간) 3. 설계하기(시간) 4. 만들기(시간) 5. 평가하기(시간)
주의 사항 기록하기	
기 타	

[포트폴리오 2] 프로젝트 선정하기

의뢰자가 수행할 프로젝트가 적절한지를 판단하여 평가를 활용하여 판단할 수 있도록 한다.

【포트폴리오 2】 프로젝트 주제 설정하기

관련 단원	
가능한 프로젝트 주제명	만들 수 있는 프로젝트 주제를 나열해 보시오. 1. 2. 3. 4. 5.
프로젝트 선정 기준	1. 주어진 기간 내에 완성할 수 있는가? 2. 주어진 재료와 준비할 재료를 활용해서 완성가능한가? 3. 목적 달성을 위한 공구는 갖고 있는가? 4. 해당 주제에 적절한가?
선정한 최종 프로젝트명	

정보 수집 방법	수집해야 할 정보	어떤 매체를 통해서

준비물	

[포트폴리오 3] 프로젝트 관련 정보 수집 · 정리하기

프로젝트 수행에 필요한 디자인이나 도면 등을 수집하여 설계하는 데 도움을 줄 수 있도록 한다.

【포트폴리오 서식 3】 프로젝트 관련 정보 수집, 정리하기

※ 오늘 해야 할 일: 수집된 정보를 기록하세요. 사진이나 그림 자료는 붙여 주세요.

프로젝트명	
수집한 정보의 내용	
수집한 정보를 도면으로 나타내는 방법	스케치: 프리핸드 구상도: 등각투상법, 사투상법 제작도: 구상도를 기초로 제품의 제작에 필요한 기본적인 모양과 치수 제작 방법 등을 기입한다(부품도, 전개도).
정보수집의 출처	○ 인터넷 자료는 URL 주소를 적고, 도서는 도서명, 저자, 출판사를 적어 주시오.

제작할 생활용품의 외관에 참고할 사진이나 그림을 찾아 붙이시오	
자료 출처	
제작할 생활용품의 구조에 참고할 사진이나 그림을 찾아 붙이시오	
자료 출처	

[포트폴리오 4] 스케치하기

물건을 만들기 위해 여러 가지 스케치를 하여 적절한 것으로 선정한다. 스케치할 때에는 스크래치 스케치, 러프 스케치, 스타일 스케치 중에 적절한 것을 골라 완성하도록 한다.

스케치하기
학년　　반　　이름:
▶ 목제품의 모양을 다양하게 스케치하여 봅시다.

[포트폴리오 5] 구상도 그리기

여러 가지 스케치 중에서 하나를 골라 구체적인 도면을 그리는 과정을 수행하
도록 한다.

구상도 그리기

학년   반   이름:

▶ 스케치한 것 중에서 하나를 선택하여 구상도를 그려 봅시다.

[포트폴리오 6] 부품도 그리기

간단한 물건의 경우에는 생략할 수 있으나, 그렇지 않은 경우에는 각각의 부품도를 그려서 정확하게 만들 수 있도록 한다. 대부분 수업에서는 생략하기도 한다.

○ 생활용품의 부품도를 그려 보세요	프로젝트명	

제작도 그리기

학년   반   이름:

▶ 구상도에 따라 제작도를 그려 봅시다.

[포트폴리오 7] 프로젝트 수행일지

프로젝트를 수행하는 시간마다 수행일지를 쓰도록 하여 학생들을 지도하는 데 도움을 주도록 한다.

【포트폴리오 7】 수행 일지

년 월 일 교시

1. 오늘 무엇을 만들었는지 적어 보세요	
2. 오늘 혹시 예상 못했던 문제가 발생했나요? 발생했다면 어떤 문제인지 적어 보고 해결방안을 찾아보세요.	
3. 개인적으로 프로젝트를 수행하나요?	
4. 다음 시간에는 무엇을 만들 계획인가요?	
다음 시간 준비	

[포트폴리오 8] 프로젝트 평가하기

완성된 프로젝트의 결과물과 각종 포트폴리오를 활용하여 자기 평가와 컨설턴트의 평가가 겸하여 이루어지도록 한다. 여기에서의 평가 목적은 점수화하는 데 있는 것이 아니라 능력을 진단하는 데 목적을 두어야 한다.

〈자기 활동 평가 포트폴리오〉

평가영역	평가항목	잘함	보통	미흡
구상도 그리기	1. 제품을 창의적이고 실용적으로 그렸는가?			
	2. 구상도에 따라 각각의 부품도를 정확하게 그렸는가?			
마름질하기	3. 제작도의 치수에 따라 판재에 금 긋기를 정확하게 하였는가?			
	4. 판재에 그은 선을 따라 정확하게 톱질을 하였는가?			
	5. 톱질할 때 안전에 유의하였는가?			
가공하기	6. 각 부품을 매끄럽게 사포질하였는가?			
	7. 사포질할 때에 손이 다치지 않도록 안전에 유의하였는가?			
조립하기	8. 못이나 나사못이 옆면으로 비어져 나오지 않고 조립이 잘 되었는가?			
	9. 부품은 조립이 잘 되었는가?			
칠하기	10. 제품 표면의 칠이 깨끗하게 되었는가?			
정리하기	11. 실습 후에 공구 및 뒷정리는 잘 하였는가?			
느낀 점				

【포트폴리오 8】 프로젝트 평가하기

프로젝트명	
프로젝트 수행 평가	☞ 수행한 프로젝트의 결과를 평가해 보세요. 〈자기 평가〉

〈자기 평가〉

구 분	잘한 점	못한 점	개선할 점	점수
포트폴리오 1				
포트폴리오 2				
포트폴리오 3				
포트폴리오 4				
포트폴리오 5				
포트폴리오 6				
포트폴리오 7				
전체 반성				

〈컨설턴트 평가〉

구 분	상	중	하	점수
포트폴리오 1				
포트폴리오 2				
포트폴리오 3				
포트폴리오 4				
포트폴리오 5				
포트폴리오 6				
포트폴리오 7				
심미성(프로젝트명과 외관이 잘 부합되는가?)				
창의성(제작, 구조, 용도 등이 독특한가?)				
기능성(얼마나 쓸모가 있는가?) 1) 꼭 필요한 갖고 싶은 제품이다. (점) 2) 잘 만들었지만, 기능이 미비하다. (점) 3) 외관은 좋으나 쓸모가 없는 것 같다. (점) 4) 무엇에 사용하는 제품인지 모르겠다. (점)				

총 점수	포트폴리오 ( )점 완제품 ( )점 총 ( )점

모듈 4 - 1. 컨설팅 평가	

1. **착수**(Entry)	1 - 1. 컨설팅 의뢰 및 접수
	1 - 2. 컨설턴트 선정
	1 - 3. 의뢰인과의 만남

2. **진단**(Diagnosis)	2 - 1. 문제 분석
	2 - 2. 문제 발견

3. **수행**(Action)	3 - 1. 실행 계획
	3 - 2. 문제해결

4. **종료**(Termination)	**4 - 1. 컨설팅 평가**
	4 - 2. 평가결과 피드백

■ 목적

의뢰인의 문제에 대해 전문 컨설턴트와의 컨설팅을 통해 수행한 문제해결이
계획한 바대로 수행되었는지를 평가함.

■ 주요 내용
· 컨설팅 과정의 평가
· 컨설팅 결과의 평가

■ 절차 및 방법
· 해당 분야의 컨설팅 과정에서 의뢰인과 수행 활동이 이루어지는 과정을
모두 기록해 놓은 포트폴리오를 중심으로 평가함.
· 컨설팅의 수행 과정과 더불어 수행 결과에서 의뢰인의 문제가 실제로
해결되었는지, 부분적으로 해결되었는지를 평가해야 함.

■ 유의사항
· 컨설팅의 수행 과정에 기록한 포트폴리오가 있어야 수행 과정을 쉽게 평
가할 수 있기 때문에 모든 과정의 기록은 빠짐없이 구비해 놓아야 함.
· 각종 포트폴리오는 넘버링을 함으로써 쉽게 찾을 수 있고, 차후에 쉽게
찾을 수 있는 근거 자료가 됨.

〈컨설팅 평가 포트폴리오 1(전체 과정에 대한 평가지)〉

평 가 자	

평정내용	평 정				
컨설팅 프로젝트에 대한 만족	아주 만족	만족	보통	불만족	매우 불만족
컨설턴트(또는 의뢰인)의 역량	아주 만족	만족	보통	불만족	매우 불만족
기존 수업과 변화된 수업의 관계	아주 만족	만족	보통	불만족	매우 불만족
컨설팅 프로세스에 대한 평가	아주 만족	만족	보통	불만족	매우 불만족
컨설팅 과정에 대해 컨설턴트(또는 의뢰인)에게 하고 싶은 말					
컨설팅 세부 과정에 대한 평가	컨설팅 접수		만족	보통	불만족
	컨설턴트 선정		만족	보통	불만족
	만남		만족	보통	불만족
	진단		만족	보통	불만족
	실행계획		만족	보통	불만족
	문제해결		만족	보통	불만족
컨설팅 과정에 대한 총평 (기술교과 수업 컨설팅을 받고 나서 의뢰인에게 어떤 변화가 있었는지 사전 · 사후의 변화 내용을 구체적으로 정리해 보시오)					

〈컨설팅 평가 포트폴리오 2(컨설팅 내용에 대한 평가)〉

내용	평점					의견
	매우 만족 5	다소 만족 4	보통 3	미흡 2	매우 미흡 1	
1. 문제점 진단 내용은 적절하였는가?						
2. 컨설팅 목표 설정은 적절하였는가?						
3. 컨설팅 목표는 실현되었다고 보는가?						
4. 컨설턴트의 컨설팅 계획과 내용은 구체적이었는가?						
5. 계획한 대로 실행되었는가?						
6. 컨설턴트의 조언이 적절했는가?						
7. 컨설턴트의 지원과 조력이 충분하였는가?						
8. 의뢰인의 기술수업 프로젝트 활동을 수행할 수 있도록 컨설팅이 이루어졌는가?						
9. 컨설팅 후 기술수업에 대한 자신감이 생겼는가?						
10. 기타 의견						

1. **착수**(Entry)	1-1. 컨설팅 의뢰 및 접수
	1-2. 컨설턴트 선정
	1-3. 의뢰인과의 만남
2. **진단**(Diagnosis)	2-1. 문제 분석
	2-2. 문제 발견
3. **수행**(Action)	3-1. 실행 계획
	3-2. 문제해결
4. **종료**(Termination)	4-1. 컨설팅 평가
	4-2. 평가결과 피드백

- 목적

  컨설팅 수행 과정에서 일어날 수 있는 특별한 사항과 수행 계획에서 예상하지 못한 돌발 상황을 정리하고 각각의 단계에서 더욱 발전적인 컨설팅을 가능하도록 정보를 제공하고 공유하도록 함.

- 주요 내용
  - 컨설팅 과정에서 발생한 문제점
  - 컨설팅 결과에 대한 의뢰인의 반응

- 절차 및 방법
  - 해당 분야의 컨설팅 과정에 참여한 여러 명의 컨설턴트들이 각 과정에 대한 의견이나 정보를 공유함.
  - 컨설팅 수행 과정의 타당성과 수행 기법 등에 대해 토론하고 유용한 문제점들을 토론함.

- 유의사항
  - 피드백 단계에서는 전체 컨설팅에 대한 평가를 컨설턴트에게 피드백하여 향후 발전적인 컨설팅이 이루어지도록 하여야 함.
  - 예상치 못한 뜻밖의 결과는 차후 컨설팅에 적극 활용토록 함.

〈컨설팅 과정에 대한 피드백 포트폴리오〉

의뢰인의 태도	※ 의뢰인이 컨설팅 과정에 우호적이었는가 아니면 적대적이었는가?
컨설팅 과정에서의 애로점	
컨설팅 추진 방향의 타당성	
평가 결과의 전달 방식	
피드백할 내용 (평가결과)	
이후 프로젝트에서의 추진 활동	

〈컨설팅 과정에 대한 피드백 회의록 포트폴리오〉

회의일시		회의장소		회의참석자	
피드백대상 프로젝트 개요	의뢰인	대상학교	담당컨설턴트	투입인력	투입비용
컨설팅 제안과 실행 내용					
피드백 결과 점수 총점	의뢰인	담당컨설턴트	매니저	기타 평가자 1	기타 평가자 2
피드백 내용 특기 사항	의뢰인	담당컨설턴트	매니저	기타 평가자 1	기타 평가자 2
개선 방안 토의					
기타 토의 사항					

기술교과 영역별 수업
컨설팅 자료

III

1. 제조기술 및 발명

A. 제조기술

가. 생활용품 만들기

대영역	재료의 이용	중영역	제품 만들기	소영역 (Topic)	생활용품 만들기
소요 시간	8시간	수업장소	기술실	교사 역할	30%
학습법	프로젝트 학습법(모둠별 프로젝트)				
프로젝트 상황 설정	명근이는 생활 속에서 흔히 사용되는 여러 재료 중에서 쉽게 가공할 수 있는 것을 선택하여 실생활에 아주 유용하게 사용할 수 있는 제품을 만들려고 한다.				
수행 기간 및 장소	1) 수행 장소는 기술 실습실이며, 기간은 4주 동안이고 정규 수업은 주당 2시간으로 총 8시간이다. 2) 점심, 오후 시간에 개방된 기술실을 이용할 수 있다.				
재료 조건	1) 학교에서 제공하는 도구 및 재료 　칼, 강철 자, 플라스틱 자, 두꺼운 종이, 하드보드지, 철사, 글루건, 열선커터기, 실리콘, 콜크보드, 매직테이프 등, 기타 소공구 2) 학교에서 제공하는 것 이외의 것은 모둠별로 구입하여 사용한다.				
제출물	작품, 포트폴리오				
유의사항	1) 인터넷에서 정보를 획득하여 응용하는 것을 권장하나, 100% 모방은 하지 않도록 한다. 2) 이 프로젝트를 통해 창의성, 협동성, 문제해결력, 책임감, 고도의 사고 기능이 향상될 수 있도록 개방적인 학습 분위기를 조성하되 방임하여 지나치게 산만하지 않도록 적절히 통제한다.				

1) 수업 실행 계획

■ 공구 및 기계의 사용

• 공구

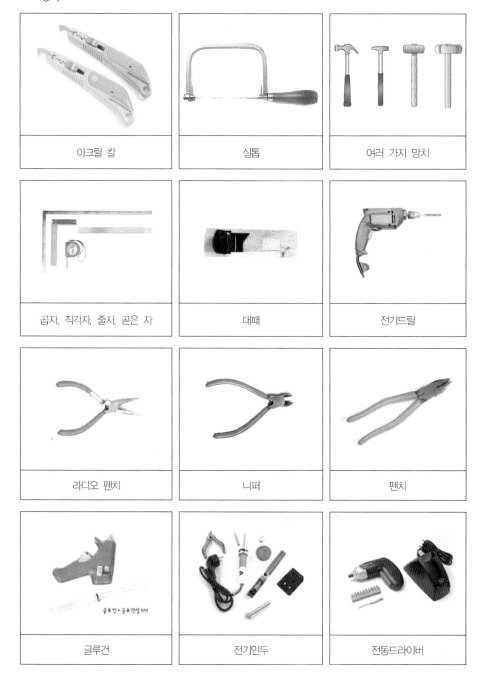

아크릴 칼	실톱	여러 가지 망치
곱자, 직각자, 줄자, 곧은 자	대패	전기드릴
라디오 펜치	니퍼	펜치
글루건	전기인두	전동드라이버

• 접착제

목공용 강력 접착제

목공용 접착제

강력 접착제

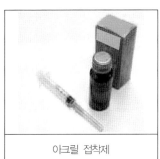
아크릴 접착제

일반 접착제

• 전동공구

스카시 톱

직소

디스크 샌더

열선커터기

소형 드릴링머신

전동사포기

2) 프로그램의 내용

주제	단계	수행 내용	평가 대상	시간
생활용품만들기	Ⅰ. 프로젝트 시작 (Starting the project)	주제를 선정하고 모둠 편성과 모둠 이름을 정하며 역할을 분담한다.	포트폴리오 1: 주제선정 Sheet	1
	Ⅱ. 정보 정리 (Arranging the information)	그 주제에 대한 다양한 정보 및 재료를 조사. 정리 발표, 전반적인 수행 과정에 대한 시간별, 내용별 계획을 수립	포트폴리오 2: 정보 수집 Sheet	1
	Ⅲ. 설계 (Developing the idea)	정리된 자료를 바탕으로 스케치를 하고 구상도와 제작도를 완성	포트폴리오 3: 스케치 구상도 Sheet 포트폴리오 4: 제작도 Sheet	2
	Ⅳ. 제작 (Making)	구상도와 제작도를 바탕으로 재료를 마름질하여 계획에 맞게 제작하고 매 차시 제작 과정을 기록한다.	포트폴리오 5: 수행일지 Sheet	3
	Ⅴ. 평가 (Evaluating)	수행 결과를 정리하고 평가 Sheet를 통해 평가를 실행한다.	포트폴리오 6: 평가 Sheet	1

3) 교사용 지도안

1. 프로젝트 안내 및 모둠 편성

■ 활동 개요

활동 목표	• 프로젝트 주제를 설정한다. • 모둠 역할을 분담한다.	시　간	45분
		준비물 교　사	교육자료
		학　생	워크북

■ 활동 전개 과정

전개	활동주제	활동내용	방법	준비물	시간
도입	프로젝트 소개	• 프로젝트를 하는 이유를 설명한다. • 모둠의 중요성을 설명한다. • 전체 프로그램을 안내한다.	설명	포트폴리오 예시물	5분
전개	모둠 편성	• 남녀 혼성 학급일 경우 남녀의 비율을 고려하여 편성하도록 한다.	개별 활동	학생용 워크북	15분
	모둠 이름 및 역할 분담	• 모둠별 회의를 통해 모둠의 이름을 정한다. • 모둠에서 제작하고자 하는 운동물체의 이름을 정한다. • 운동물체 만들기 과정에서 하게 되는 역할을 모둠원이 나눈다.	모둠별 활동	학생용 워크북 포트폴리오 서식 1	15분
정리	서식 확인	• 작성된 학생용 포트폴리오 1을 확인하고 지도한다.	교사 정리	학생용 워크북	10분

■ 유의사항

- 주변 상황을 적절하게 끌어내어 학생들이 적극적으로 참여할 수 있게 유도한다.
- 뚜렷한 목적과 체계적인 계획을 세워 실행해 나갈 때 성취할 수 있음을 강조한다.

[포트폴리오 1] : 프로젝트 주제 설정하기

* 오늘 해야 할 일 : 프로젝트 주제 설정하기/ 정보 수집 방법 생각하여 보기

	년　월　일　교시
관련단원	재료의 이용
가능한 프로젝트 주제명	다용도 생활용품의 종류는 매우 다양하다. 여러분이 만들 수 있는 프로젝트 주제를 나열해 보세요. 1. 다용도 연필꽂이 , 서랍 2. 디스켓함 , CD케이스 , 연필꽂이 3. 메모지 걸이 , 쪽지함 , 휴지걸이 , 서랍 4. 테이프꽂이 , 서랍 5.
선정한 최종 프로젝트명	메모지 걸이 , 쪽지함, 휴지걸이 , 서랍.
정보 수집 방법	집안의 생활용품 유심히 관찰하기 인터넷에서 정보 모으기.
차시 예고	여러분이 수집한 정보를 서로 공유하고 의견을 나누어 봅시다. 자료를 정리하기 위한 도구를 준비해 오세요.

프로젝트 주제 설정하기	교사 확인란

2. 정보수집 및 정리하기

■ 활동 개요

활동 목표	• 다용도 생활용품의 종류를 찾는다. • 자료 수집 방법을 안다. • 수집된 자료를 정리한다.	시 간		45분
		준비물	교 사	교육자료, 인터넷 자료
			학 생	워크북

■ 활동 전개 과정

전개	활동주제	활동내용	방법	준비물	시간
도입	생활용품 안내	• 제작가능한 간단한 생활용품을 안내한다.	설명	실물	5분
전개	자료의 수집	• 간단한 생활용품의 여러 가지 외관과 관련된 사진 자료 또는 인터넷 자료를 수집한다. • 생활용품을 꾸밀 수 있는 소품 관련 자료를 수집한다. • 발포 PVC를 가공할 수 있는 각종 공구에 대한 자료를 수집한다.	모둠활동	학생용 워크북 컴퓨터 사진 그림 자료 등	20분
	자료의 정리	• 외관과 관련된 여러 종류의 생활용품 자료 중 만들고자 하는 생활용품 구상에 도움이 될 수 있는 자료를 붙이고 기타 그림을 빈 여백에 붙인다. • 부품과 부품을 결합시킬 수 있는 간단한 소품과 장식할 수 있는 장식용품과 관련된 그림을 붙이고 설명을 써 넣는다.	모둠활동	학생용 워크북	15분
정리	서식 확인	• 작성된 학생용 포트폴리오 서식 2를 확인하고 지도한다.	교사정리	학생용 워크북	5분

■ 유의사항

• 정보를 수집할 때 출처를 반드시 확인하고 자료로 남겨 두어야 함을 강조한다.
• 정보 수집 활동 시 모든 학생이 참여할 수 있도록 한다.
• 만들고자 하는 운동물체와 관련된 자료를 정리할 수 있도록 한다.

[포트폴리오 2] : 프로젝트 관련 정보 수집, 정리하기

※ 오늘 해야 할 일 : 수집된 정보를 기록하세요. 사진이나 그림 자료는 붙여 주세요.

(그림을 붙이기 어려우면 손으로 그려도 됩니다.)

	년 월 일 교시
프로젝트명	메모지 걸이 쪽지함, 휴지걸이, 서랍
☞ 다양한 생활용품과 관련된 자료 중 참고 그림은 여백에 붙이고 조사한 내용을 정리하세요... 다른 종이를 추가하여 사용하세요..	

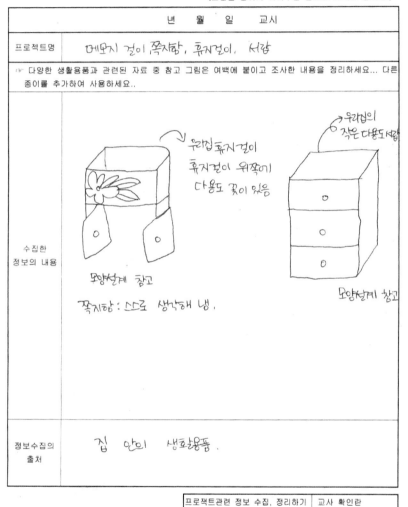

우리집 휴지걸이
휴지걸이 위쪽에
다용도 꽂이 있음

우리집의
작은 다용도 서랍

모양설계 참고

쪽지함 : 스스로 생각해 냄.

모양설계 참고

정보수집의 출처	집 안의 생활용품.

프로젝트관련 정보 수집, 정리하기 | 교사 확인란

3. 설계하기 - 스케치, 구상도 그리기

■ 활동 개요

활동 목표	• 만들고자 하는 생활용품을 구상하고 스케치한다. • 생활용품의 구상도를 등각투상법 또는 사투상법으로 그린다. • 제도 통칙에 따라 제3각법으로 제작도를 그린다. • 필요한 재료 및 작업 공정을 정한다.	시 간		90분
		준비물	교 사	교육자료
			학 생	워크북

■ 활동 전개 과정

전개	활동주제	활동내용	방법	준비물	시간
도입	프로젝트 소개	• 전 과정에 대한 내용을 안내한다.	설명	포트폴리오 예시물	5분
전개	스케치 하기	• 스케치하기는 생활용품의 외관을 그리기 위한 단계이다. • 먼저 학생들에게 A4 용지를 1인당 2~3매씩 배부한다(입체적으로 그리게 할 경우는 등각투상용지를 배부한다). • 프로젝트명과 잘 부합되는 생활용품의 외관을 스케치하도록 한다. • 개인별로 스케치한 그림을 가지고 모둠별로 의사 결정 과정을 거쳐 최종적인 외관을 결정한다. • 외관이 결정되면 포트폴리오 서식에 옮겨 그리도록 한다. 이때 외형을 나타내는 선을 두꺼운 선으로 그리도록 지도한다.	개별 활동	학생용 워크북 포트폴리오	20분
	구상도 그리기	• 제도 통칙에 얽매이지 않도록 한다. • 자를 사용하거나 프리핸드로 자유롭게 그린다. • 척도는 고려하지 않고 그리되 치수는 정확하게 기입하도록 한다. • 재료의 부착 및 연결 방법은 글과 그림 중 편리한 방법으로 표현한다. 재료의 종류는 글로 표현한다.	모둠별 활동	학생용 워크북 포트폴리오	30분
전개	제작도 그리기	• 선, 문자, 기호 등을 이용하여 제3각법에 의해 정확하게 그리도록 한다. • 해당되는 부품을 모두 작성하도록 한다. • 각 부품도에는 부품명, 재료, 재료크기, 필요한 수량 등을 기입한다.	모둠별 활동	학생용 워크북 포트폴리오 서식	25분
정리	서식 확인	• 작성된 학생용 포트폴리오를 확인하고 지도한다.	교사 정리	학생용 워크북	10분

■ 유의사항

• 스케치는 제도 규칙에 너무 얽매이지 않게 한다(학생들이 아이디어를 구안하는 데 제도규칙은 장애물이 될 수 있다).
• 외관을 결정할 때는 프로젝트명과 잘 부합하는지, 제작이 가능한지, 어떤 재료를 사용할 것인지, 창의적인지, 아름다움이나 독특한 특징을 가지고 있는지를 고려하도록 한다.

[포트폴리오 3] : 스케치 · 구상도 그리기

스케치하기 및 구상도 그리기	년 월 일 교시

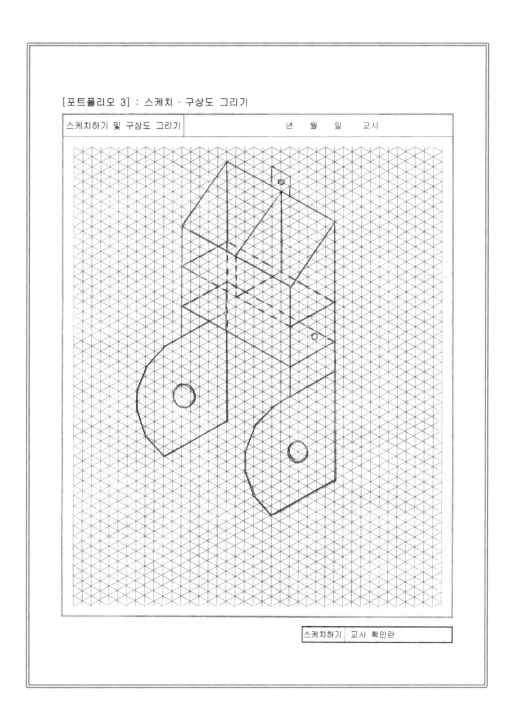

스케치하기	교사 확인란

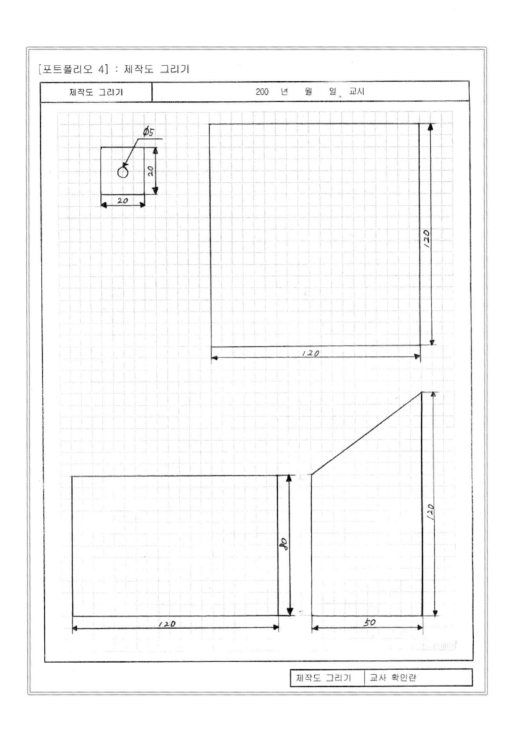

[포트폴리오 4] : 제작도 그리기

| 제작도 그리기 | 200 년 월 일 교시 |

제작도 그리기　교사 확인란

4. 만들기

- **활동 개요**

활 동 목 표	• 활동 전개 과정에 따라 제품을 제작한다. • 시제품과 본제품을 만든다.	시 간		135분
		준비물	교 사	교육자료
			학 생	워크북

- **활동 전개 과정**

전개	활동주제	활동내용	방법	준비물	시간
도입	제품 만들기 소개	• 세부적인 작업 과정 계획의 중요성을 인식시키고 세부 작업 과정에 따른 제품 제작을 설명한다. • 공구의 사용상 유의사항을 설명한다. • 제작 과정에 발생된 문제를 해결할 수 있도록 모 둠별 의견을 모으도록 한다.	설명	포트폴리오 예시물	5분
전개	제품 만들기	• 다양한 도구의 안전한 사용법을 다시 숙지시킨다. • 모둠별 역할 분담을 충실히 수행할 수 있도록 지 도한다. • 제품 만들기의 전 과정에서 발견하게 되는 문제점 을 반드시 해결하도록 한다. • 제품을 실생활에서 아주 유용하게 활용할 수 있도 록 마무리 작업을 하도록 한다.	모둠 활동	구상도 및 제작도 우드락, 칼, 강철 자, 순간접착제 등	120
정리	정리하기	• 사용된 공구와 재료를 정리한다. • 작성된 학생용 포트폴리오를 확인한다.	교사 정리	학생용 워크북	10

- **유의사항**

•안전사고 예방을 위해 각종 공구의 안전한 사용과 실습실 내에서의 정숙을 유지한다. •작업 중 중간 제품이 파손되지 않도록 보관을 철저히 하도록 한다. •매시간 학생용 워크북에 빠진 내용 없이 작성하도록 지도하고 확인하도록 한다. •교사는 매시간 학생 개개인의 활동을 평가할 수 있도록 한다.

■ 활동 전개 과정

가. 준비물

【재료】 우드락 (A4)4장 각종 꾸미기 재료

【공구 및 도구】 강철 자, 칼, 강력접착제,
　　　　　　　아크릴 절곡기

나. 구상하기

① 생활용품에 대한 아이디어를 구상하여 포트
　폴리오를 작성한다.

② 아이디어를 스케치로 표현하고 구상도를 그
　린다.

다. 마름질하기

③ 발포 PVC에 선 긋기 작업을 한다.
[강철 자와 연필을 이용한다.]

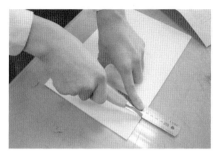

④ 선 긋기 작업을 한 후 재료를 커터 칼을
이용하여 자른다.

◎ 주의사항: 칼을 사용하기 때문에 안전사고
에 특히 주의한다.

라. 결합하기

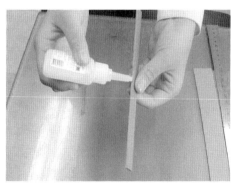

⑤ 강력접착제를 접합할 부분에 바르고 결합한다.

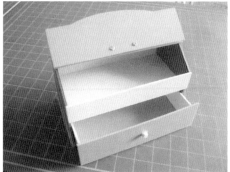

⑥ 완성품

[포트폴리오 5] 제작 - 수행 일지

◉ 만들기 과정의 모든 시간을 기록하여 주세요. (가정학습의 경우 사진을 뒷면에 부착)

제품 만들기	년 월 일 교시
오늘 수행할 일 (계획)	☞ 오늘 수행할 내용을 적어보세요 마름질 하기 (밑그림 그리기)
실제로 수행한 일 (실천)	☞ 실제로 수행한 내용을 적어보세요 제작도를 보고 치수에 맞게 재료에 마름질 선을 그렸다.
문제점 발견	☞ 만들기 과정에서 처음 설계한 내용을 변경한 곳이 이나 발생된 문제를 적어보세요 두께를 고려하지 않아서 제작도 대로 크기가 나오지 않았다
문제 해결	☞ 발견된 문제들을 어떻게 해결했는지 적어보세요 제작도를 수정하여 밑 판의 크기를 맞게 해였다. (각자탕, 서랍)
수행 결과	☞ 계획한 내용을 모두 실천 하였습니까? 하지 못하였다면 어떤 부서로 실천하지 못 하였는지 적어보세요 제작도를 그릴 때 두께를 생각하지 않고서 했었는데 문제가 생겨 제작도를 수정하였다.
다음 시간	☞ 다음 시간에는 무엇을 하야 할지 적어보세요 자르기 작업.

만들기	교사 확인란

5. 평가하기

■ 활동 개요

활동 목표	• 채점기준표에 의거하여 포트폴리오(워크북) 등에 대한 평가 활동을 한다. • 동료 평가 및 자기 평가를 통해 객관적인 평가를 할 수 있도록 한다.	시 간		45분
		준비물	교 사	교육자료
			학 생	워크북

■ 활동 전개 과정

전개	활동주제	활동내용	방법	준비물	시간
도입	평가 안내	• 자기 평가 및 동료 평가 방법을 안내한다. • 평가를 통해 학생들이 얻을 수 있는 내용을 설명한다.	강의법	평가지	5분
전개	포트폴리오 평가	• 각 모둠별로 평가단을 구성한다. • 스케치, 구상도, 제작도, 재료표 및 공정표, 만들기 등의 포트폴리오를 평가한다.	모둠 활동	평가지	15분
	동료 평가	• 각 모둠원들은 자신 이외에 다른 모둠원이 어떻게 활동을 하였는가를 평가한다.	모둠 활동	평가지	15분
정리	정리하기	• 동료 평가와 자기 평가의 결과를 어떻게 반영할 것인지 설명한다. • 생활용품 만들기 전 과정을 마친 후의 느낀 점을 발표하도록 한다.	교사 정리		10분

■ 유의사항

• 포트폴리오에 대한 자기 평가는 모둠원 모두의 자기 평가이므로 채점기준표를 기준으로 하여 평가가 이루어지도록 한다.
• 모둠원에서 이루어진 활동에 대해 충분히 설명할 수 있도록 지도한다.
• 교사는 모둠원이 자기 평가와 동료 평가를 하는 동안 채점기준표를 준거로 교사평가를 하도록 한다.
• 소감문은 자기 평가 및 동료 평가 후 워크북 맨 뒷장의 소감문 작성하기에 모든 모둠원의 소감을 적어 제출하도록 한다.

[포트폴리오 6] : 수행 결과 정리하기·평가하기

프로젝트명	메모지 걸이, 작은지탕, 휴지걸이, 서랍만들기			
활동 기간	200 년 월 일 ~ 월 일		소요 시간	8 시간
준비물	1. 재 료 : 강화 플라스틱, 파티클 보드, 강력 접착제, 막대기 2. 공 구 : 칼, 연필, 지우개, 자, 구멍뚫개(펀치)			
프로젝트 활동시의 유의사항	① 치수 비를 잘 맞추기 ② 강력 접착제를 바르고 한번에 붙이기 ③ 〃 자국이 남지 않게 끄심하기 ④ 구상도, 설계도에 맞게 그리기			

⬥ 수행한 프로젝트의 결과를 평가해 보세요.

<자기 평가>

구 분	잘한 점	못한 점	개선할 점	점수
포트폴리오1	다양한 생활 용품의 예를 잘 골랐다	인터넷에서 정보를 모아 창의력이 ↓	더 창의적인 생활 용품이 되도록 해야함	상 (중) 하
포트폴리오2	아이디어를 그림으로 잘 그린것 같다	조금 더 자세하게 그리지 못했다.	디자인이 더 산뜻을 써야겠다	상 중 (하)
포트폴리오3	자를 잘 대고 정교하게 한 것 같다	자세히 그렸해보나 정성과 노력이 ✕	색깔있는 펜으로 그려야 겠다	(상) 중 하
포트폴리오4	치수와 모양을 정확하게 그려 넣은 것 같다	〃 단위를 묻지 않았다.	치수단위를 잘 계산해야 한다	상 (중) 하
포트폴리오5	문제점을 잘 찾아 냈다.	구체적인 과정을 기록 하지 않았다.	정확하고 구체적으로 해야겠다.	상 (중) 하
합계	상 (1)개.	중 (3)개	하 (1)개	

<동료 평가>

모둠원 이름	잘한점	부족했던 점	전체평가
배○나	재료준비와 아이디어가 잘 되고 좋았던것 같다	조원들간의 협력이 부족한 것 같다	47/50
성○기	포트폴리오를 잘 작성하였다	문제점이 많았던것 같다.	47/50
성○엽	조원들의 만족도가 높은 것 같다	조원들이 모임에 잘 참여 하지 않았다.	47/50
이○라	아이디어도 좋은 것 같고 디자인도 잘 했다.	조원들간의 협력부족.	48/50

평가하기	교사 확인란

나. 다양한 생활용품 만들기

1) 목제품 만들기

우리는 일상생활에서 다양한 재료로 만들어진 여러 가지 제품을 편리하게 사용하고 있는데, 이러한 제품들은 재료를 각각의 특성에 따라 알맞은 것을 선택하여 이용한 것들이다.

재료는 그 종류가 다양하며 종류에 따른 성질이 각각 다르기 때문에 제품을 구상하고 제작하기 위해서는 여러 가지 재료의 특성을 안다는 것은 매우 중요하다.

따라서 여러 가지 재료 중 우리 생활에 가장 많이 쓰이는 목재, 금속, 플라스틱 재료의 종류 및 특성, 가공법 등을 알아보고, 각각의 재료 특성을 살린 제품을 구상하고 제작해 보기로 한다.

2) 수업활동 안내

가) 수업과정

수업안내		문제제시		문제해결		결과물 발표 및 평가		결과정리
단원, 수업기간, 수업목표안내	⇨	문제 상황 제시→문제해결 조건 제시→모둠조직/역할 분담→문제해결 과정 안내	⇨	구상→도면 그리기/제작공정표 작성→제품 제작 (제작 준비→마름질→부품 가공→1차 조립→칠하기→칠하기 후 조립)	⇨	발표 → 수행평가	⇨	소감문 작성

나) 수업목표

- 문제를 파악하여 조건에 맞는 제품을 주어진 시간 안에 구상할 수 있다.
- 구상한 제품을 도면으로 정확하게 나타낼 수 있다.
- 도면을 보고 제품을 주어진 시간 안에 제작할 수 있다.
- 완성된 제품의 특징에 대해 말할 수 있다.

3) 문제 제시

가) 문제 상황 제시

중학교에 다니고 있는 지영이는 요즈음 학교에서 목재, 플라스틱, 금속 등의 재료에 대하여 공부하고 있습니다. 지영이는 친구들과 함께 공부하고 있는 내용을 기초로, 생활에 유용한 제품을 만들어 보고 싶어 합니다. 제작할 시간이 많지는 않지만 반드시 필요한 제품을 만들고 싶은 지영이는 설계하는 일반적인 단계를 거쳐서 구상을 하고, 도면을 그려서 제품을 제작하려고 합니다. 그렇지만 많은 예산을 사용할 수 없기 때문에 주어진 재료만을 가지고 최대한 멋있는 제품을 만들어야 합니다.

자. 이제 여러분도 지영이가 되어서 멋있는 제품을 만들어 보세요.

나) 문제해결 조건 제시

※ 제한점
 1. 구상한 제품에 곡선 또는 곡면이 1군데 이상 포함되어야 한다.
 2. 실용적이고 독창적인 제품이어야 한다.
 3. 목재·플라스틱 2가지 재료를 모두 사용하여야 한다.
※ 필요한 재료
 판재(600×600×12), 아크릴 판, 전지 모눈종이, 등각투상도용 용지, 사포, 접착제, 기타 재활용품

다) 모둠조직/역할 분담

(1) 모둠 편성 방법

- 모둠별 인원은 각 반의 인원을 고려하려 3명 또는 4명으로 한다.
- 개인별 기술성적을 참조하여 교사가 모둠을 구성해 주는 것이 모둠별 활동을 하는 데 어려움이 없다.

(2) 모둠원 각자에게 개별적인 역할 분담이 가능하도록 한다.

- 구상: 모둠원 전체 협동
- 도면 그리기: 모둠원 간에 역할을 분담하여 작업하도록 한다.
  - 구상도: 1명(주로 모둠장)
  - 부품도: 2명
- 제품 제작(마름질, 부품 가공, 조립): 모둠원 전체
- 칠하기: 칠하기를 담당한 모둠원을 중심으로 모둠원 전체

라) 문제해결 과정 안내

단 계	학 습 활 동
Ⅰ. 구상하기	• 주어질 재료와 공구를 미리 제시하여 제작가능한 제품을 구상하도록 한다.
Ⅱ. 스케치하기	• 프리핸드로 스케치할 수 있도록 한다.
Ⅲ. 구상도 그리기	• 등각투상법으로 구상도를 그린다. (등각투상도 용지를 사용하도록 한다.)
Ⅳ. 부품도 그리기	• 구상도를 참고로 하여 부품도를 작성하게 한다.
Ⅴ. 재료표와 공정표 작성하기	• 필요한 재료와 제품 만들기의 작업 순서 및 내용을 나타내도록 재료표와 공정표를 작성하게 한다.
Ⅵ. 제작하기	• 금 긋기, 톱질하기, 사포질하기, 접착제 바르기, 못 박기, 칠하기 순으로 제품을 제작 한다.
Ⅶ. 평가하기	• 교사가 제시한 자기 평가표를 이용하여 학생 스스로 자기 평가를 해 보고 주어진 평가표를 이용하여 동료의 제품을 평가한다.

(1) 구상하기

• 자신에게 필요하고, 학생들이 만들 수 있는 제품을 적게 하고, 사용 목적·
  사용되는 재료·제작의 용이성 등을 검토하도록 한다.

• 제작할 생활용품 제품 선정: 모둠별로 사용 목적, 사용되는 재료, 사용하는
  사람, 사용 장소 등을 고려하여 제품을 선정하도록 한다.

〈나에게 필요한 생활용품 구상〉

• 제작할 제품에 담길 물건의 크기 조사: 제작할 제품에 물건을 보관한다면, 보관할 물건의 모양과 크기를 조사하여 간단한 그림으로 나타내게 하고, 치수를 기입하게 하였다. 실제로 제품을 구상할 때 가장 중요한 자료가 된다.

(2) 스케치하기: 프리핸드법으로 여러 가지 모양의 제품을 자유롭게 스케치하도록 지도한다.

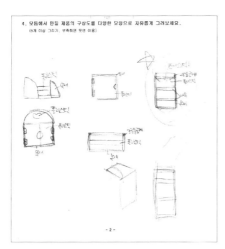

[스케치-1]　　　　　　　　　[스케치-2]

(3) 구상도 그리기: 위에서 그려 본 여러 스케치 중에서 창의성, 심미성, 기능성(사용 목적, 사용 편리성), 구조(견고성), 제작가능성 등을 고려하여 모둠원의 의견을 모아 하나의 작품을 선택하게 한다.
• 선택한 스케치를 가지고 구상도 그리기: 등각투상도 또는 정투상도 중에서 제품을 표현하기 쉬운 방법을 선택하게 한다.
• 도면을 그리는 데 소요되는 시간을 줄이기 위하여 등각투상도용 용지 또는 전지 모눈종이에 그리도록 한다.

[구상도 그리기]

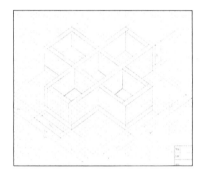

[보석정리대 구상도]

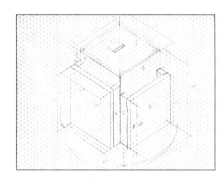

[다용도 꽂이 구상도]

(4) 부품도 그리기

• 전지 모눈종이를 사용한다.

　－ 목재, 플라스틱은 두께를 기입하여 구분한다.

　－ 부품도에 번호를 붙여서, 조립할 때 도움이 되도록 지도한다.

　－ 실제로 제품을 제작할 수 있도록 반드시 1:1의 척도를 사용하도록 지도
　　한다.

☞ 안내: 도면을 그리는 목적이 제품을 구상하고 제작하기 위한 것이기 때문에,
모든 도면은 등각투상도용 용지나 전지 모눈종이를 사용하게 한다. 주어진
시간 안에 도면을 완성하기 위하여 도면 그리기에 관한 기능적인 면을 생략
하면 쉽게 진행할 수 있다. 또한, 구상한 제품의 특징에 따라 구상도(등각투

상도) 또는 조립도(정투상도) 중에서 한 가지만 그리게 하여 도면 그리기에 들어가는 시간을 줄이도록 한다.

(5) 제작 공정표·재료표 작성
• 활동 과정 안에 작성하도록 한다.
• 제작 공정표는 사용 공구에 관하여 철저하게 기록할 수 있도록 한다.
• 재료표는 기록되어 있는 대로 재료를 나누어 줄 수 있게 빠짐없이 정확하게 기록하도록 한다.

(6) 제작하기
• 제작 준비
  - 모둠별로 재료표에 기재되어 있는 재료를 나누어 준다.
  - 제작 공정표를 확인하여 학교에 있는 기본 공구 이외에 필요한 것이 있으면 미리 준비하도록 한다.
• 마름질
  - 금 긋기 작업: 목재는 연필을 사용하고, 아크릴 판은 유성 펜을 사용하도록 한다.
  - 마름질 작업: 목재는 톱을, 아크릴 판은 아크릴 칼을 사용하도록 지도한다.

[마름질-선 그리기]

[마름질-아크릴 판]

[마름질-목재 1]

[마름질-목재 2]

- 부품 가공
  - 마름질한 재료를 치수에 맞게 사포를 이용하여 가공하였다(대패는 상당한 기능을 요구하고, 공구 준비에 많은 어려움이 있었기 때문에 차선책으로 사포를 사용하는 것이 좋다).
  - 아크릴 판 곡면 가공(알코올램프 사용) 및 구멍 뚫기 작업(핸드 드릴 사용)은 위험하고 많은 기능을 요구하기 때문에 교사가 반드시 임장 지도를 하도록 한다.
- 1차 조립
  - 목재는 목공용 접착제와 못을 같이 사용할 수 있도록 하며, 단단하게 결합되어 있어야 하는 제품에는 나사못을 사용하여 조립할 수 있도록 지도하였다.
  - 아크릴 판과 나무판의 조립은 목재 칠하기 작업이 끝난 후에 PVC 접착제(초산 비닐계 접착제-스티로폼 접합용)를 사용하여 조립하게 하였다.

[조립-위치 결정]

[조립-목재/목재]

- 칠하기
  - 목재 조립이 끝난 상태에서 니스를 사용하여 최소한 3번 이상 칠하도록
    한다.
  - 다음 칠하기 작업 전에 사포를 사용하여 거스름을 없애도록 한다.
  - 초벌칠한 후 재벌 및 3벌 칠하기는 건조시간이 필요하기 때문에 학생들
    의 오전 시간, 점심시간, 방과 후 시간을 활용하도록 한다.

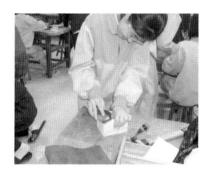
[칠하기 전 사포질]

[칠하기 후 건조]

- 칠하기 후 조립
  - 아크릴 판과 나무판의 조립은 목재 칠하기 작업이 끝난 후에 초산 비닐
    계 접착제(스티로폼 접합용)를 사용하여 조립하도록 한다.
  - 필요한 경우 경첩을 이용하여 조립을 하도록 한다.

[조립 - 목재/아크릴 판]

[조립 - 경첩 달기]

(7) 평가하기

• 발표

　－ 모둠 활동을 통해서 완성된 제품의 제작 동기 및 목적, 진행과정, 완성
　　소감 등을 발표하도록 한다.

[발표-1]

[발표-2]

(8) 수행평가표

단계	평 가 항 목	평 가 기 준	평가 점수		
			학생	교사	합계
문제확인	다양한 재료를 이용한 생활용품에 대한 조사가 충분히 이루어졌는가?	조사내용이 6가지 모두 기록되어 있다.	3		
		조사내용이 5가지 기록되어 있다.	2		
		조사내용이 4가지 이하 기록되어 있다.	1		
	제작하려는 제품의 특징에 대하여 구체적으로 기록하였는가?	제품의 특징과 보관한 물건의 치수가 모두 정확하다.		2	
		위의 사항 중 한 가지 이상 부족하다.		1	
구상	다양한 모양의 제품을 구상하여 보았는가?	5가지 이상의 제품이 구상되었다.	5		
		4가지 제품이 구상되었다.	3		
		3가지 이하의 제품이 구상되었다.	1		
도면그리기	구상도가 투상법에 맞게 정확하게 그려졌나?	척도, 치수, 투상법에서 1곳 이하 잘못 그렸다.		15	
		척도, 치수, 투상법에서 2~3곳 잘못 그렸다.		13	
		척도, 치수, 투상법에서 4~5곳 잘못 그렸다.		11	
		척도, 치수, 투상법에서 6곳 이상 잘못 그렸다.		9	
		구상도를 그리지 않았다.		0	
	구상한 제품의 창의성, 심미성, 기능, 구조, 제작 가능성 등을 충분히 검토하였나?	평가 점수가 20점 이상	3		
		평가 점수가 15~19점	2		
		평가 점수가 14점 이하	1		

도면 그리기	부품도에 필요한 모든 부품들을 빠짐없이 정확하게 그렸나?	모든 부품이 정확하게 그려졌다.		10
		1~2부분 잘못 그려졌다.		8
		3부분 이상 잘못 그려졌다.		6
		부품도를 그리지 않았다.		0
	제작공정표 및 재료표가 세밀하게 작성되어 있는가?	모든 공정과 재료가 빠짐없이 기록되어 있다.		2
		위의 사항이 1곳 이상 잘못 기록되었다.		1
제작	재료를 계획대로 사용하였나?	계획한 재료로 제품을 만들어 냈다.	3	
		1번 이상 재료를 추가로 지급받았다.	1	
	안전 및 공구 정리 수칙을 잘 지켰나?	모든 수칙을 철저하게 지켰다.		5
		모든 수칙에 관하여 1번 지적받을 때마다, 지적받은 학생은 2점 감점, 다른 모둠원들은 1점 감점		
	모둠원들의 역할 분담은 제대로 이루어졌는가?	모든 모둠원들이 협동하여 과제를 수행하였다.	2	
		모든 모둠원들이 협동하지 못한 상태에서 과제를 수행하였다.	1	
발표 평가	제작된 제품의 크기가 도면과 일치하는가?	제품이 도면과 4mm 이상 오차 나는 부분이 없다.	5	5
		4mm 이상 오차 나는 부분이 1~2부분이다.	3	3
		4mm 이상 오차 나는 부분이 3부분 이상이다.	1	1
	제작된 제품에 곡선 또는 곡면이 있는가?	제품에 곡선 또는 곡면이 1곳 이상 있다.		5
		제품에 곡선 또는 곡면이 없다.		0
	제작된 제품의 외관에 틈이 없는가?	부품 사이에 1mm 이상 되는 틈이 없다.		5
		부품 사이에 1mm 이상 되는 틈이 1곳 있다.		3
		부품 사이에 1mm 이상 되는 틈이 2곳 이상 있다.		1
	제작된 제품에 칠하기가 잘 되었는가?	제품에 칠이 매끈하게 되었고, 거친 곳이 없다.		10
		위의 사항 중 1가지가 부족하다.		8
		위의 사항 중 2가지 이상 부족하다.		6
	모둠에서 만든 제품의 특징을 반 학생들에게 충분히 전달하였나?	스티커가 가장 많은 조	가 산 점	5
		스티커가 2번째 많은 조		4
		스티커가 2번째 많은 조		3
		스티커가 2번째 많은 조		2
		스티커가 3번째 많은 조		1
비고	※ 총점이 '80'점 이상일 경우는 '80'점으로 한다. ※ 모둠장은 모둠에서 작품을 완성한 경우 3점의 가산점을 주고, 완성하지 못한 경우 2점을 뺀다.			

	모둠원 번호	모둠원 이름	모둠 총점	개인 가산점	개인 총점
최종 점수					

(9) 소감문 작성

- 모둠원 전체가 각자 간단한 소감문을 작성하면서, 이번 수업을 통하여 배운 것이 무엇인지 생각하게 한다.
- 다른 모둠원의 소감을 보면서 각자 자신의 생각을 정리할 수 있게 한다.

[소감문]

※ 이 프로젝트를 추진한 모둠원들의 생각을 적어 봅시다.		
	작업의 참여 부분 및 참여 정도	느 낀 점
모둠원 번호 6 / 모둠원 이름 노○영	제품 제작을 많이 하였다. 톱질을 했는데 팔이 금방 아팠다. 톱질을 잘못해서 적도 당황했지만 지금은 잔한다.	친구들과 같이 만들어 보니깐 꿈 힘들긴 했어도 재미 있었고 서툴지만 나름대로 우리가 만든것이 예뻐 보였다.
모둠원 번호 7 / 모둠원 이름 백○하	도면 그리 기를 맡아 했는데 나로써는 어려웠다. 친구들과 톱질도 하고 칠하기도 같이 했는데 이것도 쉬운일은 아니었다.	내가 직접 가구를 만들어 보니 보통 그냥 쏙패는 못했지만 내가 직접 제작하고 나니 하나 만든는 것도 어렵다는 것을 느꼈다. 아직 들이 조금 없지만 내가 만들었다니 마음이 ○○
모둠원 번호 16 / 모둠원 이름 이○주	칠하기를 맡았는데 쉬운줄로 알았던 칠하기가 직접해보 니깐 좀 어려웠다. 톱질도 조 금 했는데 힘들긴 하였다.	칠하기가 의외로 좀 어려웠고 칠하고나서 사포질 하는 것도 좀 어려웠지만 그만큼 우리조가 그만큼 열심히 정성을 들여 만 든것이라서 만족한다고 느낀다.
모둠원 번호 / 모둠원 이름		

■ 수업 결과물

[완성된 작품들]

[쟁반]

B. 발명기법

가. 발명기법 수업 적용하기

1) 단원의 재구성

중학교 2학년 기술·가정 교과의 '재료의 이용' 단원을 본 수업에 적합하도록 다음과 같이 재구성한다.

3개 중단원에 각각 구성되어 있는 제품 만들기의 소단원을 묶어 새로운 중단원 (우리의 아이디어로 창의적인 생활용품 만들기)을 구성하여 다음과 같이 총 네 개의 중단원으로 재구성한다. 또, 각 소단원에는 발명이야기 및 사진자료를 통한 사고력 향상 코너를 첨가하여 본 수업에 대한 동기부여가 될 수 있도록 한다.

단원 지도 계획			
중단원	소단원		시간
1. 목재의 특성과 제품 만들기	1. 목재는 어떤 특성을 가지고 있는가?		0.5
	2. 목재는 어떤 종류가 있으며 어떻게 사용하는가?		0.5
	3. 목제품은 어떻게 만들까?		8
2. 금속의 특성과 제품 만들기	1. 금속은 어떤 특성을 가지고 있는가?		0.5
	2. 금속은 어떤 종류가 있으며 어떻게 사용되는가?		0.5
	3. 금속재료를 이용한 제품 만들기		6
3. 플라스틱의 특성과 제품 만들기	1. 플라스틱의 특성을 알아보면?		0.5
	2. 플라스틱은 어떤 종류가 있으며, 어떻게 사용되는가?		0.5
	3. 플라스틱을 이용한 제품 만들기		3
총 시 수			20

➡

재구성 단원 지도 계획			
중단원	소단원	발명교육 내용	시간
1. 목재의 특성과 제품 만들기	1. 목재는 어떤 특성을 가지고 있는가?	발명이야기 사고력 향상	1
	2. 목재는 어떤 종류가 있으며 어떻게 사용하는가?	발명이야기 사고력 향상	1
2. 금속의 특성과 제품 만들기	1. 금속은 어떤 특성을 가지고 있는가?	발명이야기 사고력 향상	1
	2. 금속은 어떤 종류가 있으며 어떻게 사용되는가?	발명이야기 사고력 향상	1
3. 플라스틱의 특성과 제품 만들기	1. 플라스틱의 특성을 알아보면?	발명이야기 사고력 향상	1
	2. 플라스틱은 어떤 종류가 있으며 어떻게 사용되는가?	발명이야기 사고력 향상	1
4. 우리의 아이디어로 창의적인 생활용품 만들기		아이디어착상기법 아이디어발전기법 아이디어 내기 제품 만들기	11
총 시 수			17

2) 교수 · 학습 모형 및 단계별 세부 수업계획

선행연구(김진수 외, 2000)를 바탕으로 발명교육과 기술교과 교육을 연계한 교수 · 학습 모형을 다음와 같이 구안한다.

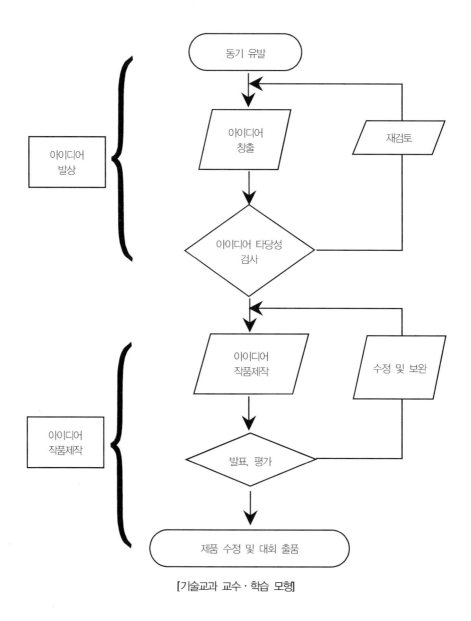

[기술교과 교수 · 학습 모형]

구안된 교수 · 학습 모형 영역, 단계별 세부 수업계획은 다음과 같이 구성한다.

〈교수 · 학습 모형 영역, 단계별 세부 수업계획〉

영역	단계	수 업 주 제	수업 세부 활동	학습형태
아이디어 발상	동기 유발	Ⅰ. 발명의 개념	• 발명의 예 소개(수업시간) • 사진자료를 이용한 사고력 향상(수업시간) • 발견과 발명의 차이	일제학습
	아이디어 창출	Ⅱ. 아이디어 착상기법 이해 및 적용	• 발명 10계명의 이해 • 발명 10계명을 이용한 아이디어 내기	개별학습
		Ⅲ. 모둠 구성하기 및 캐릭터 그리기	• 모둠 편성 및 모둠 이름 정하기 • 모둠원 역할 분담 • 모둠 캐릭터 그리기	모둠별 학습
		Ⅳ. 아이디어 발전기법 (창의성사고기법)의 이해 및 적용	• 브레인스토밍기법 • SCAMPER기법 • 트리즈기법	
	아이디어 타당성 검사	Ⅴ. 아이디어 선정	• 아이디어 평가하기 • 모둠별 아이디어 중 1~2개 작품 선택 • 스케치, 구상도 그리기	
아이디어 제품 제작	아이디어 제품제작	Ⅵ. 제작	• 아이디어 제품 제작하기	
	발표평가	Ⅶ. 작품발표 및 활동 평가하기	• 모둠별 제품 발표 • 모둠 동료평가 • 모둠별 상호 동료평가 • 소감문 작성	

3) 교수 · 학습 자료 개발 및 적용

가) 교수·학습 모형 단계별 중심 활동 개발

수업의 목적은 아이디어 창출의 활발한 활동을 통한 창의성의 신장 및 교과에 대한 태도를 증진시키기 위해 수업의 중심 활동을 개발하였고, 목적에 맞게 수업을 진행시키기 위해서 다음과 같은 사항에 중점을 두어 전체적인 수업을 진행한다.

첫째, 수업 시간에 생각할 여유를 충분히 준다.

둘째, 창의적이고 다양한 아이디어를 가지고 토론을 진행할 수 있도록 한다.

셋째, 토론의 내용에 제한을 두지 않고 최대한 다양한 생각이 도출되도록 한다.

넷째, 고정관념을 탈피할 수 있도록 한다.

다섯째, 수업의 분위기는 산만하지 않도록 주의하면서, 자유롭고 부드럽게 유지한다.

여섯째, 일부 학생만이 주도하는 수업을 막고 다양한 사고가 이루어질 수 있도록 최대한 노력한다.

일곱째, 주어진 시간 안에 이루어지지 않은 활동은 별도의 시간을 할애하여 다음 시간까지는 전 시간의 활동이 모두 이루어지도록 하여, 학습자가 수업시간에는 항상 같은 단계를 수행할 수 있도록 지도한다.

여덟째, 모든 학습 자료와 학생들에게 도움을 줄 수 있는 자료는 학교 홈페이지의 동아리방 '발명으로 가는 길'에 게시하여, 수시로 참조할 수 있도록 하였으며, 의문 사항은 항상 문의할 수 있도록 한다.

나) 교수·학습모형 단계별 수업활동 개발 및 적용

(1) 학생용 포트폴리오 개발

수업 진행용 자기 주도적 학습용 포트폴리오를 각 단계 수업 주제별, 차시별로 개발한다. 포트폴리오의 내용은 창의성 신장 면에 중점을 두어 개인별, 모둠별로 문제점을 스스로 발견하며 해결해 나가는 과정을 통해, 자기 주도적 학습 능력 및 문제해결 능력, 창의력 신장, 기술교과에 대한 태도 향상 등이 이루어질 수 있도록 한다. 7단계의 수업 주제별 포토폴리오는 총 15종으로 아래와 같이 구성한다.

〈수업 주제별 학생용 포트폴리오의 구성〉

수업 주제	주 요 활 동	학습형태	포토폴리오서식	소요시수
Ⅰ. 발명의 개념	• 발견과 발명의 차이	개별학습	[서식 1]	0.5
Ⅱ. 아이디어착상기법 이해 및 적용	• 발명 10계명의 이해 • 발명 10계명을 이용한 아이디어 내기		[서식 2-1] [서식 2-2]	1.5
Ⅲ. 모둠 구성하기 및 캐릭터 그리기	• 모둠 편성 및 모둠 이름 정하기 • 모둠원 역할 분담 • 모둠 캐릭터 그리기	모둠별 학습	[서식 3]	1
Ⅳ. 아이디어발전기법 (창의성사고기법)의 이해 및 적용	• 브레인스토밍기법 • SCAMPER기법 • 트리즈기법		[서식 4-1] [서식 4-2] [서식 4-3]	3
Ⅴ. 아이디어 선정	• 모둠별 아이디어 중 1~2개 작품 선택 • 스케치, 구상도 그리기		[서식 5-1] [서식 5-2]	1
Ⅵ. 제작	• 아이디어 제품 제작하기		[서식 6]	3
Ⅶ. 작품발표 및 활동 평가하기	• 모둠별 제품 발표 • 모둠 동료평가 • 모둠별 상호 동료평가 • 소감문 작성		[서식 7-1] [서식 7-2]	1

〈수업 주제별 학습목표〉

수업주제	학습 목표
Ⅰ. 발명의 개념	• 발견과 발명의 차이를 이해하고 실제로 그 예를 들어 설명할 수 있다.
Ⅱ. 아이디어착상기법 이해 및 적용	• 발명 10계명을 이해하고, 발명 10계명을 이용하여 실제 아이디어를 낼 수 있다.
Ⅲ. 모둠 구성하기 및 캐릭터 그리기	• 모둠을 구성하고 역할을 분담한다. • 모둠의 특징을 나타낼 수 있는 캐릭터를 그린다.
Ⅳ. 아이디어발전기법 (창의성사고기법)의 이해 및 적용	• 아이디어발전기법(브레인스토밍, 스캠퍼, 트리즈)의 방법에 대해 알고, 아이디어발전 기법을 이용하여 아이디어를 산출할 수 있다.
Ⅴ. 아이디어 선정	• 아이디어를 평가하여 선별할 수 있고, 아이디어를 정리하고 구상도를 그릴 수 있다.
Ⅵ. 제작	• 계획된 제작 방법과 재료를 가지고 창의적인 생활용품을 제작한다.
Ⅶ. 작품 발표 및 활동 평가하기	• 모둠원들의 시간관리 및 의사소통 능력 및 창의적인 공연 기술을 개발시킬 수 있다. • 동료 평가 및 자기 평가를 통해 객관적인 평가를 할 수 있도록 한다. • 소감문을 통해 자기반성의 기회로 삼아 자기 발전의 기회가 될 수 있도록 한다.

(2) 동기 유발 자료

동기 유발을 위한 수업 활동은 다음과 같이 계획하고 실천한다.

〈'재료의 이용' 단원 발명이야기 및 사고력 향상 사진 자료 목록〉

대단원	중단원	소단원	발명이야기	사진자료
재료의 이용	1. 목재의 특성과 제품 만들기	1. 목재는 어떤 특성을 가지고 있는가?	• 종이 휴대폰 • 종이컵	이상한 식당
		2. 목재는 어떤 종류가 있으며 어떻게 사용하는가?	• 합판 • 불연재	냄새나는 TV
	2. 금속의 특성과 제품 만들기	1. 금속은 어떤 특성을 가지고 있는가?	• 통조림 • 철사가시	둘둘 말리는 배터리
		2. 금속은 어떤 종류가 있으며 어떻게 사용되는가?	• 철근콘크리트기법 • 향기 나는 인조과일	실충제 광고
	3. 플라스틱의 특성과 제품 만들기	1. 플라스틱의 특성을 알아보면?	• 플라스틱 이야기 • 나일론	자동차 자판기
		2. 플라스틱은 어떤 종류가 있으며 어떻게 사용되는가?	• 스티로폼 • 주름빨대	일어나야 꺼지는 자명종

4) 아이디어 창출

먼저 발명을 하기 위해서는 학생들이 아이디어를 창출하는 능력이 요구된다.

이러한 아이디어 창출 능력을 돕기 위하여 발명착상기법과 발명발전기법을 선정하여 어떤 문제에 대해 추리, 연상하고 문제점을 해결하는 과정 속에서 창의성을 향상시키며, 나아가서는 조직적인 모둠 활동을 통해 협동심, 유연성, 인간관계 및 의사 결정 등 효과를 거둘 수 있도록 한다.

아이디어 창출을 위한 수업 활동은 다음과 같이 계획하고 적용한다.

가) 아이디어 착상기법

발명품 제작에 대한 과학적이면서도 기초적인 기능과 지식을 습득할 수 있도록 하며, 학생들이 아이디어를 보다 쉽게 창출할 수 있도록 도움을 주기 위하여 한국학교발명협회에서 발간된 '발명 영재'를 참고하여 다양한 착상기법 중 1987년 왕연중에 의해 소개되어 현재 가장 널리 사용되고 있는 발명 10계명 자료를 제공하여 초보 발명의 길에 들어선 학생들에게 도움을 주고자 한다.

나) 모둠 구성하기 및 캐릭터 그리기

모둠별 활동을 진행하기 위하여 모둠 편성, 모둠 이름 정하기, 모둠 구성원 역할 분담, 모둠 캐릭터 그리기 등의 자료를 구안하여 적용하였다. 모둠 학습을 통한 구성원 상호간의 지식 분배와 정보의 공유로 조화를 이루고, 대인관계에 있어서의 리더십과 창조성을 배양한다.

다) 모둠 편성

모둠원 구성에는 여러 가지 방법이 있을 수 있으나 소외되는 학생이 적게 하고 어느 정도 학생들의 의견을 반영할 수 있도록 하기 위해 남학생과 여학생 각각 2~3명씩 뜻이 맞는 친구와 모둠을 만들고, 남학생 모둠과 여학생 모둠을 무작위로 각각 1개 모둠씩 합쳐 4~5명 단위의 모둠을 만들도록 한다.

라) 모둠 이름 및 역할 분담

모둠 이름의 결정과정은 모둠원들 각자의 의견을 충분히 표현할 수 있게 자유로운 분위기를 형성하며, 활발한 토론과 민주적인 의사 결정을 통해 모둠의 특징이 잘 나타나게 모둠의 명칭을 정하도록 하였다. 모둠원의 역할 분담도 모둠원의 의견을 모아 각자의 역할을 다양하게 결정하도록 한다.

마) 모둠 캐릭터 그리기

각 모둠의 특징을 잘 나타낼 수 있도록 사물이나 사람, 동물 등의 특징을 살려 창의적으로 모둠 캐릭터를 모둠원들의 의견을 수합하여 결정한 후 그릴 수 있도록 한다.

5) 아이디어 발전기법(창의성 향상기법)

아이디어발전기법은 다양하게 여러 가지가 사용되고 있다. 여러 가지 기법 중 브레인스토밍, 스캠퍼, 트리즈 기법 세 가지를 이용하여 학생들의 아이디어 발전에 기여할 수 있도록 한다.

가) 브레인스토밍

브레인스토밍은 1941년 오스본이 제안한 '아이디어를 내기 위한 회의 기법'으로, 작은 집단이 한 가지 문제를 놓고 서로 아이디어를 내는 회의 기법으로서 문제해결 단계 중 아이디어를 내, 집단의 효과를 살리고 아이디어의 연쇄 반응을 내고자 하는 것인데 각 모둠별로 4인 1모둠으로 진행한다.

학생들에게 브레인스토밍의 4대 원칙을 지켜 토의활동이 이루어질 수 있도록 지도하며, 산만하지 않은 범위 안에서 자유스러운 분위기가 유지될 수 있도록 조절한다. 의견 제시가 잘 이루어지지 않는 모둠은 교사가 참여하여 의견 제시 분위기를 유도한다.

주제를 선정하여 문제 분석에서부터 해결책을 찾아내는 단계는 다음과 같이 진행한다.

- 1단계: 주어진 주제에 대한 문제점을 기록하도록 한다(모둠별 10개 이상).
- 2단계: 찾아낸 문제점 중 핵심문제를 1~2개 정도 골라낸다.
- 3단계: 핵심 문제에 대한 해결책을 기록하도록 한다. 해결책이 잘 나오지 않을 경우에는 발명 10계명 등을 이용하도록 한다.
- 4단계: 해결책 중 최선의 해결책을 찾아낸다. 2가지 이상 결합하여 찾아낼 수도 있다.
- 5단계: 제품의 이름도 붙이고, 작품의 특성, 제품의 모양 등 모둠원들의 의견이 모아진 아이디어를 기록하도록 한다.

나) 스캠퍼 기법

발명 아이디어를 얻기 위한 체크리스트법으로 최근에 많이 활용되고 있는 일곱 가지 체크리스트의 첫 글자를 딴 SCAMPER 기법이라는 것이 있는데, 브레인스토밍의 방법과 같이 모둠별로 진행한다.

주제를 선정한 후 SCAMPER의 글자 하나하나가 의미하는 포트폴리오의 서식에 맞게 의견을 제시하도록 하고 빠짐없이 기록한다. 그 후 모둠별 토의를 통해 가장 우수한 아이디어를 선정한 후 제품의 이름도 붙이고, 작품의 특성, 제품의 모양 등을 기록하도록 한다.

하나의 주제로 잘 되지 않을 경우에는 두 개의 주제를 이용하여 토론을 진행하도록 유도한다.

다) 트리즈 기법

발명과 혁신을 달성하기 위한 강력한 구체적인 접근 방법인 트리즈기법을 아래 표의 순서대로 모둠별로 진행한다.

- 발명문제: 문제점을 선정한다.
- 표준문제: 발명문제를 표준화하여 서술한다.
- 표준해결책: 표준문제에 대한 다양한 해결책을 기록하도록 한다.
- 해결책: 표준해결책 중 최선의 해결책을 찾아낸다.
- 아이디어 정리: 선정된 아이디어의 설명, 용도, 스케치 등을 기록하도록 한다.
- 발명문제: 문제점을 선정한다.
- 표준문제: 발명문제를 표준화하여 서술한다.
- 표준해결책: 표준문제에 대한 다양한 해결책을 기록하도록 한다.
- 해결책: 표준해결책 중 최선의 해결책을 찾아낸다.
- 아이디어 정리: 선정된 아이디어의 설명, 용도, 스케치 등을 기록하도록 한다.

---

6) 아이디어 타당성 검사

각 모둠에서는 전 학습단계에서 모둠원들이 창출해 낸 세 개의 아이디어를, 아이디어 평가지를 사용한 평가를 통해 가장 타당성이 높은 아이디어를 선정하도록 한다. 선정된 아이디어를 포트폴리오 서식에 맞게 작성하여 작품 제작의 기초로 활용할 수 있도록 한다. 구상도는 제도 형식에 얽매이지 않도록 프리핸드로 자유롭게 그리도록 한다.

개별적으로 좋은 아이디어가 있으면 칭찬과 격려를 통하여 더 좋은 아이디어가 창출될 수 있도록 하며, 조언 시에는 직접적인 아이디어의 제공보다는 좋은 아이디어가 나올 수 있도록 유도할 수 있는 질문을 통하여 아이디어를 창출할 수 있도록 한다.

7) 아이디어 작품 제작

각 모둠별로 선정한 아이디어를 실제로 제작하는 과정이다. 제작 도중에 발생되는 문제점은 학생들 스스로 토론 과정을 통해 해결하며, 문제점과 해결과정은 포트폴리오에 기재하여 문제해결 과정을 통해 자신감을 기를 수 있도록 한다.

8) 발표 및 평가

제작한 작품을 모둠별로 발표하는 기회를 갖도록 하였다. 각 모둠은 자신들의 모둠 이름과 캐릭터를 선정한 이유와 같이 소개하며 자신들의 작품을 반 학생들에게 최대한 홍보 효과를 얻을 수 있게 발표하도록 한다. 발표가 이루어지는 동안 반 동료 학생들은 모둠별로 발표하는 모둠을 평가하도록 하며 작품 발표회가 끝난 후에는 모둠별 구성원들의 상호 평가를 실시하도록 한다. 학생들의 작품 평가와 동료 평가는 수행 평가 점수에 반영하였다. 동료 평가가 끝난 후에는 학생 개개인이 소감문을 작성하도록 한다.

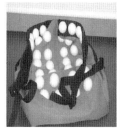   

작품명: 지압 가방   작품명: 국수보관통   작품명: 분리되는 통   작품명: 장애우용 대걸레

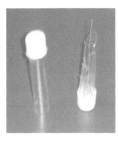
작품명: 바늘보관통

작품명: 물 나오는 비

작품명: 벗겨지지 않는
슬리퍼

작품명: 압축 위생 쓰레기통

작품명: 잼 바르는 뚜껑

작품명: 치약+칫솔

작품명: 손이 베지 않는
필통 자

작품명: 두려움 없는 허들

9) 별도 과제

본 수업과 별도로 발명 도서 읽기 및 독후감 쓰기, 발명 관련 웹 사이트 방문해 보기, 개인 아이디어 내기 등 별도 과제를 부여하여 발명 행동을 모방하고 싶은 충동을 갖게 하고, 관련 지식의 습득을 이룰 수 있도록 한다.

〈발명 아이디어로 창의적인 생활용품 만들기〉

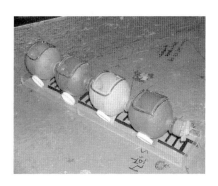

작품명			
모둠명			
학년 반	2학년 ○○반		
	번 호	이 름	역 할
모둠장			
모둠원 1			
모둠원 2			
모둠원 3			
모둠원 4			

〈발명 기법을 적용하여 창의적인 생활용품 만들기〉

> **학습목표**
> 1. 여러 가지 재료의 성질 및 종류와 용도를 이해할 수 있다.
> 2. 발명에 대해 이해하고 발명 기법 및 창의성사고기법을 통한 창의성 및 문제해결 능력을 기른다.
> 3. 여러 가지 재료를 이용한 불편사항을 개선한 창의적인 생활용품을 구상하고, 구상도를 그리고 공구를 바르게 사용하여 제품을 만들 수 있다.

1. 우리가 만들 생활용품은?

가. 창의적인 형태로 스스로 결정하고 제작해야 한다.

나. 실생활에서 불편한 점을 찾아 문제점을 개선하고 실제 사용할 수 있어야 한다.

2. 수업 과정(총 11차시)

단 계	활 동	학습형태	서 식	소요시수
Ⅰ. 발명의 개념	• 발명의 예 소개(수업시간) • 사진자료를 이용한 사고력 향상(수업시간)	일제학습	발명이야기 자료 사진 자료	
	• 발견과 발명의 차이	개별학습	[서식 1]	0.5
Ⅱ. 아이디어착상기법 이해 및 적용	• 발명 10계명의 이해 • 발명 10계명을 이용한 아이디어 내기		[서식 2-1] [서식 2-2]	1.5
Ⅲ. 모둠 구성하기 및 캐릭터 그리기	• 모둠 편성 및 모둠 이름 정하기 • 모둠원 역할 분담 • 모둠 캐릭터 그리기	모둠별 학습	[서식 3]	1
Ⅳ. 아이디어발전기법 (창의성사고기법)의 이해 및 적용	• 브레인스토밍기법 • SCAMPER기법 • 트리즈기법		[서식 4-1] [서식 4-2] [서식 4-3]	3
Ⅴ. 아이디어 선정	• 모둠별 아이디어 중 1~2개 작품 선택 • 스케치, 구상도 그리기		[서식 5-1] [서식 5-2]	1
Ⅵ. 제작	• 아이디어 제품 제작하기		[서식 6]	3
Ⅶ. 작품 발표 및 활동 평가하기	• 모둠별 제품 발표 • 모둠 동료 평가 • 모둠별 상호 동료 평가 • 소감문 작성		[서식 7-1] [서식 7-2]	1
※ 제품 수정 및 작품 출품	• 우수 작품 선정 • 관련 대회 출품			

3. 재료 및 공구

가. 재료: 재활용 재료(1회용 컵라면 용기, PET병, 알루미늄 캔, 나무젓가락 등)
나 기타 재료 조별 준비

나. 공구: 펜치, 니퍼, 드라이버, 컴퍼스, 칼, 전동 드릴, 서클커터(circle cuter)
기, 글루건, 라디오펜치, 바이스, 자 등

4. 유의사항

가. 포트폴리오 작성 시 유의사항: 제공되는 포트폴리오 서식을 참고하여 창의
적으로 구성하여 기록하면 더욱 좋다.

1) 포트폴리오는 매시간 작성하며 서식에 기록할 내용을 누락하지 않도록 유의
한다.

2) 포트폴리오 1부는 회의 진행용으로 사용하고, 다른 한 부 기록은 모둠별로
작성자를 선정하여 기록한다.

3) 만들기 과정에서 시수 부족으로 가정학습과 연계할 경우에는 별도의 수행일
지에 제작과정을 서술하고 가능하면 찍은 사진을 부착하도록 한다.

나. 만들기 과정에서의 유의사항

1) 글루건 사용 시에는 화상에 주의한다.

2) 칼이나 톱을 사용하여 재료를 절단하고자 할 때는 창상에 주의한다.

3) 각종 안전사고에 주의한다.

5. 평가 내용

점수는 개별 평가, 조별 평가에 의해 이루어짐에 유의한다(평가 기준표 참고).

[포트폴리오 서식 1] 발견과 발명의 차이

날 짜	년 월 일 교시
성 명	학년 반 번 성명:

■ 발견과 발명을 구분해 봅시다!

발견은 남이 미처 찾아내지 못하였거나 세상에 널리 알려지지 않은 것을 먼저 찾아내는 것이고, 발명은 그때까지 없던 기술이나 물건 따위를 새로 생각해 내거나 만들어 내는 것입니다. 우리가 평상시 많이 혼동하여 사용하고 있지만 이 두 개념은 완전히 다른 개념입니다. 이제 발견과 발명의 차이를 알았으니 일상생활 속에서 혼동하지 맙시다.

우리는 발명을 하기 위해 발견을 이용할 수 있다. 예를 들면 뉴턴은 작용과 반작용을 발견했고, 프란시스 베이컨은 그것을 이용해서 로켓을 발명했다. 반대로 우리는 발견을 하기 위해 발명을 이용할 수도 있다. 1990년대에 발명된 허블우주망원경을 이용하여 1996년에 새로운 은하를 발견했다. 또 한 사람이 발견과 발명을 동시에 할 수 있다. 벤자민 프랭클린의 피뢰침 발명은 전기의 발견을 가져왔다.

☞ 자 이제 여러분은 발견으로 인한 발명이나, 발명으로 인한 발견 등의 예를 인터넷이나 책을 통해서 찾아 아래 빈 여백에 5가지 이상 조사하여 적어 봅시다.

차시준비물 및 예고	– 차시 예고: 발명 10계명 ┃

[포트폴리오 서식 2-1] 아이디어착상기법-발명 10계명 I

날 짜	년 월 일 교시
성 명	학년 반 번 성명:

◈ **더하기 기법이란?**

발명 기법 중 더하기(+) 기법은 기존의 물건에 물건을 더하거나, 방법을 더하여 보다 편리하고 새로운 발명품을 만들어 내는 방법으로 가장 쉽고 많이 적용되는 발명 기법이다. 양날면도기처럼 똑같은 것을 더하는 A+A의 방법과 비율. 공정. 반응. 분배 등에서처럼 B+B의 방법. 서로 다른 물건끼리 결합시키는 A+B 등의 방법으로 새로운 아이디어를 창출하는 기법이다.

◈ 더하기 기법으로 만들어진 발명품	나만의 아이디어를 적어 봅시다.
◆ A + A 기법 • 양날 면도기 = 칼날 하나 + 또 하나 ◆ B + B 기법 • 양념치킨 = 닭 + 밀가루 + 양념 + 열량 ◆ A + B 기법 • 라디오 모자 = 라디오 + 모자	

◈ **빼기 기법이란?**

발명 기법 중 빼기(−) 기법은 기존의 물건에서 어느 한 부분을 없애 버리거나 빼 버림으로써 더욱 간편하고 편리한 발명품이 되게 하는 방법이다.

◈ 빼기 기법으로 만들어진 발명품	나만의 아이디어를 적어 봅시다.
◆ 과일 주스 − 설탕 = 무가당 주스 ◆ 유선 전화기 − 전화선 = 무선전화기 ◆ 보통 수박 − 씨앗 = 씨 없는 수박 ◆ 튜브 타이어 − 튜브 = 노 튜브 타이어 ◆ 추시계 − 추 = 추 없는 시계	

◈ **모양 바꾸기 기법이란?**

발명 특허의 영역은 특허. 실용신안. 의장. 상표 등 네 가지로 분류되는데 모양 바꾸기 발명은 의장에 해당된다. 사용을 편리하게 하거나, 더 좋은 성능을 가진 물건을 만들기 위한 방법 중 본래의 모양을 바꾸어 보는 방법이다. 또한 사람들의 취향과 미적 감각을 살리기 위하여 새로운 모양을 구안해 내는 방법으로 생활 주변에서 많은 예를 찾아볼 수 있는 발명 기법 중의 하나이다.

◈ 모양 바꾸기 기법으로 만들어진 발명품	나만의 아이디어를 적어 봅시다.
◆ 곧은 물파스 용기는 쥐고 바르기 불편하여 　− 꼬부라진 물파스주둥이 ◆ 휴지의 성능을 더 좋게 하기 위하여 　− 올록볼록 화장지 ◆ 팥빙수를 더 맛있게 먹기 위하여 　− 숟가락 달린 스트로(빨대)	

◈ **반대로 생각하기 기법이란?**

현재 사용하고 있는 물건들이 반드시 편리하거나 실용적이지만은 않다. 모양. 크기. 방향. 수. 성질 등 무엇이든 반대로 생각하거나 거꾸로 하면 더 좋은 효과를 얻을 수 있는 것들이 있을 것이다. 이와 같이 사용하고 있는 물건을 거꾸로 세운다든가, 만드는 방법을 거꾸로 했을 때 편리한 생활에 도움을 주는 발명 기법을 반대로 하기 기법이라 한다.

	나만의 아이디어를 적어 봅시다.
◈ 반대로 생각하기 기법으로 만들어진 발명품 　◆ 땅에서 도는 팽이를 보고 　－ 하늘에서도 도는 팽이 　◆ 화장품이 잘 나오게 하기 위하여 　－ 거꾸로 세운 화장품 용기 　◆ 나무 결은 한쪽으로 쪼개짐에 착안하여 　－ 반대로 겹쳐 붙인 합판 　　◆ 기타 발명품 　　· 벙어리장갑 － 발가락 양말 　　· 책가방 － 책상 　　· 보자기 － 그늘 침대 　　· 거꾸로 가는 시계 등	

◈ **용도 바꾸기 기법이란?**
현재 사용하고 있는 물건을 다른 곳에도 사용할 수 있다. 좋은 Idea는 다른 곳에도 쓸 수 있다는 것이다. 이것은 발명인으로서는 초보적인 그러면서도 가장 중요한 기법 중의 하나이다.

	나만의 아이디어를 적어 봅시다.
◈ 용도 바꾸기 기법으로 만들어진 발명품 　◆ 공기 방석 → 자동차 햇빛 가리개 　◆ 전등 → 살균 램프 　◆ 주사기 → 스포이트 대용 　◆ 가위 → 마늘 다대기 가위 　◆ A + B 방식 　　· 주전자 물뿌리개 = 주전자 + 물뿌리개	

차시준비물 및 예고	－ 차시 예고: 발명 10계명 II

[포트폴리오 서식 2-2] 아이디어착상기법 - 발명 10계명 II

날 짜	년 월 일 교시
성 명	학년 반 번 성명:

◆ **남의 아이디어 빌리기 기법이란?**

남의 아이디어를 다른 곳에 효과적으로 이용하는 발명 기법이다.

남의 특허를 모방하는 것은 법으로 금지되어 있으나, 아이디어를 빌려서 새로운 발명품을 만드는 것은 실용신안 제도로 장려하고 있다.

남의 아이디어를 빌리는 기법이 성공할 수 있는 비결은 거기에 새로운 것을 더한다는 점에 가치가 있으며 주의할 일은 최초의 발명자에게 폐를 끼치는 것이어서는 안 된다는 점이다.

◆ 남의 아이디어 빌리기 기법으로 만들어진 발명품 　◆ 파리 잡는 끈끈이 → 바퀴벌레 잡는 끈끈이 → 　　쥐 잡는 끈끈이 　◆ 스티커 우표 → 스티커 봉투	나만의 아이디어를 적어 봅시다.

◆ **크거나 작게 하기 기법이란?**

발명 기법 중 큰 것을 작게 하기 기법은 기존의 큰 물건을 소형으로 만들거나 압축하여 보다 편리하고 새로운 발명품을 만들어 내는 기법이다. 또 같은 물건의 부품이나 덩치를 최대한 줄임으로써 경제적인 이익도 얻을 수 있다. 최근의 첨단 과학 분야인 반도체 산업, 전자 산업 등에서 부품 수와 크기를 작게 하는 방법이 활발히 연구되고 있다.

발명 기법 중 작은 것을 크게 하기 기법은 기존의 물건을 크게 만들어서 더욱 간편하고 편리한 발명품이 되게 하는 방법이다.

◆ 큰 것을 작게 하기 기법으로 만들어진 발명품 　◆ 자전거를 차 트렁크 안에 넣을 수 없을까 착안하여 　　- 접는 자전거 　◆ 양산을 핸드백 안에 넣을 수 없을까 착안하여 - 　　접는 양산 　◆ 큰 녹음기를 호주머니에 넣을 수 없을까 착안하여 　　- 휴대용 소형 녹음기 ◆ 작은 것을 크게 하기 기법으로 만들어진 발명품 　◆ 큰 빨래를 손쉽게 → 대형 세탁기 　◆ 더 많은 식품을 → 대형 냉장고	나만의 아이디어를 적어봅시다 ◆ 큰 것을 작게 하기 기법 ◆ 작은 것을 크게 하기 기법

◆ **폐품 이용하기 기법이란?**

못 쓰는 물건(버리는 물건)을 효과적으로 사용할 수 있는 방법을 연구하여 새로운 발명품을 만들어 내는 기법이다. 폐품은 어떤 형태와 기능이든 그 형태와 기능을 유지하고 있기 때문에 창작이 아닌 개선만으로 발명을 달성할 수 있다. 폐품을 그대로 사용하면 중고품이고 개선하면 곧 발명품이다.

◆ 폐품 이용하기 기법으로 만들어진 발명품 　◆ 연탄재로 만든 벽돌 　◆ 닭똥이나 돼지 인분으로 만든 비료 　◆ 구두 만들고 남은 가죽으로 지갑, 장갑을 만든다. 　◆ 볏짚과 왕겨: 완충용 포장재 　◆ 폐 PET 병 이용: 양식장 부유기	나만의 아이디어를 적어 봅시다.

◈ **재료 바꾸기 기법이란?**

재료를 바꾸는 것도 발명이다. 지금 사용하고 있는 재료를 바꾸어 지금 보다 더 좋은 성능을 가진 물건을 발명하는 방법으로 비교적 손쉬운 기법이다.

재료를 바꾸는 기법은 수없이 많을 수 있으나 재료를 바꿈으로써 더욱 편리하고 유용해서 소비자의 사랑을 받을 수 있어야 한다.

	나만의 아이디어를 적어 봅시다.
◈ 재료 바꾸기 기법으로 만들어진 발명품 　◆ 합성수지 마네킹 → 풍선식 마네킹 　◆ 유리 제품 → 플라스틱 제품 → 스티로폼 제품 → 　　종이 제품 　◆ 오징어를 부르는 전등 → 광섬유를 배 밑에 붙임 　◆ 유리컵 → 쇠 컵 → 종이컵 → 플라스틱 컵	

◈ **실용적인 발명하기 기법이란?**

발명이란 꿈과 이상이 아니다. 반드시 실용적이어야 발명이다. 발명은 그 결과가 반드시 하나의 부품 또는 물건으로 나타나고, 그것이 자신과 가정과 사회와 국가와 인류 발전에 도움이 될 수 있어야 한다. 실용적이 못지 않는 발명은 시간의 낭비일 뿐이다 사회와 소비자들의 취향을 외면한 채 자신의 생각만이 절대라고 믿고 만든 (발명)물건은 발명이라 할 수 없다.

차시준비물 및 예고	－ 과제: [서식 8－3] 나의 아이디어 선정하기 － 차시 예고: 모둠 구성하기 및 캐릭터 그리기

[포트폴리오 서식 3] 모둠 구성하기 및 캐릭터 그리기

			년 월 일 교시	
순	모둠원 이름	모둠 이름	모둠 이름을 정한 이유는?	
1				
2				
3				
4				

토론 내용 기 록	
토론 결과	1. 의사 결정은 어떤 방법으로 하였는지 간단히 기록하여 주세요. ( ) 2. 모둠의 이름은 ( )의 의견인 ( )로 결정되었음. 3. 모둠장: ( )

	필요한 역할	역할 담당자
모둠원 역할 분담	♥	
	♥	
	♥	
	♥	
	♥	

모둠 이름:

☞ 여러분들의 모둠을 잘 표현할 수 있는 캐릭터를 멋지게 그려 보세요.

차시준비물 및 예고	– 차시 예고: 브레인스토밍

[포트폴리오 서식 4 – 1] 아이디어발전기법 – 브레인스토밍

날 짜	년 월 일 교시		
모둠 이름			
☞ 브레인스토밍기법을 이용하여 최대한 많은, 다양한 아이디어를 생각해 봅시다.			
소 재	( ) 문제점과 해결방안		
1차 협의 (문제점 찾기)			
2차 협의 (1~2개 문제점 선정)			
3차 협의 (선정된 문제점 해결방안 찾기)			
4차 협의 (해결방안 선정)			
협의 결과 (선택된 아이디어)	제품명		
	제품의 특성 (용도 및 효과)		
	제품 스케치하기		
차시 준비물 및 예고	– 차시 예고: SCAMMER 기법		

[포트폴리오 서식 4 – 2] 아이디어발전기법 – SCAMPER기법

날 짜	년 월 일 교시	
모둠 이름		
☞ SCAMPER기법을 이용하여 최대한 많은, 다양한 아이디어를 생각해 봅시다.		
소 재		
질문(SCAMPER)	**생각해 낸 아이디어**	
1. S 재료나 방법, 소재를 바꾸면?		
2. C 어떤 것을 더하면 좋을까?		
3. A 남의 아이디어를 응용하면?		
4. M 수정, 크게 또는 작게 하면?		
5. P 다른 용도는?		
6. E 없어도 될 것은?		
7. R 다르게 바꿔 보면, 거꾸로 하면?		
협의 결과 (선택된 아이디어)	제품명	
	제품의 특성 (용도 및 효과)	
	제품 스케치하기	
차시 준비물 및 예고	– 차시 예고: 트리즈 기법	

[포트폴리오 서식 4 – 3] 아이디어발전기법 – 트리즈기법

날짜	년 월 일 교시
모둠 이름	

☞ 트리즈기법을 이용하여 문제점을 해결할 수 있는 아이디어를 생각해 봅시다.

발명문제(×)	
표준문제(△)	
표준해결책(□)	
해결책(○)	

아이디어 스케치		아이디어 설명	
		용도	

차시준비물 및 예고	– 차시 예고: 모둠 아이디어 선정하기

[포트폴리오 서식 5-1] 모둠 아이디어 평가지

모둠명				
아이디어명				
항목	**준거**	**평가**		
		상	중	하
1. 독창성	• 아이디어는 새롭거나 독특하다. • 이 아이디어는 흔히 볼 수 없는 것이다.			
2. 발전가능성	• 이 아이디어는 앞으로 많은 새로운 아이디어를 만들어 낼 가능성이 높다.			
3. 적절성	• 이 아이디어는 그럴듯해 보이며 목적이나 요구에 분명히 적절하다.			
4. 유용성	• 이 아이디어는 실제에 적용하여 사용할 수 있다.			
5. 매력	• 이 아이디어는 사람들의 주목을 받을 것이다.			
6. 유기적 조직성	• 이 아이디어는 완전하다는 느낌을 가지게 한다.			
개 수				
아이디어명				
항목	**준거**	**평가**		
		상	중	하
1. 독창성	• 이 아이디어는 새롭거나 독특하다. • 이 아이디어는 흔히 볼 수 없는 것이다.			
2. 발전가능성	• 이 아이디어는 앞으로 많은 새로운 아이디어를 만들어 낼 가능성이 높다.			
3. 적절성	• 이 아이디어는 그럴듯해 보이며 목적이나 요구에 분명히 적절하다.			
4. 유용성	• 이 아이디어는 실제에 적용하여 사용할 수 있다.			
5. 매력	• 이 아이디어는 사람들의 주목을 받을 것이다.			
6. 유기적 조직성	• 이 아이디어는 완전하다는 느낌을 가지게 한다.			
개 수				
아이디어명				
항목	**준거**	**평가**		
		상	중	하
1. 독창성	• 이 아이디어는 새롭거나 독특하다. • 이 아이디어는 흔히 볼 수 없는 것이다.			
2. 발전가능성	• 이 아이디어는 앞으로 많은 새로운 아이디어를 만들어 낼 가능성이 높다.			
3. 적절성	• 이 아이디어는 그럴듯해 보이며 목적이나 요구에 분명히 적절하다.			
4. 유용성	• 이 아이디어는 실제에 적용하여 사용할 수 있다.			
5. 매력	• 이 아이디어는 사람들의 주목을 받을 것이다.			
6. 유기적 조직성	• 이 아이디어는 완전하다는 느낌을 가지게 한다.			
개 수				

[포트폴리오 서식 5-2] 우리 모둠의 아이디어 선정하기

날 짜	년 월 일 교시
모둠명	

☞ 여러분들이 협의하여 생각해 낸 아이디어 중 가장 좋다고 생각되는 아이디어를 아래 형식에 맞게 써 보세요(아이디어 평정지 서식 5-1 사용).

작 품 명	
구상 동기 (아이디어를 생각하게 된 구상 동기)	
제작방법 (실제로 만든다고 생각하고 설명을 쓰고, 제품의 구상도는 다음 페이지에 그리시오)	
발명의 효과	• 창작성 • 실용성 • 경제성 • 기타

스케치 하기 및 구상도 그리기	

(빈 삼각격자 그리기 영역)

차시준비물 및 예고	– 차시 예고: 제품 만들기

[포트폴리오 서식 6] 제품 만들기

◉ 만들기 과정의 모든 시간을 기록하여 주세요(가정학습의 경우에도 작성).

날 짜	년 월 일 교시
모둠명	
작품명	
오늘 수행할 일 (계획)	☞ 오늘 수행할 내용을 적어 보세요.
실제로 수행한 일 (실천)	☞ 실제로 수행한 내용을 적어 보세요.
설계가 변경된 내용	☞ 제품 만들기 과정에서 처음 설계한 내용을 변경한 곳이 있습니까? 있다면 어떤 것을 어떻게 변경하였는지 적어 보세요.
수행 결과	☞ 계획한 내용을 모두 실천하였습니까? 하지 못하였다면 어떤 문제로 실천하지 못하였는지 적어 보세요.
문제 해결	☞ 오늘 수행 중 문제가 발생하였다면 문제를 기록하고 해결 방안을 찾아보세요.
다음 시간	☞ 다음 시간에는 무엇을 해야 할지 적어 보세요.

[포트폴리오 서식 7-1] 작품 발표 및 평가하기 - 동료 평가

◉ 동료 평가를 다음의 양식에 따라 기록해 보세요.

날 짜	년 월 일 교시			
모둠명				
동료 평가	☞ 각 모둠이 발표하는 제품을 평가해 보세요			

모둠 이름	제품명	잘한 점	개선할 점	평가
				상 중 하
				상 중 하
				상 중 하
				상 중 하
				상 중 하
				상 중 하
				상 중 하

☞ 각 모둠별 동료 간의 활동상황을 평가해 보세요.

모둠원 이름	잘한 점	부족했던 점	평가
			상 중 하
			상 중 하
			상 중 하
			상 중 하
			상 중 하

[포트폴리오 서식 7-2] 소감문 작성하기

학년　　반　　번　성명:

[포트폴리오 서식 8 - 1] 개별과제 – 발명 관련 책 읽어 보기

☞ 발명과 관련된 책을 읽어 보고 아래에 느낀 점을 중심으로 독후감을 쓰거나
가장 기억에 남는 내용을 만화로 그려 보세요.

학년 반 번 성명:			
제 목			
출판사		지은이	

[포트폴리오 서식 8 – 2] 개별과제 – 발명 관련 웹사이트 방문하기

☞ 발명과 관련된 웹사이트를 5곳 이상 찾아보고 반드시 웹사이트의 주소를 적고 관심 있었던 영역을 찾아 자기 스스로 아래 여백에 창의적으로 정리하여 봅시다.

2학년　　반　　번　성명:

[포트폴리오 서식 8-3] 개별 과제 – 나의 아이디어

날 짜	년 월 일 교시
성 명	학년 반 번 성명:

☞ 여러분이 발명 10계명 수업 중 생각하고 기록한 아이디어 중 가장 좋다고 생각되는 아이디어를 아래 형식에 맞게 써 보세요.

작 품 명	
구상 동기 (아이디어를 생각하게 된 구상 동기)	
제작방법 (실제로 만든다고 생각하고 가상도를 그리고 설명을 쓰시오)	
발명의 효과	

2. 건설기술

가. 실행 계획

1) 실습수업의 문제

건설기술 단원에서 실습수업의 주제를 선정할 때 그 범위가 그리 넓지 않다고 주장하는 것에 대하여 확실하게 반박하기 어려운 것이 사실이다. 그러나 담당교사가 조금만 노력하여 수업계획을 세워 실습수업을 실시한다면 다양하고 내실 있는 수업을 운영할 수 있다. 대부분의 단위 학교에 건축 모형 만들기와 교량 모형 만들기를 실시하고 있지만 기술교과의 특성을 살린 창의적인 수업보다는 기존의 기성품을 그대로 따라 하는 수준에 머물러 있는 곳이 많고, 일부는 이것마저도 보고서로 대체하는 경우가 많다.

기술 교육의 여러 특징 중 하나가 노작 교육이며, 학생들이 직접 제작하고 완성함으로써 노작의 진정한 의미를 체험할 수 있으며, 기술 교육이 나아갈 길을 여기서 찾아야 함은 주지의 사실이다.

이에 단위 학교에서 건설기술의 실습수업을 실시함에 있어 내실을 기할 수 있도록 교량 모형 만들기를 중심으로 전체적인 실습 순서와 체계를 정리하여 기술교사의 전문성 신장에 기여하고자 한다.

2) 실습수업의 주제 선정

건설기술 단원에서 실습수업의 범위를 크게 건축 모형 만들기와 교량 모형 만들기로 나눌 수 있다. 건축 모형 만들기는 외형 디자인도 중요하지만 건축 평면 구성, 가구 배치, 동선, 구조의 합리성 등을 고려하여, 학생 스스로 생각하고, 계획하고, 협의하는 과정을 통하여 합리적인 문제해결을 할 수 있는 방향으로 주제를 선정하는 것이 좋으며, 교량 모형 만들기는 교량의 구조적인 특성을 고려한 재하실험 위주 실습과 심미성과 구조성 위주의 실습 중에 선정하는 것이 좋다.

실습수업을 학년 초에 선정할 때는 단위학교의 실정을 고려해야 한다. 학생들의 수준, 기술 실습 예산, 단위학교 교사의 수, 담당교사의 전공과 부전공 여부, 다른 교사의 의견 등 다양한 문제를 고려하여 실습수업의 주제를 선정하여야 한다.

단위학교에서 또 고려해야 할 것은 실습시간이다. 기술교과의 특성을 살리려면 실습시간을 늘려야 하고, 실습시간을 늘리면 이론시험의 비중을 줄여야 하기 때문에, 자칫 학생들에게 기술교과의 위상이 왜곡되어 위축될 수 있다. 이러한 여러 문제들을 고려해서 적당한 실습시간 범위 안에 학생들이 결과물을 산출할 수 있는 주제를 선정하여야 한다.

마지막으로는 단위학교의 기술실 실정을 고려하여야 한다. 대부분의 중학교에는 기술실을 보유하고 있지만, 일반계 고등학교 중 상당한 학교는 기술실이 없어 가사실과 같이 사용하거나 실습을 교실에서 실시하는 학교도 많은 것이 현실이다. 또한, 기술실이 있다고 해도 학생들이 원활한 실습을 할 수 있는 공구나 도구들이 부족하고, 공구를 확보한 학교도 관리 상태 소홀이나 공구의 낙후로 실제적인 실습을 운영하기 어려운 학교들이 많다. 이러한 현실적인 문제를 고려해야 한다.

3) 실습수업에 사용가능한 교수 · 학습법

건설기술 단원의 실습수업을 특정한 교수 · 학습법으로 한정하는 것은 무리가 있다. 그러나 실습의 주목적이 무엇이냐에 따라 교수 · 학습법을 구분할 수 있다.

재하실험을 목적으로 하는 실습수업이면 실험 · 실습법이 좋고, 창의력이나 문제해결력을 목적으로 하는 실습수업이면 프로젝트법이나 문제해결 학습법을 적용할 수 있고, 모둠과 개인이 혼합된 실습수업인 경우는 협동학습도 적용할 수 있다. 무엇보다도 중요한 것은 학생들의 수준을 감안한 담당교사의 철저한 수업계획이 필요하다.

4) 실습수업 활성화를 위한 개선책

건설기술 실습수업 활성화를 위해서 장기적인 대안과 단기적인 대안으로 구분할 수 있다. 장기적인 대안은 기술교사의 위상 확립의 변화 추구이다. 그러나 이 문제는 많은 시간과 사회적 인식의 변화, 교육구조의 변화 없이는 달성할 수 없는 것으로 앞으로 기술교사들이 나아가야 할 방향이나 현장교사가 쉽게 해결할 수 없는 문제이다. 여기서는 현장교사가 건설기술 단원뿐만 아니라 기술교과 실습수업 활성화를 위하여 할 수 있는 일들을 제시하고자 한다.

첫째는 무엇보다도 기술교사의 실력 향상과 전문성 신장이 우선되어야 한다. 현대 사회의 변화속도는 언급할 필요가 없는 주지의 사실이고, 이러한 사회적 변화와 함께 기술의 변화 또한 엄청나다. 기술교사도 이러한 새로운 기술변화에 적응하기 위하여 자기 연찬을 꾸준히 해야 한다. 새로운 수업 실습 내용 개발, 새로운 수업 실습 연수 참가, 수시 교육과정 개선의 의견 개진 및 적극적 참여 등 다양한 활동을 통하여 기술교사의 전문성을 신장하여야 한다.

둘째는 기술 실습을 위한 실습비 예산 확보이다. 학생들에게 원활한 실습을 할 수 있도록 단위학교 실습비를 충분히 확보하여야 효과적인 실습을 할 수 있다.

셋째는 기술실 리모델링이다. 기존의 기술실을 현대에 맞는 실습실로 리모델링하여야 한다. 물론 리모델링을 위해서는 예산 확보가 중요한 문제이나, 담당교사가 계속적으로 노력하면 충분히 달성할 수 있다. 올해 안 되면 차기연도에 계속 요구하는 노력이 필요하다. 이때는 작업대뿐만 아니라 다양한 미니 공작기계 등도 구입하여 새로운 변화에 대처해야 한다.

넷째는 기술실의 이용도를 높여야 한다. 일부 교사들은 기술실로 이동하여 실습하는 것이 귀찮다고 기술실이 있는데도 불구하고 교실에서 실습하는 경우가 있다. 이러한 일들은 결국 우리 교사들의 악순환으로 되돌아올 부메랑이 될 수 있다. 당연히 사용하지 않는 실습실은 다른 용도로 활용하려는 움직임으로 인하여 잘못하면 영원히 기술실을 다른 교과나 다른 용도로 빼앗길 수 있다.

마지막으로는 기술교사의 마인드 변화가 필요하다. 기술교사가 어떻게 생각하고 행동하느냐에 따라 학생들의 기술교과에 대한 생각에 변화가 생기고 이러한 변화는 기술교과의 위상이 높아질 밑거름이 될 것이다.

5) 교량 모형 만들기 수업 실행 계획

교량 모형 만들기 수업 실행 계획을 수립하기 전에 재하실험을 목적으로 할 것인지, 심미성과 구조성을 목적으로 할 것인지 정해서 수업계획을 수립하여야 한다. 재하실험을 목적으로 하는 경우 짧은 시간 내에 완성하여 교량의 외형보다는 재료의 종류나 가공에 따라 달라지는 하중의 변화에 비중을 두어야 하며, 심미성과 구조성을 목적으로 할 경우는 실습시간을 고려하여 너무 많은 시간을 소비하지 않도록 수업을 계획하여야 한다.

가) 재하실험을 목적으로 하는 실습

재하실험을 목적으로 하는 실습으로 종이 트러스 교량, 신문지 교량, 수수깡 교량, 스파게티 교량 등은 짧은 시간 내에 제작할 수 있는 장점이 있다. 이러한 실습은 창의적인 문제해결이 주목적이므로 과정이 형식에 얽매이지 않도록 주의해야 한다. 특히, 학생들이 어려워하는 것이 설계도면의 작성이다. 이러한 재하실험을 목적으로 하는 경우 제작도나 부품도 등을 생략하거나 간략화하여 실제적으로 학생들이 문제해결하는 데 시간을 할애할 수 있도록 수업을 구성하는 것이 좋다.

나) 심미성과 구조성을 목적으로 하는 실습

심미성과 구조성을 목적으로 하는 실습 또한 재하실험을 실시할 수 있으나 모형을 만들기 위한 실습시간 및 학생들의 노작 활동에 대한 완성도를 고려하여 창의적인 과제 수행 능력을 기를 수 있는 실습을 계획하여야 한다. 이러한 실습에 있어서 주의해야 할 것은 실습 재료에 대한 학생들의 사전 지식이 있어야 효과적인 결과를 기대할 수 있다. 학생들이 만들 교량을 구상할 때 재료의 구입, 가공, 완성도 등을 고려하여 구상할 수 있도록 사전에 지도하여야 한다. 그렇지 않으면 학생들이 구상한 것이 하나의 공상으로 끝날 수 있기 때문이다.

나. 문제해결 활동

1) 간단한 교량 만들기와 재하실험

여기에 다루는 실습 내용은 교량의 심미성보다는 구조성에 주안점을 둔 것으로 주로 재하실험을 주목적으로 하는 실습이다.

가) 종이 트러스 교량 모형 만들기

종이 트러스 교량 모형은 짧은 시간 내에 완성할 수 있는 전형적인 재하실험을 목적으로 하는 실습이며, 개인별과 모둠별로 모두 할 수 있다. 또한, 사전에 학생들에게 실습 내용을 공개하여 제도 방법에 대하여 잘 알지 못하는 학생들은 미리 예습할 수 있도록 한다.

(1) 수업 실행 계획

대영역	건설기술의 기초	중영역	건설모형 만들기	소영역 (Topic)	종이 트러스 교량모형 만들기
학습법	실험 · 실습법(개인별)				
수행 기간 및 장소	수행 장소는 기술 실습실이며, 실습시간은 2시간임				
재료 및 공구	1) A4용지(120g/㎥) 2) 나무젓가락 또는 플라스틱 빨대, 목재용 본드 또는 고무줄 3) 저울, 금속 추, 칼, 펜, 제도판, 삼각자, 샤프 및 제도용 연필, T 자 4) 같은 종류의 물건 여러 개 – 재하실험용				
제출물	실습보고서				
유의사항	재하실험의 측정 물건을 다양하게 준비한다.				

차시	활동단계	활동 내용	방법	준비물	시간
1 차시	실습방법 및 계획 안내	• 학습목표를 제시한다. • 실습에 대한 내용 및 제작 방법, 평가 방법 등 전반적인 수행 과정에 대해 안내한다. • 모둠 편성 및 모둠 대표를 정한다.	설명 및 모둠별 활동	실습 안내문	15분
	설계	• 종이 트러스 교량에 대한 설계도를 제작용지에 직접 제도한다. • 교사는 제작지를 중간 평가한다.	개별 활동	제도용지 제도용구 학생 활동지	35분

차시	활동단계	활동 내용	방법	준비물	시간
2 차시	제작	• 제도한 종이 트러스 교량 제작도를 접는 선 을 구분하여 모양대로 안쪽과 바깥쪽을 구 분하여 교량을 제작한다. • 재하실험을 위한 보조받침대를 제작한다.	개별 활동	학생 활동지	15분
	평가	• 완성된 종이 트러스 교량을 모둠별로 재하 실험을 실시하고 기록하여 제출한다. • 실습 보고서를 기록하여 제출한다.	모둠별 활동 및 개별 활동	저울, 추 모둠별 결과기록지 실습보고서	30분
	정리	• 실습에 대한 종합적인 정리 및 우수한 점, 개선할 점 등을 학생에게 설명한다.	설명		5분

■ **수업계획 시 고려할 사항이나 유의사항**

- 종이 트러스 모형의 제작도를 워드프로세서나 그래픽 소프트웨어를 이
용하여 컴퓨터로 제도할 수 있다. 학생들의 수준을 고려할 때 흔글의
표 그리기와 대각선 긋기를 이용하는 것이 좋은 방법이다.

- 종이 트러스 모형의 제작도를 컴퓨터를 이용하여 제도할 때는 2차시 중
1차시는 컴퓨터실에서 실시하여야 한다.

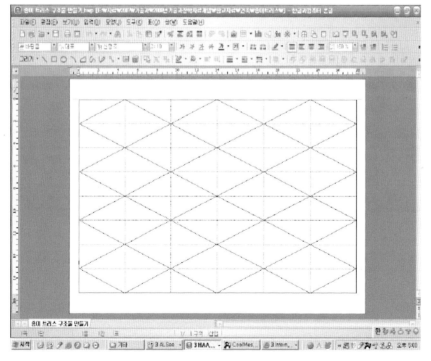

[컴퓨터를 이용한 종이트러스 교량 제도]

(2) 수업과정

(가) 실습방법 및 계획 안내

① 학습목표 제시

    - 학생들에게 학습목표를 제시한다.

    - 학습목표는 교수·학습 방법이나 단위학교의 실정에 따라 달라질 수 있다.

학습목표

  1. 종이 트러스 교량 모형의 구조를 알 수 있다.
  2. 재하실험을 통하여 종이 트러스 교량 모형의 힘 분산에 대하여 알 수 있다.

② **실습방법 및 계획 안내**

    - 실습에 대한 전반적인 순서와 방법 및 평가에 대하여 학생들에게 제시한다.

    - 완성된 종이 트러스 교량을 미리 학생들에게 보여 주어 학습 동기 및 호기심을 유발시킨다.

    - 학생들에게 사전에 실습에 대한 안내나 순서, 주의할 점, 준비물 등의 내용이 포함된 학생 활동지를 미리 배부하면 수업 시간 중 교량 제작 시간을 더 할애할 수 있으며, 학생들의 실습에 대한 참여도 및 이해도를 높일 수 있다. 학생 활동지의 양식은 정해진 것이 없으며, 위의 내용이 포함되도록 자유롭게 작성하여 배부한다.

③ 모둠 편성 및 모둠 대표 선정

    - 학교 기술실의 작업대 크기에 따라 6~8명으로 모둠을 구성한다. 각 단위학교의 실습 준비물 세트(Set) 수에 따라 모둠의 구성원 수가 달라질 수 있다.

    - 개인별 실습에 모둠을 편성하는 이유는 실습시간을 줄이기 위한 것이다. 재하실험을 개인별로 모든 학생이 보는 가운데 실시하면 실습시간이 많이 들고, 학생들이 같은 행위를 많이 반복하기 때문에 쉽게 싫증을 느낄 수 있다. 교량 제작은 개인별로 수행하고, 재하실험은 모둠별로 수행 하고 모둠 대표를 1인 선정하여 학생들의 재하실험 결과를 배부해 준 기

록지에 기록하여 제출하도록 한다.

- 모둠 구성의 이유에 대하여 학생들에게 확실히 설명하여 모둠 구성과 대표 선정에 대한 오해가 없도록 하여야 한다.

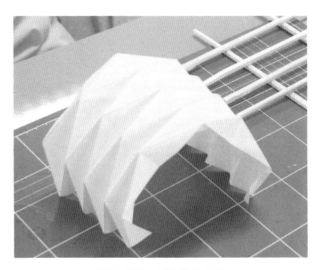

[종이 트러스 교량 완성 모습]

〈종이 트러스 교량 만들기 학생 활동지〉

● 종이로 튼튼한 교량을 만들어 보아요　　　　　학생 활동지

◉ **개요**

　종이라는 재료를 이용하여 교량을 제작하고 재하실험을 직접 함으로써 교량의 역학성 및 구조성을 이해한다.

◉ **학습목표**

> 1. 종이 트러스 교량모형의 구조를 알 수 있다.
> 2. 재하실험을 통하여 종이 트러스 교량모형의 힘 분산에 대하여 알 수 있다.

◉ **과제 수행 조건: 2시간 – 개인별 실습 및 부분적 모둠 활동**

단 계	소요 시간
Ⅰ. 실습안내 및 제작도 그리기	1
Ⅱ. 제작 및 재하실험, 종합 정리	1

◉ **실습 준비물**

　학교 준비물 – 제작용지(A4용지), 고무줄, 제도판, T자, 재하실험에 필요한 물건 일체

　개인 준비물 – 필기구, 삼각자, 칼

◉ **제출 내용: 재하실험 결과 기록지, 실습 보고서(포트폴리오)**

◉ **과제 수행 순서**

순서	내 용	활동 내용	시간
1	실습 개요 알기	• 선생님의 설명을 듣고 이해한다. • 모둠을 짜고 모둠 대표를 선정한다.	15분
2	설계하기	• 종이 트러스 교량을 정해진 방식으로 직접 제작용지에 제도한다. • 모둠을 만들고 모둠 대표를 선정한다.	35분
3	제작하기	• 제도한 제작지를 이용하여 종이 트러스 교량을 제작한다. • 나무젓가락으로 보조받침대를 제작한다.	15분
4	평가하기	• 제작한 종이 트러스 교량과 보조 부품을 이용하여 재하실험을 실시하고 실시한 결과를 기록지에 입력한다.	30분
5	정리하기	• 선생님의 정리에 대한 설명을 듣고 실습보고서를 정해진 시간 안에 기록하여 제출한다.	5분

◉ **설계도면**

아래 그림과 같이 가로 25cm 6등분, 세로 16cm 8등분하며 되도록 직선과 사선의 선의 종류를 달리 한다. 또한 전체 크기(가로세로 크기)가 조금 달라도 되나 중요한 것은 가로가 6등분, 세로가 8등분이 되어야 한다.

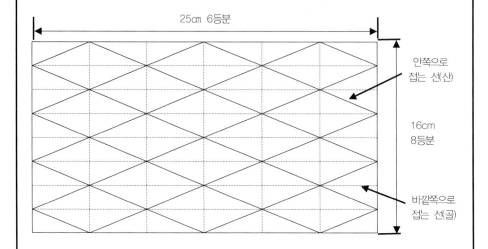

25cm 6등분

안쪽으로 접는 선(산)

16cm 8등분

바깥쪽으로 접는 선(골)

◉ **제작 순서 및 유의사항**

① 제작용지를 제도판에 스카치테이프로 고정시킨다.
② 제도 방법에 따라 먼저 수평선과 수직선을 그린다.
③ 그린 수평선과 수직선 위에 그림의 설계 도면과 같이 사선을 그린다.
④ 제작 도면의 필요 없는 부분을 칼이나 가위를 이용하여 잘라 버린다.
⑤ 제작 도면을 안쪽과 바깥쪽으로 구분하여 접는다. 사선은 안쪽으로 접어 산을 만들고 수평선과 수직선은 바깥쪽으로 접어 골을 만든다.
⑥ 나무젓가락을 우물 정(井) 모양으로 고무줄이나 순간접착제를 이용하여 제작한다.
⑦ 저울로 나무젓가락 무게를 측정한 후에 종이 트러스 교량에 정확하게 올려놓는다.
⑧ 종이 트러스 교량에 일정한 무게의 물건을 올려놓아 재하실험을 모둠별로 실시한다.
⑨ 재하실험의 결과를 기록지에 쓴 후에 서명을 한다.

◉ **평가 기준 및 비율**

평가항목	평가기준	평가비율
제작도	• 제작도 정확성 유무만 평가 • 상, 중, 하로만 구분	10%
재하실험	• 재하실험은 재하능력을 측정하여 가장 우수한 것부터 일정한 비율로 평가	70%
실습보고서	• 실습보고서는 실습에 대한 학생들의 느낌 및 발전적인 방향 등을 알아보는 것으로 2단계와 미제출로만 평가하는 것이 좋음	10%
실습참여도 및 태도	• 실습시간의 집중도, 준비물 상태 등을 평가	10%

(나) 설계하기

종이 트러스 교량모형의 설계는 제작용지에 직접 한다. 전체적으로 많은 선을 그려야 하기 때문에 종이가 찢어지지 않도록 조심하며, 정확하게 제도하여야 좀 더 튼튼한 교량 모형을 만들 수 있다.

[종이 트러스 교량 모형
제작을 위한 준비물]

모든 설계는 제도 통칙에 따라 실시하며, 제도판과 T 자, 삼각자 등의 제도 용구를 사용하여 제도하여야 한다. 그러나 단위학교의 현실적인 시정에 따라 달라질 수 있다.

[제작용지를 제도판에
스카치테이프로 고정]

준비물을 모두 준비한 후에 첫 번째로, 제작용지(A4)를 제도판의 중앙에 스카치테이프를 이용하여 고정시킨다.

[사각형 외곽선 그리기]

종이 트러스 교량의 외곽선을 T 자 또는 30cm 자를 이용하여 가로 25cm, 세로 16cm 크기의 사각형으로 그린 후에 가로 6등분, 세로 8등분한다.

[디바이더로 직선 등분하기]

직선을 등분하는 방법은 평면도법을 이용하는 방법과 디바이더를 이용하는 방법, 일반 눈금자를 이용하는 방법이 있다.

[수평선 그리기]

선분을 등분했으면 왼쪽 그림과 같이 수평선(왼쪽에서 오른쪽으로), 수직선(아래에서 위쪽으로), 사선(왼쪽에서 오른쪽으로)을 그린 후 담당교사에게 평가를 받고 수정할 것이 있으면 수정한다.

[수직선 그리기]

수직선, 수평선, 사선 등을 제도할 때에는 T 자와 삼각자를 이용하여 그리는 것이 올바른 제도 방법이다.

[사선 그리기]

테두리에 필요 없는 여분을 칼이나 가위를 이용하여 자른다. 칼로 자르는 것이 좀 더 정확하게 자를 수 있다.

[여분 자르기]

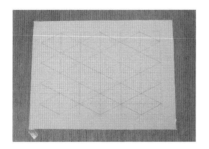

[종이 가운데만 이용]

[종이 테두리까지 이용]

(다) 제작하기

설계한 제작도를 바깥쪽과 안쪽으로 정확하게 구분하여 접어서 종이 트러스 교량을 제작한다.

■ **교량 제작**

먼저 안쪽으로 접어 골(들어가는 부분)을 만든다.

[수직선 안쪽으로 접기]

사선(대각선)은 바깥쪽으로 접어 산(튀어 나오는 부분)을 만든다.

[사선 바깥쪽으로 접기]

끝부분 등 잘 접히지 않는 부분을 정확하게 다시 접는다.

[세부 부분 정확하게 접기]

[전체적으로 접기]

골과 산을 구분하여 접었으면 다시 펴서 전체적으로 다시 접는다.

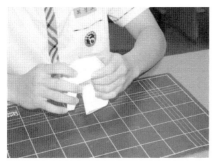

[전체적인 모양 만들기]

전체적인 모양이 만들어지면 양손으로 힘 있게 눌러 전체적인 모양을 만든다.

[종이 트러스 교량 완성 모습]

접었던 종이 트러스 교량을 균형을 맞추어 펼쳐서 완성시킨다.

TIP **구조성을 높이는 받침대 부착**

종이 트러스 교량을 제작한 다음 구조성을 높이기 위해 하부 테두리에 접착제를 이용하여 나무젓가락 등의 하부 받침대를 붙이면 재하 능력을 판단할 수 있다.

■ 보조받침대 제작

[보조받침대 만들기]

종이 트러스 교량 상부가 곡선 형태이므로 원활한 재하실험을 위해 나무젓가락과 고무줄을 이용하여 보조받침대를 제작한다. 고무줄 대신 순간접착제, 글루건 등 다른 접착제를 사용해도 된다.

[완성된 보조받침대]

보조받침대는 종이 트러스 교량 모형의 크기에 따라 또는 개인에 따라 다양하게 만들어 사용할 수 있다.

(라) 평가하기

완성된 종이 트러스 교량을 모둠에서 개인이 재하실험을 실시하고 결과를 기록한 후 개인의 서명을 받아 담당교사에게 제출한다.

■ 영점 조정

[저울의 영점 조정]

재하실험 결과의 정확성을 위하여 사용할 저울을 영점조정한다. 영점 조정 방법은 저울의 종류에 따라 다르나 조정 방법에 크게 차이는 없다. 저울에 있는 영점 조절 레버를 돌려 눈금을 '0'에 정확하게 맞춘다.

■ 재하실험 준비

[무게 측정용 물건 무게 측정]

영점 조정 후에 재하실험에 무게 측정용으로 사용할 물건들의 무게를 측정한다. 재하실험에 측정용으로 쓸 물건들은 무게가 단계적으로 다른 4~5개 종류로 한 종류에 5개 이상으로 구성하는 것이 좋다.

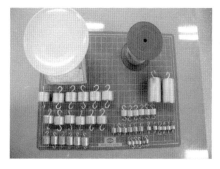

[재하실험 무게 측정용 물건 1
－고리용 금속 추]

재하실험의 무게 측정용 물건은 과학실에 있는 물리실험용 고리용 금속 추를 활용하는 것도 좋은 방법이다.

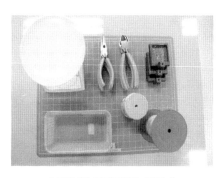

[재하실험 무게측정용 물건 2
－쉽게 구할 수 있는 물건]

또한 주위에서 쉽게 구할 수 있는 책과 같은 물건들을 사용하는 방법도 좋은 방법이다. 기술실에서 쉽게 구할 수 있는 라디오펜치, 니퍼, 드라이버 등과 같은 물건을 이용하는 것도 좋은 방법이다.

■ 재하실험 과정

[재하실험 보조받침대 무게 측정]

재하실험하기 위해서 나무젓가락으로 만든 보조받침대의 무게를 측정하여 결과를 기록지에 입력한다.

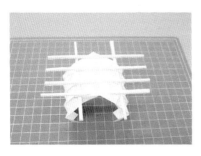

[보조받침대 부착]

보조받침대를 종이 트러스 교량에 균형을 맞추어 올려놓거나, 접착제를 이용하여 종이 트러스 교량에 붙인다. 재하실험에서는 다양한 재료로 교량을 제작하였을 경우 교량의 자체 무게를 측정하여 재하능력을 측정하나 종이 트러스 교량은 같은 무게의 종이를 사용하므로 교량의 자체 무게를 측정하지 않아도 문제가 없다. 다른 무게의 종이를 사용했을 경우 측정하여야 한다.

[재하실험 중]

보조 부품을 부착한 종이 트러스 모형에 무게 측정용 물건을 하나씩 올려놓는다. 처음에는 무거운 물건부터 올려놓고 무게를 견디는 상황을 보고 점차 작은 물건을 올려놓아 측정한다.

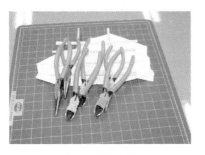

[재하실험 결과]

종이 트러스 모형이 무게에 못 견뎌 무너지면 마지막 올려놓은 물건의 무게는 제외하고 무게를 계산하여 최종 재하 하중으로 결정하고 그 결과를 모둠별 기록지에 기록한 후 본인의 서명을 받아 실험보고서포트폴리오와 함께 제출한다.

TIP **종이 트러스 교량 재하실험의 응용**

1. 종이 트러스 교량을 2~3개 만들어 서로 연결하여 재하실험을 하는 방법도 좋은 방법이다.
2. 또한, 개인별로 1개씩 만든 후에 2~3명의 종이 트러스 교량을 연결하여 같이 재하실험하는 방법도 생각해 볼 수 있다.

■ **재하실험의 응용**

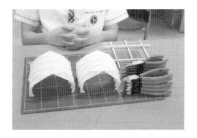

[재하실험 응용 1
－재하실험 준비하기]

[재하실험 응용 2
－교량 연결하기]

[재하실험 응용 3
－보조받침대 연결]

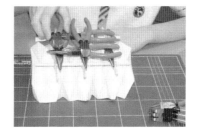

[재하실험 응용 4
－재하실험]

■ **평가할 때 주의사항**

－ 평가 전에 학생들이 평가기준을 정확하게 이해하여 오해가 없도록 한다.

－ 모둠 대표는 각 학생들이 재하실험 결과를 정확하게 기록하도록 지도한다.

－ 제작도의 평가는 실습시간에 할 수도 있고, 1차시 종료 후 제작도를 제출하게 하여 평가할 수도 있다.

－ 만약에 학생이 재하실험 결과지, 실습보고서(포토폴리오)를 제시간 내에 제출하지 않을 경우는 평가기준에 의해 감점 처리하되, 계속 추수지도하여 제출하도록 유도하는 것이 좋은 방법이다.

－ 수행 과제별로 배점은 단위학교의 실정이나 담당교사에 따라 달라질 수 있다.

〈평가도구〉

평가 항목	평가기준		평가	배점
제작도 (10점)	각 선의 등분이 정확하고 연결이 바르고 치수가 정확하다.		잘함	10
	각 선의 등분이 정확하나 연결이 바르지 않거나, 치수가 정확하지 않은 곳이 있다.		보통	9
	각 선의 등분이 정확하지 않고 치수 및 연결이 바르지 못한 곳이 많다.		미흡	8
재하실험 (70)	재하실험의 결과 좋은 상위 10%		아주 잘함	70
	재하실험의 결과 좋은 상위 11~30%		잘함	65
	재하실험의 결과 좋은 상위 31~60%		보통	60
	재하실험의 결과 좋은 상위 61~80%		미흡	55
	재하실험의 결과 좋은 상위 81~100%		아주 미흡	50
	실습 결과물 미완성 또는 미제출		미제출	30
실습 보고서 (10)	실습 보고서 내용을 충실하게 잘 기록하였다.		잘함	10
	실습 보고서 내용을 충실하게 기록하지 않았다.		미흡	7
	실습 보고서를 제출하지 않았다.		미제출	0
실습 참여도 및 태도 (10)	실습 준비가 정확하고 활동에 적극적으로 참여하였다.		아주 잘함	10
	실습 준비가 정확하나 소극적인 활동을 보일 때가 있다. 활동에 적극적으로 참여하나 실습 준비가 미흡한 점이 있다.		잘함	9
	실습 준비가 부족한 부분이 있고, 소극적인 활동을 보일 때가 있다.		보통	8
	실습 준비가 부족한 점이 많고 활동에 참여는 하나 장난이 심하고, 다른 학생들의 활동에 방해가 된다.		미흡	7
	실습 준비가 전혀 되어 있지 않고 활동에 참여하지 않으며 소란하거나 장난이 심해 다른 학생의 활동에 방해가 많이 된다.		아주 미흡	6

※ 각 평가항목, 평가비율 및 배점은 단위학교의 실정이나 각 교사에 따라 변경하여 사용하는 것이 좋다

(마) 정리하기

교사는 모든 실습이 끝난 후 수업에 대한 종합적인 정리를 하여야 한다. 먼저 학생들이 좋았던 점과 미흡했던 점에 대하여 발표할 수 있도록 한다. 만약, 학생들이 발표하기를 꺼려하면 실습보고서 중 우수한 것을 발표하는 것도 좋은 방법이다. 이 정리단계에서 꼭 해야 할 것은 우수한 결과에 대한 칭찬과 더불어 종합적인 내용을 학생들에게 설명하여 다음 실습에 학생들이 자신감을 가질 수 있도록 하는 것이 좋다.

【포트폴리오 2-1】 종이 트러스 교량 재하실험 모둠별 기록지 양식

종이 트러스 교량 재하실험 결과 기록지						
학년 반		모둠명		작성자		
일 시	200 년 월 일 교시			장 소		
번호	성명	보조받침대의 무게(g)	재하실험의 결과 무게(g)	무게 합산 (g)	순위	본 인 서 명 확 인

※ 재하실험은 재하능력을 평가하는 것이 정확한 측정이나 이 실습은 똑같은 무게의 용지를 사용하기 때문에 재하능력 대신 재하하중을 사용하여도 큰 문제가 없다. 만약, 학생별로 다른 크기나 무게를 사용한다면 당연히 재하능력으로 평가하여야 한다.

 **재하실험과 재하능력**

재하시험(載荷試驗: loading test)

구조물·공시체(供試體)·지반 등에 일시적인 정적 하중을 가하여 그들에 미치는 영향, 즉 응력·변형·파괴강도 등을 조사하는 시험. 하중시험이라고도 한다.

$$재하능력(\%) \ = \ [재하하중(kg)/교량의 \ 무게(g)] \ \times \ 100$$

【포트폴리오 2-2】 종이 트러스 교량 실습보고서 양식

〈실습 보고서〉				
년 월 일 교시 장소:		학년 반 번 성명:		
본인이 제작한 종이 트러스 교량의 재하 하중을 쓰세요.				
오늘 실습한 과정을 순서대로 쓰세요.				
오늘 실습에 사용했던 도구나 준비물, 자료 등을 모두 쓰세요.				
오늘 실습시간에 느낀 점을 자세히 써 주세요.				
기타 실습의 과정이나 방법에 있어 좋은 생각이 있으면 써 주세요.				

〈자기 평가서〉				
평 가 항 목	평가요소	평가		
		우수	보통	미흡
기술적 지 식	제도법에 대해 잘 알고 있다.			
	도면을 그리는 과정을 설명할 수 있다.			
	트러스 교량에 대한 지식을 잘 알고 있다.			
기술적 태 도	실습 준비를 철저하게 하였다.			
	항상 안전을 생각하며 실습하였다.			
	실습 후 정리 정돈을 잘 하였다.			
기술적 행 동	선의 용도가 적절하게 잘 사용되었다.			
	실습을 효율적으로 진행하였다.			
	제작 방법과 외형이 정확하였다.			
	교량이 구조적으로 충분한 강도를 가지고 있다.			

나) 수수깡 교량 모형 만들기

수수깡 교량 모형 만들기 실습 역시 교량의 아름다움보다는 재하실험을 목적으로 하는 실습으로 짧은 시간 안에 교량의 구조적 역학성을 이해하는 데 적합하다. 학생들도 다른 재료에 비해 재료를 가공하기 쉽기 때문에 쉽게 만들 수 있는 장점이 있다. 다만, 수수깡 모형은 재료의 특성상 사장교나 현수교, 아치교 등을 제작하기 어렵고 교육적 성과도 기대하기가 어렵다. 수수깡으로 교량을 제작할 때에는 여러 가지 면을 고려할 때 트러스교가 가장 적합한 형태이다. 여기서는 앞의 종이 트러스 모형 만들기와 중복되는 실습 내용은 생략하고 실험·실습 위주로 설명하도록 하겠다.

- **수수깡 교량 만들기에 적합한 실습 방법**
  - 수수깡 교량 만들기는 짧은 시간에 활용할 수 있는 방법으로 다양한 실습방법을 적용할 수 있다. 실험·실습법도 가능하고, 프로젝트법, 문제해결학습, 협동학습 등도 가능하다.
  - 개인별 실습을 할 때는 다른 실습에 비하여 소요 시간이 짧고, 실습방법이 쉬우므로 실험·실습법으로 수업을 진행해도 큰 문제는 없다.
  - 2인 1조 등의 조별이나 모둠별로 실시할 경우는 교량의 크기를 크고 좀 더 복잡한 모양을 만들 때에 적절하며, 이때는 프로젝트법이나 문제해결학습을 활용하는 것이 좋다.
- **수수깡으로 아치 교량 제작하기**
  - 수수깡을 이용한 아치 교량 제작은 트러스교보다는 정확한 모양을 만들기 어려운 점이 있지만, 짧게 잘라 붙여서 아치를 만드는 방법과 크기가 다른 많은 수수깡을 수평으로 잘라 붙이는 방법을 생각해 볼 수 있다. 창의적으로 다양한 방법의 아치 교량을 구상하는 것도 좋은 수업 방법이 될 수 있다.

TIP — **트러스 교량 상판 제작하기**

교량은 상부 구조와 하부 구조로 구분할 수 있다. 수수깡 교량 모형 만들기는 재하실험을 하기 위한 목적이므로, 하부 구조(교각)를 만들지 않는 방법도 좋은 수업 방법 중에 하나이다.

(1) 수업 실행 계획

대영역	건설기술의 기초	중영역	건설모형 만들기	소영역 (Topic)	수수깡 교량 모형 만들기
학습법	실험·실습법(개인별) + 문제해결 학습법				
수행 기간 및 장소	수행 장소는 기술 실습실이며, 기간은 4시간임				
재료 및 공구	1) 수수깡 필요량 2) 목재용 접착제 또는 금속 핀(플라스틱 핀) 3) 저울, 금속 추, 칼, 펜 강철 자, 필기구 4) 노끈 약간				
제출물	포트폴리오 및 실습보고서				
유의사항	1) 본 실습은 교량의 심미성보다는 재하실험을 위주로 한다. 2) 부족한 실습시간을 줄이기 위하여 개인별로 제작하되, 문제해결 학습을 일부 응용하는 것도 좋은 수업의 한 방법이다.				

차시	활동단계	활동 내용	방법	준비물	시간
1 차시	실습방법 및 계획 안내	• 학습목표를 제시한다. • 실습에 대한 내용 및 제작 방법, 평가 방법 등 전반적인 수행 과정에 대해 안내한다. • 모둠 편성 및 모둠 대표를 정한다.	설명 및 모둠별 활동	실습 안내문	15분
	정보 수집	• 다양한 교량을 인터넷을 이용하여 종류별로 검색한 후 참고할 만한 것은 출력한다. • 각종 도서에서 필요한 교량에 대한 정보를 탐색하여 조사한다.	개별 활동	컴퓨터 포트폴리오 2 - 3	35분
2 차시	형태 선정 및 설계	• 수집한 정보를 토대로 제작할 교량을 프리핸드로 2~3개 그려 본 후 그중 하나를 선택한다. • 선택한 구상도를 기본으로 하여 제작도와 부품도를 작성한다.	개별 활동	제도용구 포트폴리오 2 - 4 포트폴리오 2 - 5 포트폴리오 2 - 6	50분
3 차시	제작	• 부품도에 있는 대로 부품을 마름질하여 준비한다. • 제작된 부품을 순서에 따라 연결하여 교량을 제작한다.	개별 활동	제작에 필요한 물품 실습 안내문	50분
4 차시	평가	• 완성된 수수깡 교량을 모둠별로 재하실험을 실시하고 기록하여 제출한다.	모둠별 활동 및 개별 활동	저울, 추 모둠별 결과 기록지 포트폴리오 2 - 7	40분
	정리	• 실습 보고서를 기록하여 제출한다. • 실습에 대한 종합적인 정리 및 우수한 점, 개선할 점 등을 학생에게 설명한다.	설명	포트폴리오 2 - 8	10분

■ **수업계획 시 고려사항**

- 수수깡 교량은 다른 재료에 비하여 학생들이 직접 제작하기 쉬운 재료이나 상대적으로 부재의 제작이 정확하지 않으면 튼튼한 구조 교량을 제작하기 어려우므로 학생들이 정확한 부재를 제작할 수 있도록 지도하여야 한다.

- 학생들이 정확한 교량을 만들기 위해서는 제작도와 부품도 제작이 필수적이나 현실적으로 학생들의 정확한 제도 능력을 기대하기 어렵기 때문에 교육적 효과를 거둘 수 있는 만큼 결과가 나오지 않을 확률이 많으므로 너무 제도 규칙에 얽매여서 학생들이 수업에 쉽게 싫증이 나지 않도록 한다. 제작도와 부품도는 제도 규칙을 고려한 정확한 제도가 바른 방법이나 학생들의 실력을 고려하여 정확한 치수에 주안점을 두는 것이 좋다.

- 집중을 하지 않으면 순간의 실수로 인해 큰 안전사고가 날 수 있으므로 학생들에게 안전사고에 유의하도록 하고, 칼을 쓰고 난 후에 꼭 칼집에

집어넣어 불의의 사고에 대비하도록 지도한다.
- 학생들의 포트폴리오 자료는 A4로 작성된 형식이 일반적으로 쓰이나, 제작도와 부품도는 정식의 제도용지를 사용하는 것도 고려해 보는 것이 좋다.
- 수수깡 교량 만들기 실습시간을 충분히 확보하기 어려울 경우 2인이나 3인 모둠별로 실시하여 실습시간을 단축할 수 있으나, 모둠별로 할 때 무임승차자(자기의 역할을 하지 않고도 좋은 평가를 얻는 학생)가 없도록 유의하여야 한다.
- 학생들은 효율적인 제작도와 부품도를 작성하기 위하여 기본적인 제도 방법을 숙지하고 제도할 수 있어야 하고, 사전에 학생들에게 실습 내용을 공개하여 제도 방법에 대하여 잘 알지 못하는 학생들은 미리 예습을 할 수 있도록 한다. 제작도와 부품도의 예시 작품을 제시하는 것도 좋은 방법이다.

(2) 수업 과정

(가) 실습방법 및 계획 안내

① 학습목표 제시
- 학생들에게 학습목표를 제시한다.
- 학습목표는 교수 · 학습 방법이나 단위학교의 실정에 따라 달라질 수 있다.

학습목표

수수깡으로 교량 모형을 제작하고 재하실험을 통하여 교량의 구조와 트러스 교량에 대하여 이해할 수 있다.

② 실습방법 및 계획 안내
- 실습에 대한 전반적인 순서와 방법 및 평가내용, 평가기준, 사용할 수 있는 재료와 공구 등에 대하여 학생들에게 제시한다.
- 실습시간 동안 위험한 도구 사용법 및 주의할 점 등 안전수칙에 대하여

설명하여 불의의 사고가 나지 않도록 한다.

- 실습에 대한 전반적인 안내문을 학생들에게 배부하여 학생들이 미리 실습에 대하여 준비할 수 있도록 한다. 안내문 형식은 앞 장의 종이 트러스 교량 만들기 실습 안내문과 같은 방식으로 작성하면 된다.

TIP **학생들의 동기 유발**

- 학생들에게 단순하게 설명만 하기보다는 멀티미디어 자료를 같이 보여 주면 수업의 효과가 좋아질 것이다. 실습시간에 전년도 우수한 학생들의 작품을 미리 사진을 찍어 놓았다가 학생들에게 보여 주면 학생들의 호기심 및 작품의 수준을 높일 수 있다.
- 그러나 학생들이 전년도의 작품을 모방하는 일이 절대 없도록 지도를 한다.

③ 모둠 편성 및 모둠 대표 선정

- 종이 트러스 교량 모형 만들기와 마찬가지로 모둠을 편성한다. 개인별 실습에 모둠을 편성하는 이유는 실습시간을 줄이기 위한 것이다. 재하실험을 개인별로 모든 학생이 보는 가운데 실시하면 실습시간이 많이 들고, 학생들이 같은 행위를 많이 반복하기 때문에 쉽게 싫증을 느낄 수 있다. 교량 제작은 개인별로 하고, 재하실험은 모둠별로 하고 모둠 대표를 1인 선정하여 학생들의 재하실험 결과를 배부해 준 기록지에 기록하여 제출하도록 한다.
- 재하실험 결과지를 모둠 대표에게 배부한다.

(나) 정보 수집하기

개인별로 본인이 제작할 교량에 대한 정보를 인터넷이나 도서 탐색을 통하여 수집한다. 정보 수집이 단순한 인터넷의 있는 자료를 다운하는 것이 아니라 다양한 자료에서 자신이 만들 교량에 대한 정보를 검색, 정리할 수 있는 자세를 가질 수 있도록 지도한다. 또한, 학생들이 다른 학생들의 정보를 복사하여 사용하지 않도록 지도하여야 한다.

- 학생들에게 정보를 수집하라고 하면 대부분의 학생들이 인터넷 자료만 탐색하는 경우가 많은데, 책, 실물 등 다양한 방법으로 자료를 수집할 수 있도

록 지도하는 것이 중요하다.

【포트폴리오 2-3】 수수깡 교량 정보 수집하기

년   월   일   교시

	조사해 온 교량의 사진이나 자료를 붙이고 간단한 설명을 쓰세요	
자료 1		
	자료 출처	http://railnuri.wsu.ac.kr/rail/techency/t_3_34.htm
	자료 소개	우리나라의 대표적인 철도 전용 교량으로 한국전쟁에 파손되었으나 1969년 완전히 복구되었으며 전형적인 트러스 교량이다.
자료 2		
	자료 출처	도서명: 아메리카 천 개의 자유를 만나다 저자명: 이장희 출판사: 위캔북스
	자료 소개	미국의 폰차트레인 코스웨이 대교 중 일부 구간으로 총연장 38km로 세계에서 가장 긴 다리로 기네스북에 등재되어 있다.

(다) 형태 결정 및 설계

- 수집한 정보를 기초로 하여 제작하고 싶은 트러스 교량의 구상도를 프리핸드로 자유롭게 2~3개 그린 후 제작의 용이성, 전체적인 균형, 구조의 안정성 등을 고려하여 1개를 선정한다.
- 구상도를 그릴 때는 제도용지를 이용할 수도 있고, 담당교사가 자체 제작한 포트폴리오 양식을 이용할 수도 있으며, 제작도는 모눈용지를 이용할 수도 있다.
- 결정된 구상도를 보고 제작도와 부품도를 작성한다. 제작도를 정투상법(제3각법)에 맞추어 완벽하게 제도하는 것은 현실적으로 많이 힘든 것이 사실이다. 제작도와 부품도를 작성하는 법을 정확히 지도한 후에 방과 후 교육 활동이나 과제로 제시하는 방법을 선택하는 것도 좋은 방법이다.
- 제작도와 부품도는 반드시 그려야 하는 순서이기는 하나, 수수깡 재료의 특성을 고려하여 제도의 정확성보다는 치수의 정확성을 우선하는 것이 좋은 방법이다. 부품도는 제도 규칙에 의하여 그릴 수도 있지만, 학생들의 수준을 고려하여 부품도를 그리는 것이 새로운 교수·학습 방법 개선의 한 방법이라고 할 수 있다. 또한, 수수깡으로 교량을 제작할 시에는 제작도를 생략하고 부품도만으로 교량을 제작할 수도 있다.

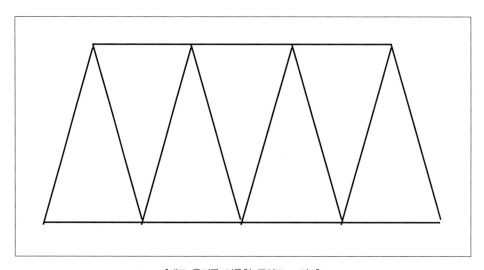

[제도 용지를 이용한 구상도 그리기]

알 아 두 기 **트러스 교량의 구조와 종류**

1. 트러스 교량의 구조

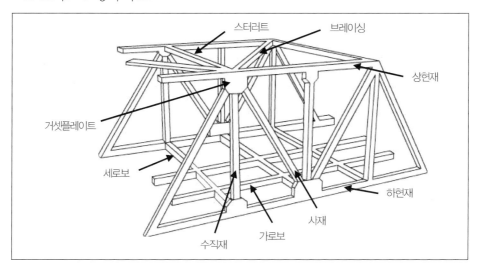

2. 트러스 교량의 종류

트러스 이름	트러스 모양	특징
Warren 트러스		상로의 단지간에 사용. 지간 60m 정도까지 적용
Howe 트러스		사재가 만재하중에 의하여 인장력을 받도록 배치한 트러스
Pratt 트러스		사재가 만재하중에 의하여 인장력을 받도록 배치한 트러스
Parker 트러스		Pratt 트러스 상현재가 아치형의 곡선인 경우
K 트러스		외관이 좋지 않으므로 주 트러스에는 사용 안 함
Baltimore 트러스		Subdivided(분격) 트러스의 일종으로 90m 이상의 지간에 적용

【포트폴리오 2-4】 수수깡 교량 구상도 그리기

	만들고자 하는 트러스 교량의 구상도를 프리핸드로 그려 보세요.
구상도 1	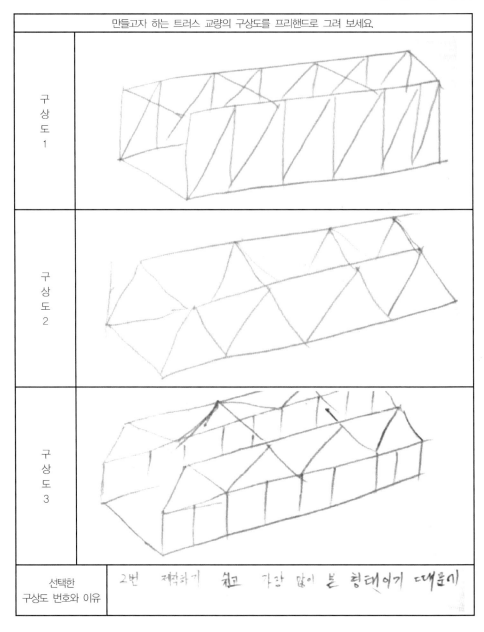
구상도 2	
구상도 3	
선택한 구상도 번호와 이유	2번 제작하기 쉽고 가장 많이 본 형태이기 대문에

【포트폴리오 2-5】 수수깡 교량 제작도 그리기

년 월 일 교시

제작하려는 교량의 제작도를 제3각법으로 그리세요. 치수도 입력하세요.

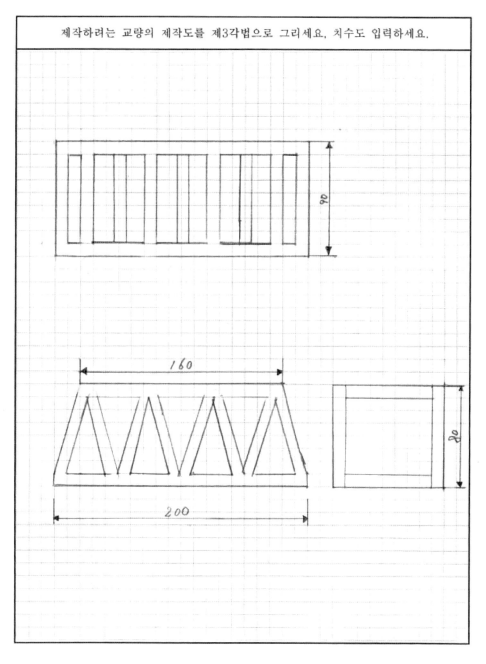

【포트폴리오 2-6】 수수깡 교량 부품도 그리기

년 월 일 교시

만들 교량의 부품을 부품 번호를 구분하여 치수와 함께 그리세요.	
1번 부품	*200* ~~ 10
2번 부품	*160* ~~ 10
3번 부품	*65* ~~ 10
4번 부품	*70* ~~ 10
5번 부품	
6번 부품	

부품표

부품번호	부품 종류	규격	필요 수량	비고
1	하현재	200 × φ10	2	
2	상현재	160 × φ10	2	
3	사재	65 × φ10	16	
4	스트러트와 세로보	70 × φ10	9	

(라) 제작하기

■ 마름질하기

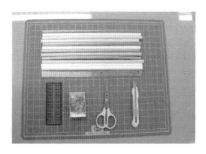

[수수깡 교량 만들기에 필요한
재료와 공구]

제작도와 부품도가 완성되면 부품(부재)을 정확하게 제작하여야 한다. 부품을 정확하게 제작하기 위해서 그림과 같이 재료와 공구를 준비한다.

[수수깡에 절단할 곳 정확하게 표시하기]

부품도에 있는 치수대로 절단할 부분에 자를 이용하여 정확하게 길이를 재서 필기도구로 표시한다. 표시할 때 직선으로 정확하게 표시하지 않으면 절단할 때 잘못 절단할 수 있으므로 곧게 표시하도록 한다.

[여러 부재 한 번에 표시하기]

여러 개의 부재를 같은 크기로 절단할 때는 여러 개의 부재에 한 번에 절단할 곳을 표시하는 것이 효율적이다.

[강철 자를 이용해서 자르기]

자와 필기구를 이용하여 수수깡에 자를 곳을 표시한 후 강철 자를 절단할 곳에 정확하게 대고 커터 칼을 이용하여 절단한다. 커터 칼을 이용할 때에는 안전사고에 유의하여야 한다. 절단할 때 절단면이 바르고 매끄럽지 않으면 조립 및 견고성에 문제가 있을 수 있고, 재하실험 결과에도 영향을 끼침을 숙지하고 절단한다.

[양손에 힘을 주어 자르기]

수수깡을 절단할 때에는 커터 칼의 칼날이 좋지 않으면 수수깡의 일부가 매끄럽게 절단되지 않으므로 칼날을 자른 후에 절단한다. 절단할 때 힘을 주어 빠르게 절단하여야 하며, 잘 절단되지 않을 때는 수수깡 둘레에 칼집을 내고 왼쪽 그림과 같이 양손에 아래쪽으로 힘을 주어 자를 수도 있다.

[열선커터기로 자르기]

열선커터기를 이용하여 부재를 절단하면 좀 더 쉽고 매끄럽게 절단할 수 있다.

TIP ─ **우드락 자르기**

- 수수깡이나 우드락과 같은 발포 성형으로 만든 플라스틱 재료를 열선커터기를 이용하여 절단하면 정확하고 쉽게 자를 수 있다. 열선커터기는 손잡이를 이용하여 절단하는 방법의 저가용과 안내자를 이용하여 절단하는 고가용이 있으므로 단위학교의 실정에 따라 구입하여 사용하면 실습할 때 많은 도움이 된다.
- 우드락을 이용하여 교량을 제작하거나 건축모형을 만들 때 세밀한 부분이나 원형과 같은 부분은 자르기 쉽지 않다. 이런 경우 종이 공예에 사용할 때 주로 사용하는 디자인 칼을 이용하면 좀 더 세밀하게 자를 수 있다. 이 디자인 칼은 종이를 이용한 실습에도 활용할 수 있다.

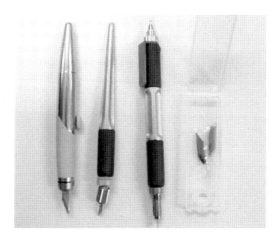

[다양한 디자인 칼]

■ 조립하기

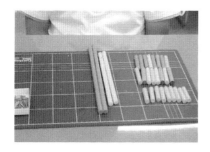

[부품 준비]

절단한 부품들을 가지런하게 준비하여 조립할 준비를 한다.

[트러스 만들기]

준비된 재료를 이용하여 먼저 트러스를 제작한다. 경사재를 연결할 때는 경사재의 간격을 주의하여 연결한다. 스카치테이프로 연결하는 경우는 재하 실험 결과가 차이가 많고, 교육적 효과가 적으므로 사전에 하지 않도록 지도한다.

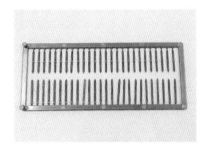

[부품 연결 재료]

수수깡을 연결하는 재료는 금속 핀이나 플라스틱 핀을 이용하면 쉽고 빠르게 연결할 수 있다. 또한, 연결할 때는 연결 재료가 밖으로 빠져나오지 않도록 정확하게 눌러서 연결한다. 또한, 우드락 접착제나 순간접착제 등을 이용하여 연결할 수도 있으나, 우드락 접착제는 연결하는 데 시간이 오래 걸리고, 순간접착제는 잘못하면 재료를 버릴 위험성도 있다.

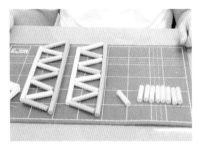

[트러스의 제작 완성]

트러스를 완성하면 같은 방법으로 트러스를 1개 더 제작하여 두 개를 만든다.

[트러스와 세로 보의 연결]

완성된 트러스에 세로 보와 트러스를 연결하여 두 개의 트러스를 서로 연결한다.

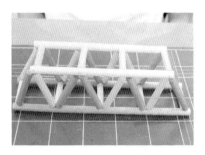

[트러스 교량 완성]

교량은 상부구조와 하부구조로 이루어졌으나, 이 수업은 재하실험이 목적이므로 하부구조인 교량(또는 교대)은 제작하지 않는 것이 보다 효율적인 방법이다. 여건에 따라 하부구조도 만들 수 있다.

[상부구조]
(다른 방법으로 제작)

트러스 교량의 상부구조(상판)를 좀 더 튼튼하게 만드는 방법도 있다. 이 방법은 재료가 보다 많이 들어가지만 좀 더 튼튼한 교량 구조물을 만들 수 있다.

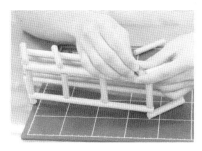

[다른 방법으로 교량 제작]

재하실험 결과를 고려하여 부재의 연결을 다양하게 생각하여 제작한다.

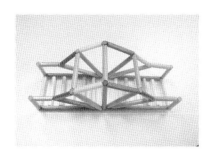

[다양한 수수깡 교량 1]

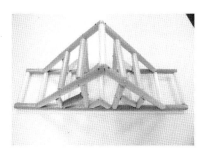

[다양한 수수깡 교량 2]

- 경사지게 연결해야 할 부재를 절단할 때는 수수깡의 길이 방향과 직각으로 절단하면 절단하기는 쉽지만 부재를 연결할 때 연결의 견고성 및 좋은 재하실험 결과를 기대하기 어렵다.
- 경사진 부재는 결합해야 할 각도에 맞추어 비스듬하게 절단하면 연결면이 밀착되어 보다 구조를 튼튼하게 제작할 수 있다.
- 직선으로 연결하는 부재도 꺾기 형태로 가운데를 파서 절단하면 부재를 연결할 때 더욱더 밀착하여 연결할 수 있다.

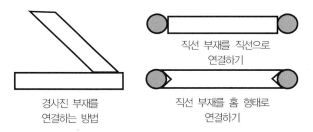

경사진 부재를
연결하는 방법

직선 부재를 직선으로
연결하기

직선 부재를 홈 형태로
연결하기

[재료 절단 방식]

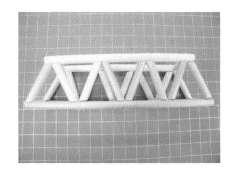

[수수깡과 밀착하여 교량 제작하기]

(마) 평가하기

수업계획에서 계획한 평가계획에 의해 평가를 실시한다. 평가는 평가의 성격에 따라 수업의 초, 중, 후에 하는 것으로 나눌 수 있다. 완성된 수수깡 교량을 재하실험 하는 방법은 종이 트러스 모형을 재하실험하는 방법과 큰 차이가 없다. 여기서는 종이 트러스 모형을 제작할 때의 중복되는 내용은 생략하고 설명하도록 하겠다.

■ **재하실험**

재하실험을 하기 전에 미리 측정할 저울의 영점을 조정하고 무게 측정을 위한 물건들을 미리 측정한 후에 재하실험을 실시한다. 자세한 내용은 종이 트러스 모형 만들기의 재하실험 부분을 참고한다.

완성된 수수깡 교량의 자체 하중을 측정하여 기록지에 적는다.

[교량 하중 측정]

교량의 자체 하중을 측정했으면 재하실험을 실시한다. 재하실험을 위하여 별도의 용기를 이용할 수도 있고 직접 줄을 이용하여 측정할 수도 있다. 재하실험 결과를 기록지에 입력하여 재하능력을 계산한다.

[금속 추를 이용한 재하실험]

■ **평가할 때 주의사항**

  - 평가 전에 학생들이 평가기준을 정확하게 이해하여 오해가 없도록 한다.
  - 모둠 대표가 각 학생들의 재하실험 결과를 정확하게 기록할 수 있도록 사전에 지도하여야 한다.
  - 수행 과제별로 배점은 단위학교의 실정이나 담당교사에 따라 달라질 수 있다.

〈수수깡 교량 평가 도구〉

평가 항목	평가기준	평가	배점
정보 수집 (5점)	정보 수집 포트폴리오의 내용이 정확하고, 수업에 활용할 수 있다.	잘함	5
	정보 수집 포트폴리오의 내용이 정확하지 않거나, 수업에 활용할 수 없다.	미흡	3
	정보 수집 포트폴리오를 제출하지 않았다.	미제출	0
구상도 (5점)	다양하게 구상도를 그렸으며, 전체적인 모양이 창의적이고 실현가능성 있게 구상되었다.	잘함	5
	다양하게 구상도를 그리지 않거나 구상한 내용이 실현가능성이 적다.	미흡	3
	구상도 포트폴리오를 제출하지 않았다.	미제출	0
제작도 (5점)	제작도를 제3각법에 맞추어 정확하게 제도하였다.	잘함	5
	제작도를 정확하게 제도하지 않은 부분이 있다.	미흡	3
	제작도 포트폴리오를 제출하지 않았다.	미제출	0
부품도 (5점)	부품도의 치수가 정확하고 수량이 정확하다.	잘함	5
	부품도가 빠진 부분이 있거나 정확하게 그려지지 않았다.	미흡	3
	부품도 포트폴리오를 제출하지 않았다.	미제출	0
재하 실험 (60)	재하실험 결과 좋은 상위 10%	아주 잘함	60
	재하실험 결과 좋은 상위 11~30%	잘함	55
	재하실험 결과 좋은 상위 31~60%	보통	50
	재하실험 결과 좋은 상위 61~80%	미흡	45
	재하실험 결과 좋은 상위 81~100%	아주 미흡	40
	실습 결과물 미완성 또는 미제출	미제출	20
실습 보고서 (10)	실습 보고서 내용을 충실하게 잘 기록하였다.	잘함	10
	실습 보고서 내용을 충실하게 기록하지 않았다.	미흡	7
	실습 보고서를 제출하지 않았다.	미제출	0
실습 참여도 및 태도 (10)	실습 준비가 정확하고 활동에 적극적으로 참여하였다.	아주 잘함	10
	실습 준비가 정확하나 소극적인 활동을 보일 때가 있다. 활동에 적극적으로 참여하나 실습 준비가 미흡한 점이 있다.	잘함	9
	실습 준비가 부족한 부분이 있고, 소극적인 활동을 보일 때가 있다.	보통	8
	실습 준비가 부족한 점이 많고 활동에 참여는 하나 장난이 심하고, 다른 학생들의 활동에 방해가 된다.	미흡	7
	실습 준비가 전혀 되어 있지 않고 활동에 참여하지 않으며 소란하거나 장난이 심해 다른 학생의 활동에 방해가 많이 된다.	아주 미흡	6

※ 각 평가항목, 평가비율 및 배점은 단위학교의 실정이나 각 교사에 따라 변경하여 사용하는 것이 좋다.

【포트폴리오 2-7】 수수깡 교량 재하실험 모둠별 기록지

			수수깡 교량 재하실험 결과 기록지			
학년반	1 - 3	모둠명	꿈꾸는 다리	작성자	최가람	
일시		년 월 일 교시		장소	기술실	
번호	성명	재하실험의 결과 무게(kg)	교량의 무게(g)	재하능력 (%)	순위	본인서명 확인
2	김○호	2.1	78	2.6	1	김○호
3	김○수	1.8	76	2.8.	4	김○수
7	김○준	1.7	80	2.1	7	(Khj)
17	임○훈	1.7	77	2.2	5	임○훈
19	한○수	2.0	75	2.6	1	한○수
35	비○진	1.9	76	2.5	3	(서명)
36	차○정	1.6	78	2.0	8	차○정
40	최○람	1.8	79	2.2	5	최○람.

(바) 정리하기

교사는 모든 실습이 끝난 후에 수업에 대한 종합적인 정리를 하여야 한다. 먼저 학생들이 좋았던 점과 미흡했던 점에 대하여 발표할 수 있도록 한다. 교사는 우수한 결과를 보인 학생들에 대한 칭찬과 더불어 종합적인 실습에 대한 총평을 하여 학생들이 다음 실습에 같은 실수를 하지 않도록 지도한다. 그리고 수수깡과 연결 재료들을 분리하여 각각 분리수거할 수 있도록 지도하는 것도 잊지 말아야 한다.

【포트폴리오 2-8】 수수깡 교량 실습 보고서 양식

수수깡 트러스 교량 만들기 실습보고서

년 월 일 교시 장소: 기술실   1학년 2반 ~ 4번 성명: 김 슬기

본인 제작한 수수깡 트러스 교량의 재하 하중을 쓰세요.	다리무게: 78g , 재하실험 결과: 7.5kg 재하능력 - 96%
오늘 실습한 과정을 순서대로 쓰세요	수수깡에 선긋기 → 수수깡 자르기 → 수수깡으로 트러스 만들기 → 트러스 연결하기
오늘 실습에 사용했던 도구나 준비물, 자료 등을 모두 쓰세요.	수수깡, 커터칼, 자, 글루건 , 열선 커터기
오늘 실습시간에 느낀 점을 자세히 써주세요.	수수깡 자르기가 생각보다 잘 끊어지지 않는다 앤 끝부분이 고르게 남아서 깨끗하게 잘 잘리지 않았다. 좀 더 굵은 칼이 필요하다.
기타 실습의 과정이나 방법에 있어 좋은 생각이 있으면 써주세요.	참 슬거웠어요 ☺

수수깡 트러스 교량 만들기 자기 평가서

평가 항목	평가 요소	평가		
		우수	보통	미흡
기술적 지식	제도법에 대해 잘 알고 있다.	○		
	도면을 그리는 과정을 설명할 수 있다.	○		
	트러스 교량에 대한 지식을 잘 알고 있다.		○	
기술적 태도	실습 준비를 철저하게 하였다.	○		
	항상 안전을 생각하며 실습하였다.	○		
	실습 후 정리 정돈을 잘 하였다.	○		
기술적 행동	선의 용도가 적절하게 잘 사용되었다.	○		
	실습을 효율적으로 진행하였다.	○		
	제작 방법과 외형이 정확하였다.		○	
	교량이 구조적으로 충분한 강도을 가지고 있다.		○	

다) 신문지 교량 모형 만들기

신문지 교량 모형 만들기는 학생들의 창의적인 문제해결력을 높이고, 재료의 가공에 따른 교량의 구조성 변화를 알 수 있는 재하실험을 위한 실습으로 짧은 시간 내에 교육적 효과를 얻을 수 있는 방법이다. 이 수업 방법은 다른 교량 만들기와 같이 제작도와 부품도 등 설계도를 그린 후에 재료를 준비하여 모형을 만드는 것이 아니라, 다양한 재료를 미리 제시하고, 학생들이 그 재료 중에 필요한 것을 선택하여 구조가 튼튼한 창의적인 교량을 만드는 것이 목적이다. 시간제한과 문제해결, 재하실험 등의 조건을 고려할 때 실험·실습법에 문제해결 학습이나 협동학습을 응용한 수업 방법이 효과적이다. 이 수업은 앞의 종이 트러스 교량 만들기나 수수깡 교량 만들기와 형태가 같으나, 제작도와 부품도를 그리지 않고 구상도만 작성한 후에 문제를 해결해 나가는 방법으로 수업 진행을 하는 것이 좋으며 여기서는 앞 절의 내용과 중복되는 내용은 언급하지 않고 만드는 방법에 대한 설명 위주로, 3~4명의 모둠 형태의 실습으로 설명하겠다.

(1) 수업 진행 계획

대영역	건설기술의 기초	중영역	건설모형 만들기	소영역 (Topic)	신문지 교량 모형 만들기
학습법	실험·실습법(개인별) + 문제해결 학습법, 협동학습법				
수행 기간 및 장소	수행 장소는 기술 실습실이며, 실습 시간은 2시간임				
재료 및 공구	1) 사각 종이상자, 신문지 2) 클립, 플라스틱 빨대, 노끈, 스카치테이프 3) 저울, 금속 추, 칼, 펜, 강철 자, 필기구 4) 재하실험에 필요한 물건(저울, 금속 추, 노끈 약간, 측정용 용기)				
제출물	포트폴리오				
유의사항	1) 본 실습은 교량의 심미성보다는 재하실험을 위주로 한다. 2) 모둠별로 서로 협동하면서 문제를 해결한다.				

차시	활동단계	활동 내용	방법	준비물	시간
1 차 시	실습방법 및 계획 안내	• 학습목표를 제시한다. • 실습에 대한 내용 및 제작 방법, 재료, 평가방법 등 전반적인 수행 과정에 대해 안내한다. • 모둠 편성 및 모둠 대표를 정한다. • 문제를 제시한다(조건 제시).	설명 및 모둠별 활동	실습 안내문	15분
	설계	• 개인별로 주어진 포트폴리오에 제작하고 싶은 교량의 모양을 그리고, 부품 제작 방법을 생각하여 기록한다.	개별 활동	포트폴리오 2-9	20분
	제작 방법 선정	• 각 개인이 생각한 교량의 모양과 부품 제작 방법을 모아서 모둠별로 가장 튼튼한 교량 제작 방법과 모양을 1개 선택한다. • 선택한 교량을 토의를 통하여 수정한 후 각 개인별로 할 일을 정한다.	개별 활동	포트폴리오 2-10	15분
2 차 시	제작	• 각자 맡은 부품을 제작한다. • 각자 만든 부품을 모아서 사각 종이상자를 교대로 하여 교량을 제작한다.	모둠별 협동학습	제작에 필요한 물품 실습 안내문	25분
	평가	• 완성된 신문지 교량을 전체 학생 앞에서 모둠별로 재하실험을 실시하고 결과를 모둠별 실습 보고서에 기록한다.	모둠 활동	저울, 추	20분
	정리	• 실습 보고서를 기록하여 제출한다. • 실습에 대한 종합적인 정리 및 우수한 점, 개선할 점 등을 학생에게 설명한다.		포트폴리오 2-10 (실습보고서)	5분

(2) 수업 과정

(가) 실습방법 및 계획 안내

① 학습목표 제시

  － 학생들에게 학습목표를 제시한다.

학습목표

신문지 교량 모형 제작과 재하실험을 통하여 재료에 따른 교량의 구조 변화에 대하여 이해할 수 있다.

② 실습방법 및 계획 안내

  － 실습에 대한 전반적인 순서와 방법 및 평가내용, 평가기준, 사용할 수 있

는 재료와 공구 등을 학생들에게 제시하고 위험한 도구 사용법 및 주의할 점 등 안전수칙에 대하여 설명하여 불의의 사고가 나지 않도록 한다.

- 재료량, 교량의 경간 거리에 제한을 두어 '50㎝ 이상' 등과 같은 실습 조건을 제시한다.
- 신문지 교량 만들기는 주어진 제한된 재료를 이용하여 구조가 튼튼한 교량을 만드는 수업임을 강조하고 학생들이 스스로 문제를 인식하고, 문제를 해결할 수 있도록 교사가 안내하여야 한다.
- 실습에 대한 전반적인 안내문을 학생들에게 배부하여 학생들이 미리 실습에 대하여 준비할 수 있도록 한다. 안내문의 형식은 앞 장의 종이 교량 모형 만들기를 참조한다.

③ 모둠 편성 및 모둠 대표 선정
- 3~4명의 모둠을 편성한다. 모둠원 인원수는 단위학교 실정에 따라 능동적으로 편성할 수 있으나, 너무 많은 인원을 편성하면 무임승차자 등이 나올 우려가 있으므로 주의하여야 한다. 만약, 너무 적은 인원을 구성하면 재하실험을 할 때 너무 많은 시간을 소비하여 지루해 할 수 있으므로, 학급의 인원수를 고려하여 적정한 인원을 모둠으로 편성한다.
- 모둠의 편성 방법은 다양한 방법으로 할 수 있으나, 교육적 측면을 고려하여 외톨이 학생이 없도록 배려하여야 한다.
- 모둠을 편성하였으면 모둠끼리 모둠 대표를 선정하고, 교사는 재하실험 결과지를 모둠 대표에게 배부한다.

(나) 설계하기

개인별로 본인이 제작할 교량의 모양을 구상하고, 구상한 교량을 튼튼하게 구성하는 방법을 다양하게 생각하여 본다. 이러한 구상 및 설계는 학생들의 문제해결력과 창의력을 높일 수 있다. 교사는 학생들에게 어떤 제한을 두어서는 좋은 결과를 기대하기 어렵다.

【포트폴리오 2-9】 신문지 교량 구상도 그리기

아래 재료를 들을 이용하여 만들 수 있는 튼튼한 신문지 교량의 구상도를 프리핸드로 그려 보세요.

재 료	사각상자, 신문지, 풀, 클립, 스카치테이프, 플라스틱 빨대, 노끈
구 상 도 1	
구 상 도 2	
튼튼한 교량을 만드는 방법	① 신문지 둥글 말기 ② 클립 연결하여 안에 넣어 둥글 넣기 ③ 외부에 노끈으로 촘촘히 말기 ④ 신문 추로 정에서 접히고 안에 신문 넣고 스카치테이프로 붙게 붙이기

(다) 제작 방법 선정

각 개인이 구상한 구상도와 제작 방법을 모둠별로 모아서 모둠에서 제작할 교량과 제작 방법을 선정한다. 이 과정은 학생들이 모둠원이 제시한 방법에 대하여 객관적으로 판단하고 협의를 통하여 의견을 통일하는 과정으로 모둠 대표의 역할이 중요하다. 협의 과정이 과열되어 모둠원끼리 기분 상하는 일이 발생할 수 있으므로, 담당교사는 사전 교육을 철저히 하고, 되도록 교사가 의견 조정 과정에 관여하지 않는 것이 좋다.

- 모둠원들이 다양한 의견을 발표할 때는 다른 모둠원이나 교사가 그 의견을 방해하지 않아야 한다. 즉 브레인스토밍기법을 사용하여 학생들의 창의적이고 자유로운 발상을 통해서 서로를 북돋아 주어 좋은 결과를 도출해 낼 수 있도록 한다. 단, 학생들의 의견이 충돌하여 결론이 도출되지 않을 때는 교사가 중재자로 참여하여 해결 방안을 제시함으로써 모둠원끼리 마음 상하는 일이 없도록 한다.

- 모둠에서 제작할 교량과 제작 방법이 결정되면 해당 학생의 성명과 이름을 모둠 실습 보고서(또는 수행일기: 포트폴리오 2 - 10)에 기록한 후, 선정한 이유를 적는다.

- 정한 교량과 제작 방법을 수정할 것이 있으면 모둠원과 협의하여 수정한 후에 모둠원 개인별로 할 일을 결정하고, 그 내용을 실습 보고서에 작성한다. 모둠원의 개인별 할 일을 결정할 때는 어느 한쪽으로 치우치지 않게 공평하게 분배하도록 지도하여야 한다.

- 다양한 재료를 제대로 이용하기 위해서는 재료의 특성을 숙지하고 있어야 하며, 너무 많은 재료를 이용하면 재하능력에 영향을 끼치므로 재하능력도 고려하여 방법을 결정한다.

 **브레인스토밍(Brain stroming)기법**

1. 브레인스토밍이란?

   문제해결 과정에서 창의적인 분위기가 만들어지지 못하면 목소리 큰 소수나 다수결의 원칙으로 끝나는 경우가 많은데, 이러한 문제점을 해결하기 위해 여러 사람의 다양한 의견을 개진하여 새로운 방법을 고안해 내고자 하는 창의적인 사고 기법이다. 즉 다양한 아이디어를 수렴과 확산을 통하여 해결방안을 도출하는 방법이다.

2. 브레인스토밍의 적용 범위

   - 어떤 문제의 해결책을 찾으려 할 때
   - 어떠한 내용의 개선책을 결정할 때
   - 프로젝트의 각 단계에 대한 계획을 세울 때
   - 팀의 창조성을 촉진시키려 할 때

3. 브레인스토밍의 규칙

   - 비판은 금지: 상대방의 아이디어에 대하여 반대적인 비판은 삼간다.
   - 자유분방한 생각: 틀에 박혀 있지 않은 새로운 생각일수록 좋다.
   - 다다익선: 아이디어가 많을수록 좋은 해결책을 찾을 수 있다.
   - 결합과 개선: 자기의 주장만 하는 것이 아니라 다른 사람의 주장을 듣고 새롭게 개선하여 좋은 결과를 도출한다.

   (라) 제작하기

   교량의 모양과 제작 방법이 결정되면 개인이 맡은 일에 따라 교량 부품을 제작하고, 부품 제작이 끝나면 부품을 모아서 튼튼하게 연결하여 교량을 완성한다.

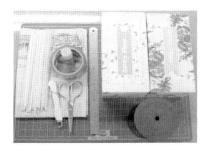

[재료와 도구 준비]

신문지 교량에 필요한 재료들과 도구들을 준비한다. 재료 중에 신문지와 사각 종이상자는 학생들이 준비하고, 나머지 재료는 학교에서 준비하는 것이 좋다. 사각 종이상자 대신 각티슈를 이용해도 좋다.

■ 교량 제작

[신문지 말기]

먼저 신문지를 이용하여 메인 부품을 제작한다. 신문지를 이용하여 접기, 말기, 겹치기 등 다양한 방법으로 만들 수 있다. 여기서는 말기 방법으로 설명하겠다. 말기 방법이 가장 튼튼한 방법으로 단순하게 신문지만 말 수도 있지만, 안에 다른 재료들을 넣고 마는 방법도 생각할 수 있다.

[신문지 고정하기]

원형으로 만 신문지를 고정시킨다. 풀이나 스카치 테이프 또는 노끈을 이용하여 고정할 수 있다.

[다양한 부재 만들기]

다양하고 창의적인 방법으로 교량에 들어가는 부재를 만들 수 있으며, 이 부재를 만드는 다양한 방법이 이 실습의 가장 중요한 내용이라고 할 수 있다.

[다양한 부재 만들기
－플라스틱 빨대 1]

다양한 방법으로 부재를 만들 수 있다. 왼쪽 그림은 플라스틱 빨대의 끝을 가위로 약간 자른 후에 다른 플라스틱 빨대를 끼우는 연결 방법이다. 혹은 아주 쉽게 스카치테이프를 이용하여 연결할 수도 있다. 그러나 연결할 때 스카치테이프를 너무 많이 사용하면 스카치테이프에 의해 본래 신문지 교량의 제작 목적이 낮아질 수 있으므로 적절하게 사용하도록 노력한다.

[다양한 부재 만들기
－플라스틱 빨대 2]

[다양한 부재 만들기
－플라스틱 빨대 3]

플라스틱 빨대와 신문지를 연결할 수도 있고, 금속 클립과 같이 연결할 수도 있다.

[다양한 부재 만들기－금속 클립]

[다양한 부재 만들기－노끈]

[다양한 방법으로 만든 부재]

다양한 방법으로 부재들을 만들 수 있다. 그림은 다양한 방법으로 만든 부재들을 나타내며 실제로는 더 많은 방법으로 부재들을 만들 수 있다.

[부재 연결]

부재들을 서로 연결한다. 그림과 같이 나란히 연결할 수도 있지만, 2~3개씩 묶고 다시 전체적으로 묶는 등 학생들이 다양하고 창의성 있게 연결한다.

[신문지 교량 완성]

부재를 모두 연결했으면 교량의 교대를 연결한다. 교대는 음료박스(사각 종이상자)를 이용해도 되고, 그림과 같이 각 티슈를 이용하는 것도 좋다. 중요한 것은 교대가 먼저 부서져서 올바른 재하실험이 되지 않는 일이 없도록 일정한 강도가 있는 것을 선택하여야 한다. 공정한 재하실험이 되기 위해서는 모든 학생이 같은 강도를 가진 교대를 이용해야 한다.

(마) 평가하기

신문지 교량 만들기의 평가는 앞 장의 수수깡 교량 모형 만들기의 평가 방법과 같으나, 이 장에서는 모둠별 실습으로 실시하였기 때문에 재하실험 결과지가 다르고 개인별 실습 보고서를 작성하는 것이 아니라, 모둠별 실습 보고서를 작성하는 것이 다르다. 재하실험 결과지는 모둠별로 작성하지 않고 아래와 같이 담당교사가 통계용으로 기록하고 학생들은 모둠별 실습 보고서에 입력한다.

■ 교사용 재하실험 기록지의 예

신문지 교량 재하실험 결과 기록지

학년 반			일시			
모둠명	재하실험의 결과 무게(kg)	교량의 무게(g)	재하능력 (%)	순위	모둠대표 서 명 확 인	

■ 재하실험

[재하실험 측정용 물건 무게 측정]

재하실험에서 재하능력을 정확하게 측정하기 위해서는 재하실험을 위한 용기와 재하실험 측정을 위한 물건의 무게를 정확하게 측정한다. 용기의 무게는 재하실험의 측정 무게에 합산하여 계산한다.

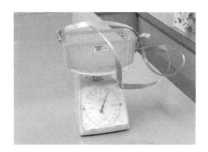

[재하실험 측정용 용기 무게 측정]

[교량 무게 측정을 위한 보조
물건 무게 측정]

재하능력을 측정하기 위해서는 교량의 자체 하중을
측정하여야 한다. 그러나 신문지 교량의 경간 크기를
일정한 크기 이상으로 조건을 주면 크기가 작은 저울
에서는 측정하기 어렵다. 왼쪽 그림과 같이 넓은 판을
이용하면 쉽게 신문지 교량의 자체 하중을 측정할 수
있다. 이때 보조 물건의 무게는 하중에서 빼서 계산하
여야 한다.

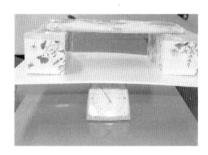

[신문지 교량 무게 측정]

[신문지 교량 재하실험 중]

재하실험 준비가 모두 끝나면 모둠별로 완성된 교량
을 가지고 앞으로 나와 재하실험을 실시한다. 그림과
같이 금속 추를 하나씩 측정 용기 속에 넣으면서 하
중을 측정한다. 일정 하중이 넘으면 교량이 부서지기
시작하며 한계 하중에 이르게 되면 교량이 부서지면
서 재하실험이 종료된다. 재하실험이 종료되면 마지막
으로 올린 추는 제외하고 하중을 계산하여 기록한다.

[신문지 교량 재하실험 한계 하중]

(바) 정리하기

위의 실습방법과 같이 교사는 재하실험이 끝나면 종합적인 정리를 하여 간단하게 요약해서 설명하고 신문지와 연결 재료들은 각각 분리수거하고 사용할 수 있는 것은 재사용할 있도록 지도하는 것도 잊지 말아야 한다.

【포트폴리오 2-10】 신문지 교량 모둠별 실습 보고서(수행일지)

신문지 교량 만들기 실습보고서					
일시 :　　년　월　일　교시			장 소 : 기술실		
학년반 : 1 - 6			모둠명 : 뉴스브릿지		
모둠이 제작할 교량의 모양과 제작 방법	모둠이 제작할 교량을 제안한 모둠원은?	남○재	선택한 이유는?	구조가 안정적이라서	
	제작 방법을 제안한 모둠원은?	민○규	선택한 이유는?	튼튼할 것 같아서	
교량을 수정한 내용과 이유	상단의 넓이를 넓혔다 - 많은 우게를 견디게 하기위해서				
모둠원 업무 분담	학번	성명	맡은 일	학번	성명	맡은일
	10601	강○규	교량 제작 준비물	10608	민○규	설계도 수정 및 정리
	10603	김○수	설계도 그리기	10618	하○민	설계한 대로 교량제작
	10607	남○재	크기에 맞춰 신문지다듬기	10619	한○진	설계한 대로 교량제작
재하 실험 결과	교량의 자체 하중(g)		재하실험 결과(kg)		재하능력(%)	
	370		1.2		1.9	
모둠의 교량의 장단점, 특징을 설명하세요.	우리 모둠의 교량은 신문지 안에 클립을 넣고 이층으로 메이플 접었기 때문에 다른 모둠에 비해 튼튼하다. 하지만 자체 무게가 많이 나간다.				
실습에 좋은 의견이 있으면 쓰세요.	실습시간을 많이 주거나 다른 방법를 생각해 주세요				

(사) 실제 수업 모습

[문제 제시]

[실습 안내]

[제작 방법 협의]

[부재 만들기 1]

[부재 만들기 2]

[부재 만들기 3]

[재하실험 하기 1]

[재하실험 하기 2]

2) 구조가 튼튼하고 아름다운 교량 만들기

이 장에서는 다양한 재료의 특성에 맞는 아름다운 교량을 만들어 봄으로써 학생들의 창의력 및 문제해결력을 높이고 교량에 대한 이해를 넓힌다. 여기서는 목재를 이용한 교량 만들기를 일반적인 모둠별 프로젝트법 형식으로 설명하도록 한다.

가) 수업 진행 계획

주제	단계	수행 내용	평가 대상	시간
창의적 교량 만들기	프로젝트 준비하기	• 학습목표와 선행 학습 내용을 인지하고 프로젝트 수행의 흐름과 주어진 여건을 파악	포트폴리오 2-11	1
	프로젝트 선정하기	• 여러 가지 가능한 프로젝트를 생각해 보고 여러 조건과 기준을 고려하여 프로젝트 선정	포트폴리오 2-12	1
	정보 탐색 및 정리	• 주제를 선정하고, 그 주제에 대한 다양한 정보 및 재료를 조사, 정리 발표 • 전반적인 수행 과정에 대한 시간별, 내용별 계획을 수립	포트폴리오 2-13	1
	설계하기	• 정리된 자료를 바탕으로 구상도, 제작도를 그리고 부품도를 완성	포트폴리오 2-14 포트폴리오 2-15 포트폴리오 2-16 구상도, 제작도 부품도, 재료표	2
	제작하기	• 구상도와 제작도, 부품도를 바탕으로 재료를 마름질하여 계획에 맞게 제작 • 도구 및 공구의 안전수칙을 지키고 상호 협동성을 발휘	포트폴리오 2-17 수행 일지	3
	평가 및 정리	• 수행 결과를 정리하고 평가지를 통해 평가를 실행	포트폴리오 2-18 평가기준 실습보고서	1

대영역	건설기술의 기초	중영역	수송기술 만들기	소영역 (Topic)	교량모형 만들기
학습법	조별 프로젝트				
프로젝트 상황 설정	어느 시골에 조그만 마을이 있었는데 그 마을 앞으로 강이 흐르고 있고 마을 사람들에게는 지은 지 30년이 넘는 다리가 유일한 통로이다. 그런데 이번 여름 장마로 인하여 더 이상 다리의 안전성을 보장할 수 없다. 여러분이 이 마을에 알맞은 교량을 만들어 보자.				
수행 기간 및 장소	• 수행 장소는 기술 실습실과 컴퓨터실이며, 기간은 3주 동안이고 정규 수업은 주당 3시간으로 총 9시간이다. • 방과 후나 점심시간에 개방된 기술실과 컴퓨터실을 이용할 수 있다.				
재료 조건	• 기본적인 공구는 학교에서 제공되나 프로젝트 안에서 재료 선정은 학생들의 몫이므로 각 모둠별에 알맞은 재료를 모둠별로 구입한다. • 재료는 꼭 필요한 경우를 제외하고는 고가의 재료 사용을 자제하고, 되도록 재활용할 수 있는 재료들을 활용하는 것이 좋은 방법이다.				
제출물	완성된 교량, 포트폴리오 자료집				
유의 사항	• 인터넷에서 정보를 획득하여 응용하는 것을 권장하나, 100% 모방은 하지 않도록 한다. • 이 프로젝트를 통해 창의성, 협동성, 문제해결력, 책임감, 고도의 사고 기능이 향상될 수 있도록 개방적인 학습 분위기를 조성하되 방임하여 지나치게 산만하지 않도록 적절히 통제한다. • 글루건을 사용할 때는 화상에 주의하고 접착제를 사용할 때는 피부에 접촉되지 않도록 주의한다. • 칼이나 열선커터기를 이용하여 재료를 절단하고자 할 때에는 창상이나 자상, 화상 등에 주의한다.				

나) 수업 과정

(1) 준비하기

차시	1/9	장소	기술실
내용	프로젝트 안내 및 모둠 편성	수업 방법	프로젝트 학습
수업 내용 및 교사 활동			학생 활동
프로젝트의 상황 설정 안내	• 프로젝트 수업 운영을 위한 프로젝트에 대한 상황을 설정하여 학생들의 동기 유발을 일으킨다.		
재료와 공구 소개	• 주제가 창의적인 교량 만들기임을 감안하여 다양한 재료와 특성들을 설명한다. • 학교에 있는 공구를 알려 주어 학교에 없는 공구들은 각자 준비할 수 있도록 한다. • 주요한 공구에 대한 용도와 사용 방법 등을 설명한다.		- 설명을 듣고 재료의 특성들을 이해하고, 필요한 공구들을 생각해 본다.
프로젝트 단계 소개	• 각 프로젝트 단계에서 해야 할 일을 설명한다.		
평가 기준 발표	• 평가하는 내용과 기준에 대하여 명확하게 제시하고 설명한다.		

주의사항 전달	• 수업 중에 발생할 수 있는 각종 안전사고에 대하여 설명하고 항상 주의하도록 한다. • 각 교시 실습 종료 후의 철저한 청소 및 각종 쓰레기의 분리수거를 통하여 환경보호에 대한 교육도 잊지 말아야 한다.	− 모둠과 모둠 이름을 정하고, 포트폴리오를 작성한다.
모둠 구성	• 모둠을 편성한다. 모둠을 편성할 때는 외톨이가 생기지 않도록 편성한다. • 모둠의 인원을 3~4명으로 구성한다. 모둠 실습의 특성상 무임승차자가 생길 수 있으므로 지도교사의 지도와 관찰이 필요하다.	
수업 준비물	프로젝트 진행과정, 평가기준, 포트폴리오가 포함되어 있는 학생워크북	

- 유의사항
    - 모둠을 구성할 때 학생들의 능력, 남녀 비율, 학급의 분위기 등을 고려하여 적절하게 구성하여야 한다. 실습 외적인 요소로 인하여 실습에 문제가 발생하지 않도록 교육적 측면을 고려하여야 한다.

【포트폴리오 2-11】 아름다운 교량 만들기 프로젝트 안내하기

년 월 일 교시

학년반	1 - 2	모둠명	교량의 달인
재료와 공구 적어보기	학교에서 준비해 주는 재료와 공구: 톱, 접착제, 망치, 대패, 사포, 드릴, 글루건		
각 프로젝트 단계에서 할 일 적어보기	1. 준비하기 (/ 시간) 　프로젝트를 이해한다 2. 프로젝트명 정하기 (/ 시간) 　모둠원의 의견을 모아 적당한 프로젝트를 선정한다 3. 정보 탐색하기 (/ 시간) 　책과 인터넷을 이용하여 정보를 얻는다. 4. 설계 하기 (2 시간) 　결정된 교량을 제작하기 위하여 구상도, 제작도, 부품도를 그린다 5. 만들기 (3 시간) 　마름질을 하고 부품을 조립하여 교량을 만듦 6. 평가하기 (/ 시간)		
좋은 평가를 얻기 위해서 고려해야 할 일 적어보기	- 튼튼하고 안전하게 만들기 - 우리 모둠만의 개성있는 교량 만들기 - 서로 협동해서 만들기		
주의사항 적기	·공구 안전하게 사용하기　　- 쓰레기 줄이기 · 안전 수칙 지키며 실습하기　- 주변정리 잘하기		
모둠의 구성원과 모둠명 쓰기	권신범 (10201), 이성민 (10216), 이하나(10232) 한수현 (10240) / 꿈의 다리		
기타 알아야 할 사항	재료의 특성을 알아야 좋은 교량을 만들수 있음		
다음 시간에는	다음 시간에는 프로젝트를 선정하고 프로젝트명을 선정합니다. 좋은 아이디어가 있으면 미리 생각해 보세요.		

(2) 프로젝트 선정하기

차시	2/9	장소	기술실
내용	프로젝트 선정 활동	수업 방법	프로젝트 학습
수업 내용 및 교사 활동			학생 활동
가능한 프로젝트 주제명 정하기	• 주어진 프로젝트에 대한 상황을 해결할 수 있는 프로젝트 명을 선정한다. • 프로젝트명은 모둠원과의 토의를 통해서 정하는데 브레인 스토밍기법을 적용한다. 즉 다른 모둠원의 의견을 반대하 거나 지적하지 말고 모둠원들이 자율적으로 많은 생각을 할 수 있도록 교사가 토의 방법을 꼭 안내한다.		
프로젝트 선정하기	• 발표한 프로젝트명에서 다양한 조건을 고려하여 프로젝트 를 선정한다. • 프로젝트 선정은 프로젝트 선정 기준표를 활용한다.		– 프로젝트에 대한 자신의 의견을 제시한다. – 모둠원들이 제시한 의견 중에 하나를 수행 프로젝 트로 선정하고 모둠원별로 공정하게 역할을 나눈다. – 다음 차시에 정보를 수집 할 방법에 대하여 생각해 본다.
역할 나누어 보기	• 학생들이 능동적으로 참여할 수 있게 서로의 역할을 나누도 록 한다. 나눌 때는 모둠원이 불평 없도록 공평해야 한다. • 역할은 공구 담당, 재료 담당, 사포질 담당과 같이 업무로 나눌 수도 있고, 교각 담당, 교대 담당, 보 담당 등과 같이 부품별로 나눌 수도 있다.		
정보 수집 방법 생각해 보기	• 프로젝트 수행에 도움이 되는 정보를 수집할 수 있는 방법 을 생각해 본다.		
차시 예고하기	• 다음 차시에 수행해야 할 일을 공고하고 필요한 준비물을 준비하도록 한다.		
수업 준비물	프로젝트 진행과정, 평가기준, 포트폴리오가 포함되어 있는 학생워크북		

■ 유의사항
   – 프로젝트 주제를 선정할 때는 브레인스토밍기법을 사용하는 것이 좋다. 브레인스토밍기법은 앞의 신문지 교량 만들기를 참조한다.

【포트폴리오 2-12】 아름다운 교량 만들기 프로젝트 정하기

년 월 일 교시

가능한 프로젝트 주제명	- 프로젝트 수행과제를 해결할 수 있는 프로젝트명을 적어보세요: 1. 목재 트러스교 만들기 2. 플라스틱 트러스교 만들기 3. 아치교 만들기 4. 현수교 만들기 5.

	선정 기준 상 (2점), 중 (1점), 하 (0점)		평가				
프로젝트 선정 기준			1	2	3	4	5
	1. 주어진 시간에 해결할 수 있는가?		2	1	2	2	
	2. 활용할 수 있는 재료가 있는가?		2	1	2	2	
	3. 모둠원들이 제작할 수 있는가?		2	2	2	2	
	4. 교량의 구조가 튼튼한가?		1	2	2	2	
	5. 프로젝트가 창의적인가?		1	1	1	1	
	점수 총점		8	7	9	9	
	수행가능 10-7, 수행고려 6-5, 수행불가 4점 미만						

선정된 최종 프로젝트명	아치교 만들기

	학번	성명	역할	학번	성명	역할
역할 나누기	10201	현○범	자르기	10240	한○현	마름질 / 제도
	10216	이○민	사포질			
	10232	이○나	붙이기			

	수집해야 할 정보	수집방법	담당
정보 수집 방법 생각해보기	교량의 종류	인터넷	이상현
	구상도 및 제작도 그리는 방법	책	이하나
	공구 사용법	책	한선민
	교량의 종류	인터넷	이상현

다음 시간에는	- 다음 시간에는 정보 정리 단계입니다. 각자 준비한 자료들을 미리 잘 정리해서 준비해 오세요.

(3) 정보 탐색 및 정리하기

차시	3/9	장소	도서실 또는 컴퓨터실
내용	정보 탐색 및 정리 활동	수업 방법	프로젝트 학습
수업 내용 및 교사 활동			학생 활동
제작하고자 하는 교량과 비슷한 교량의 자료 알아보기	• 제작하고자 하는 교량과 비슷한 교량의 자료를 탐색하여 포트폴리오에 기술한다. • 교량의 구성 방법과 특성, 부품에 대한 자료를 탐색한다.		
프로젝트 수행에 필요한 재료 및 공구 알아보기	• 프로젝트를 수행하기 위해서는 교량 모형을 제작하기 위한 적절한 재료와 공구를 사용해야 한다. 제작에 필요한 재료와 공구에 대한 자료를 탐색하고 선정하여 준비하여야 원활하다.		– 프로젝트에 필요한 다양한 자료들을 인터넷이나 도서를 통해 탐색한다. – 검색한 자료를 포트폴리오에 정리하고, 사용할 재료를 선정한다.
정보 수집의 출처	• 수집된 정보를 사용할 때는 정보 출처를 밝히는 것이 중요하다. 형식을 엄격히 지키지 않더라도 정보 출처를 밝히는 습관을 가지도록 지도한다.		
수집한 정보 정리 및 재료 선정하기	• 다양한 방법으로 수집한 자료를 종류별로 정리하도록 한다. • 정리한 자료를 바탕으로 제작할 교량의 재료를 결정한다. • 정리한 내용을 포트폴리오에 작성하도록 한다.		
차시 예고하기	• 다음 차시에 수행해야 할 일을 공고하고 필요한 준비물을 준비하도록 한다.		
수업 준비물	프로젝트 진행과정, 평가기준, 포트폴리오가 포함되어 있는 학생워크북, 인터넷이 가능한 컴퓨터		

■ 유의사항
  – 정보 탐색 활동은 교실이나 기술실보다는 도서실이 가장 좋고, 다음은 컴퓨터실을 활용하는 것이 좋다.
  – 본인이 탐색한 자료의 출처를 밝히는 것은 학생들의 인성교육 및 정보 통신 윤리 교육 차원에서도 꼭 필요한 과정이다.

【포트폴리오 2-13】 아름다운 교량 만들기 정보 수집 및 정리하기

년 월 일 교시

프로젝트명	꿈의 다리
만들고자 하는 교량 모형에 자료 수집하기	만들고자 하는 교량 모형의 참고할 사진이나 그림을 찾아 붙이세요. 자료 출처 http://csm.seoul.kr/200/hanriver/brige/bdg|2-2.html
제작할 교량의 구조와 특성 알아보기	제작할 교량의 구조와 특성, 부품에 대하여 쓰세요. 아치교는 아치라는 구조를 이용하여 경간의 거리 높인교량으로 모양이 아름다워 많이사용되는 형식이다. 구조는 아치라고 부르는 아치리보와 수직연결하는 행어가 주요부품이다
필요한 공구 및 재료 알아보기	- 재료 : 발사목, 목재접착제, 사포 - 공구 : 실톱, 커터칼, 자, 강철자.
정보 수집의 출처	인터넷 자료는 인터넷 주소를, 도서나 그림은 도서명, 출판사, 저자 등을 쓰세요. 아치교 및 교량에 대한 자료 - http://www.sunroad.pe.kr/3l9 목재로 교량만들기 - http://josumtech.com
다음 시간에는	- 다음 시간에는 설계 단계입니다. 각자 설계를 위한 제도용구나 필기구들을 준비해 오세요. 또한 전체적인 교량 모형에 대해서도 생각해 오세요.

(4) 설계하기

차시	4/8 - 5/8	장소	기술실
내용	설계하기	수업 방법	프로젝트 학습

수업 내용 및 교사 활동		학생 활동
설계하기에 앞서	• 제도 통칙에 얽매이지 않도록 한다. 직접 그릴 수 없는 것을 글로 표현하도록 지도한다. • 구상도는 자를 사용하거나 프리핸드로 그리도록 한다. • 포트폴리오 서식 대신에 제도 용지나 다른 용지를 이용할 수도 있다. • 설계는 반드시 연필로 하도록 한다. 추후에 쉽게 수정하기 위해서이다.	
구상도 그리기	• 구상도를 그리기 전에 미리 연습장에 대략적인 스케치를 하여 연습을 한 후에 그리도록 한다. • 구상도를 모둠별로 1개만 그리지 말고 개인별로 그려 그 중 가장 적합한 것을 선택하도록 한다.	− 정보 탐색을 통한 자료를 종합하여 창의적인 교량을 구상한다.
제작도 그리기	• 교량 모형에서 제작도를 그리지 않으면 정확하게 제작하기 어렵다. 대부분의 실습에서 제도의 어려움 때문에 제작도를 그리지 않는 경우가 많은데 교량 모형에서는 반드시 제작도를 설계하도록 한다. 제작도에서 중요한 것은 전체적인 모양과 치수이다.	− 교량을 구상할 때는 재료, 완성도, 심미성 등 다양한 조건을 고려하여야 한다. − 포트폴리오에 다양한 도면을 그린다.
부품도 그리기	• 부품도는 각 모양에 맞게 자를 대고 그리거나 프리핸드로 그리도록 한다. • 정확한 축척이 아니더라도 전체적인 균형을 맞추어서 그리도록 한다. • 절단면, 두께, 오차들을 고려하도록 학생들을 지도한다. • 부품도를 함께 그리도록 한다.	
차시 예고하기	• 다음 차시에 수행해야 할 일을 공고하고 필요한 준비물을 준비하도록 한다.	
수업 준비물	프로젝트 진행과정 평가기준, 포트폴리오가 포함되어 있는 학생워크북, 필기구, 제도용구, 자	

【포트폴리오 2-14】 아름다운 교량 만들기 구상도 그리기

년 월 일 교시

만들고자 하는 교량의 구상도를 프리핸드로 그려 보세요.	
프로젝트 명	아치교 만들기

■ 실습에서 설계도 그리기

여러 단원에서 실습을 실시할 때 현장교사를 혼란스럽게 하는 것이 설계에 대한 내용이다. 정식으로는 제도 용지에 제도 통칙을 지켜 그려야 하지만, 현실적으로 학생들의 제도 실력은 이러한 교육적 목표를 달성할 정도로 충분하지 않고, 설사 학생들이 실력이 있다고 해도, 제도하는 시간이 많이 필요해 효과적인 교육적 성과를 기대할 수 없는 것이 사실이다. 대부분의 현장교사들은 제도 규칙을 중시하는 기존의 방법보다는 문제해결력과 창의력에 더 비중을 두어 포트폴리오 형태의 설계를 선호하는 것이 사실이다.

어떤 방법이든 어떤 제품을 만들 때 설계는 꼭 필요한 단계로 좋은 결과를 도출하기 위해서는 꼭 지켜야 할 단계이다.

■ 제도 용지에 그린 구상도

【포트폴리오 2-15】 아름다운 교량 만들기 제작도 그리기

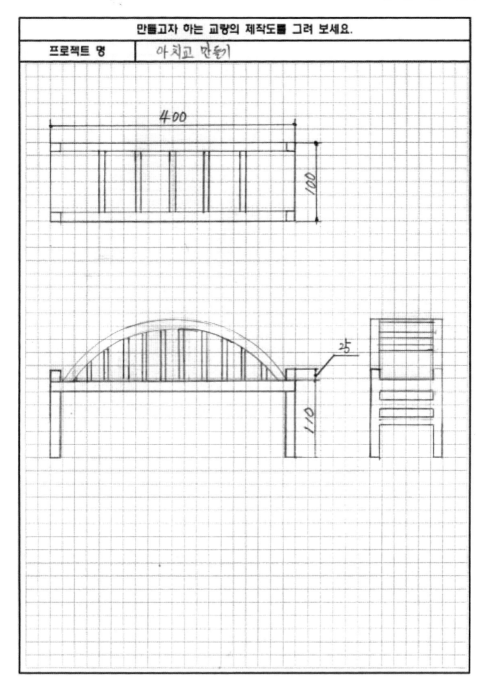

【포트폴리오 2-16】 아름다운 교량 만들기 부품도 그리기

년 월 일 교시

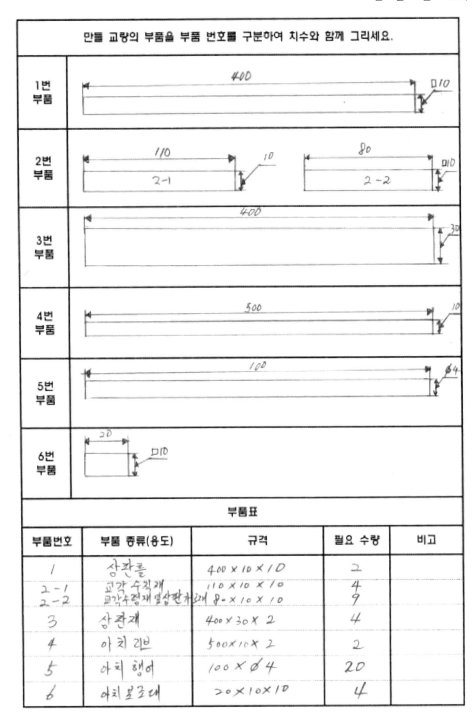

(5) 제작하기

차시	6/9 - 8/9		장소	기술실
내용	제작 활동		수업 방법	프로젝트 학습
수업 내용 및 교사 활동				학생 활동
만들기	모둠별로 직접 교량 모형을 만들어야 하며, 교사는 수업 조언을 하는 보조자로 가장 바쁘게 움직여야 하는 단계이다. • 학생들이 올바르게 공구를 사용하는지 항상 확인하여야 한다. • 모둠별로 프로젝트가 수행되고 있는지 확인하고, 프로젝트 수행에 문제가 있는 모둠은 직접 해결책을 제시하지 말고 해결할 수 있는 다양한 방향만을 제시하여 학생들이 선택하도록 한다. • 프로젝트 수행에 참여하지 않는 학생들이 없도록 계속적인 관심과 조언이 필요하다.			
만들기 순서 안내	• 만들기 1: 마름질하기(목재에 표시) • 만들기 2: 마름질하기(절단하기) • 만들기 3: 부재 가공하기(사포질하기) • 만들기 4: 조립하기(접착제, 글루건) • 만들기 5: 마무리하기			− 안전수칙을 지키면서 정해진 프로젝트를 수행한다. − 프로젝트의 진행과정을 수행일지에 작성한다.
수행일지 작성	• 제작 과정에서 일어나는 모든 사항을 적을 수 있도록 지도한다. • 만들기 과정에서 발생하는 문제점과 해결 방안에 대한 아이디어를 기록할 수 있도록 한다. • 수행일지 대신 실습 보고서를 작성할 수 있다.			
차시 예고하기	• 다음 차시에 수행해야 할 일을 공고하고 필요한 준비물을 준비하도록 한다.			
수업 준비물	프로젝트 진행과정 평가기준, 포트폴리오가 포함되어 있는 학생워크북, 각종 공구, 실습 재료			

■ 재료와 공구 준비

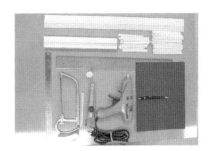

[재료와 공구 준비하기]

교량 모형을 만들기 위한 재료는 구상한 교량에 적합한 재료를 선택하여야 한다. 목재는 너무 단단한 종류를 선정하면 가공하기 어렵고 가격도 고가인 경우가 많으므로 잘 선택하여야 한다. 일반적으로 목재는 발사 등 가공하기 쉬운 재료를 많이 사용하고, 우드락이나 포맥스, 하드보드지 등도 학생들에게 적합한 재료들이다. 두께가 얇은 목재는 곡선 부재를 만들 수도 있다.

■ 마름질하기 1(상판 – 넓은 부재: 판재)

[길이 방향과 직각으로 자를 곳 표시]

상판에 사용하는 목재의 자를 곳을 자를 이용하여 표시한다. 표시할 때는 나중에 지우기 위해서 흐리게 표시한다.

[길이 방향과 병행하게 자를 곳 표시]

긴 부재가 필요하거나 아치 형태의 교량을 제작할 때는 그림과 같이 부재를 세로로 자를 곳에 정확하게 표시를 한다.

[얇은 부재 자르기]

좌측 그림과 같은 얇은 목재를 자를 때 톱 대신 커터칼을 이용하여 절단할 수 있다.

[얇은 부재 길이 방향으로 평행하게 자르기]

칼을 이용할 때는 안전사고에 유의하고 플라스틱 자 대신 강철 자를 사용하며 자를 때 왼손(칼을 잡지 않은 손)에 힘을 주어 강철 자가 밀려 나가지 않도록 한다. 목재를 칼로 자를 때는 손에 힘을 주고 천천히 잘라야 한다. 너무 빠르게 자르면 안전사고의 위험성은 물론, 목재가 비뚤게 잘릴 수도 있다.

[얇은 부재 자르기 방법 1]

얇은 목재를 자를 때는 그림과 같이 윗면과 아랫면에 2~3회 칼질을 하여 홈을 낸 후 목재를 양손에 잡고 아래쪽으로 균일한 힘을 주면 깨끗하게 목재가 잘라진다. 자른 후에 사포로 다듬어 마무리한다.

[얇은 부재 자르기 방법 2]

자를 곳이 한쪽으로 치우쳐 있는 경우에는 실습대에 한쪽으로 목재를 위치한 후 긴 쪽의 목재 위를 손바닥으로 누르고, 짧은 쪽을 가볍게 주먹을 쥐고 아래로 누르면 목재가 쉽게 잘라진다. 긴 쪽을 넓은 판재나 책 등으로 누르는 것도 좋은 방법이다.

■ 마름질하기 2(교각 – 각재)

[각재에 홈 만들기]

각재에 자를 곳을 표시한 후에 실톱을 이용하여 자른다. 톱을 사용할 때는 고정하는 부분이 움직이지 않도록 힘을 주어 잡아야 한다. 목재를 처음 자를 때는 미끄러지지 않고 정확하게 자르기 위해서 고정된 손의 엄지손톱을 수직으로 세워서 자르려는 부분에 대고 톱을 손톱에 밀착하여 2~3회 왕복하여 목재에 홈을 만든 후에 자른다. 미니 공작기계(소형 띠톱기계, 스카시톱, 회전톱)등을 구입하여 사용하면 정확하게 자를 수 있고, 실습 시간도 줄일 수 있어 다른 활동에 많은 시간을 분배할 수 있다.

[각재의 끝 부분 자르기]

[잘못 잘린 모습]

목재를 자를 때는 약 45도 정도의 기울기로 자르고, 거의 다 잘라지면 〈그림 Ⅲ−2−89〉처럼 잘못 자르지 않기 위해서 톱날의 각도를 수직에 가깝게 세워서 천천히 자른다.

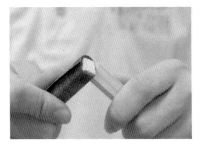

[모서리 면 다듬기]

목재를 다 자르면 사포를 이용하여 모서리를 다듬는다. 얇은 두께의 모서리를 사포질할 때는 다른 목재에 사포를 감아 사포질하면 좀 더 쉽게 사포질할 수 있다.

■ 조립하기 − 조립 준비하기

[마름질한 부재들]

마름질한 부재들과 접착제, 자, 필기구 등을 준비한 후에 각 부재들을 조립한다. 작은 목재들을 조립할 때는 목재용 접착제(아교)를 주로 사용하며, 접착 시간이 짧은 글루건을 이용할 수 있다. 아교는 접착하는 데 다소 시간이 걸리며, 글루건은 깔끔한 처리가 쉽지 않은 단점이 있다.

■ 조립하기 − 상판 틀

[연결한 부분 표시하기]

교량 상판 틀의 가로재에 세로재를 연결할 부분을 흐리게 표시한다.

[부재에 접착제 바르기]

서로 붙일 두 개의 부재에 모두 접착제를 바른다. 가끔 일부 학생들은 목재를 접합할 때 순간접착제로 붙이는 경우가 있는데 목재에 순간접착제를 사용할 경우 대부분 흡수해 버리고 쉽게 접착하지 않아 잘못하면 부재를 쓰지 못할 수도 있다.

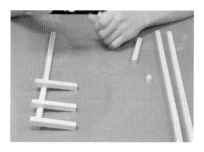

[부재 접합 준비하기]

부재에 접착제를 바른 후 바로 접착하지 않고 1~2분을 공기 중에 놓아 두어 점성을 높인 후에 접착하는 것이 접착성을 높이는 방법이다.

[상판 틀 접합하기]

접착제의 점성이 생기면 두 부재를 접착하고자 하는 부분에 정확히 대고 힘을 주어 접합한다. 접합한 후에 2~3분 계속 누르고 있어야 튼튼하게 연결된다.

차례대로 가로재를 붙여 가면서 상판 틀을 완성한다.

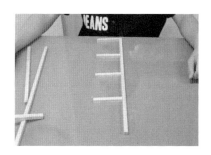

[상판 틀 가로재 붙이기]

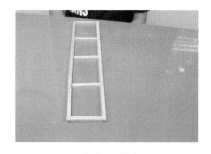

[상판 틀 완성]

■ 조립하기 - 상판 붙이기

[부재에 접착제 바르기]

완성된 상판 틀의 윗면에 골고루 접착제를 발라 1~2분 정도 점성을 증가시킨다. 접착력을 높이기 위해서는 상판 틀에 붙이는 상판에도 접착제를 바르는 것이 좋다.

[상판 바닥제 붙이기]

점성이 생기면 상판을 상판 틀에 잘 맞추어 붙인다.

상판이 완성되면 뒤집어 무거운 물건을 일정한 시간 동안 올려놓아 접착력을 높이는 것이 좋은 방법이다.

[상판 완성]

[상판 접착력 높이기]

■ 조립하기 - 교각 붙이기

[교각 붙이기]

상판 틀을 붙이는 방법과 동일하게 교각을 붙인다. 교각 접착성을 높이기 위해 양손에 균일한 힘을 주어 고정시킨다.

[교각 완성]

교각을 붙일 때 무엇보다 중요한 것은 교각 가로재의 위치가 같아야 한다. 그렇지 않으면 교각의 균형이 맞지 않아 구조가 튼튼한 교량을 만들기 어렵다.

[교각 하나 더 만들기]

같은 방법으로 하나를 더 만들어 두 개의 교각을 완성한다. 교각의 수는 설계에 따라 달라지며 교각이 많다고 무조건 좋은 교량은 아니다.

■ 조립하기 - 상판과 교각 결합하기

[상판과 교각 붙이기]

완성된 상판과 교각을 서로 연결한다. 서로 접착력을 높이기 위해서는 2~3분 동안 힘을 주어 누르고 있어야 하며, 그래도 잘 붙지 않을 경우는 글루건을 써서 연결한다.

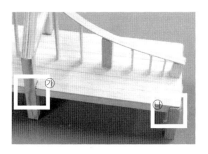

[교량의 구조적인 연결]

상판과 교각을 연결할 때 현수교나 사장교일 경우 왼쪽 그림 ㉮와 같이 상판에 홈을 파서 연결하고 트러스교, 아치교일 경우는 ㉯처럼 연결하면 구조적이고 튼튼한 교량을 만들 수 있다.

■ 조립하기 - 아치 만들기

[아치 보조대 붙이기]

아치를 만들기 위해서 보조대를 붙인다. 이 보조대는 아치가 밀려나지 않게 하기 위한 것으로 〈그림 Ⅲ - 2 - 107〉과 같이 구조적으로 만들면 더 튼튼하게 만들 수 있다. 보조대 없이도 다양한 방법으로 아치를 만들 수 있다. 상판에 홈을 파면 교각을 일자로 하여 상판으로 약간 올라오게 하여 보조대 역할을 하게 할 수도 있다.

[아치 만들기]

부재 중 가장 긴 부재의 끝에 접착제를 발라 아치 보조대를 지지대로 하여 아치를 만든다. 아치를 만들 때 아치의 곡률은 적절하게 선택하여야 한다. 곡률이 너무 작거나 크면 구조에 여러 가지 문제를 일으킬 수 있다.

[아치 가로대 연결하기 1]

아치가 만들어지면 일정한 시간이 흘러 강도가 굳어진 후에 교량의 폭만큼 크기의 가로대를 순서대로 붙여서 아치를 완성해 나간다.

[아치 가로대 연결하기 2]

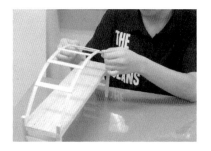

[아치 가로대 연결하기 3]

■ 조립하기 – 아치의 수직재 조립하기

[아치 수직재 위치 정하기]

아치의 수직재를 연결할 곳을 자를 대고 정확하게 표시한다.

[아치 수직재 높이 측정하기]

수직재를 붙일 곳을 정했으면 수직재의 높이를 자를 이용하여 측정한다. 이 작업을 먼저 못 하는 것은 아치의 모양을 정확하게 예측하기 어렵기 때문이다.

[아치 수직재 자를 곳 표시하기]

수직재의 크기가 정해졌으면 마름질하여 수직재를 절단한다. 수직재는 얇은 원형 막대를 이용하는 것이 심미성을 높일 수 있는 하나의 방법이다. 수직재는 얇기 때문에 다양한 방법으로 자를 수 있다.

[수직재 자르기 1]

[수직재 자르기 2]

[수직재 자르기 3]

[수직재 붙일 곳에 접착제 바르기]

수직재를 붙일 곳에 접착제를 바른다. 이때 수직재의 양쪽에도 접착제를 바른다.

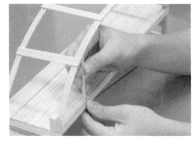

[수직재 붙이기]

접착제를 바른 수직재에 점성이 생기면 수직재를 하나씩 붙여 나간다.

[아치형 교량 만들기]

단계적으로 수직재를 접착하여 목재로 제작하는 아름다운 아치교를 완성시킨다.

【포트폴리오 2-17】 창의적인 교량 만들기 수행일지

년 월 일 교시

모둠명	교량의 달인

1. 오늘은 무엇을 만들었는지 모둠원 별로 적어 보세요.

권선범 : 부재 자르기   한수현 : 부재 마름질하기

이성민 : 사포칠하기

이하나 : 교각 붙이기

2. 오늘 혹시 예상 못했던 점이나 프로젝트 수행에 좋은 의견이 있다면 적어보세요.
해결방안이 있다면 같이 적어 보세요.

톱질 때문에 길이가 짧아져서 다시 만들었다

해결방안 : 약간 치수의 여유를 두고 자르고 사포로 마무리 한다

3. 오늘 사용한 공구와 재료에 대하여 모두 적으세요.

실톱, 사포, 목재용 아교, 글루건

4. 다음 시간에는 무엇을 만들 계획인지 쓰세요.

아치를 만들예정 이여요 ~

5. 기타 하고 싶은 이야기가 있으면 쓰세요.

여러가지 어려운 점도 많지만 너무 너무 재밌는 시간이였어요 ~

다음 시간 준비물	

(6) 평가하기

차시	9/9	장소	기술실
내용	평가 및 정리 활동	수업 방법	프로젝트 학습
수업 내용 및 교사 활동			학생 활동
평가하기 전에	• 평가는 학교 실정과 실습 여건에 맞는 평가표를 만들어 활용하는 것이 가장 좋다. • 평가는 학생 및 다른 사람들이 인정할 수 있도록 공평하고 정확하게 실시하여야 한다.		
포트폴리오 서식	• 포트폴리오 서식마다 개인적으로 점수를 부여한다. • 평소 태도는 포트폴리오 서식으로 대체한다.		
심미성	• 각 모둠에서 정한 프로젝트에 따라 결과물의 외관이 잘 구성되었는지 아름다움을 고려하여 평가한다. • 교량의 색깔보다는 교량의 형태 위주로 평가하는 것이 좋다.		• 포트폴리오의 자기 평가서의 자기 평가를 공평하게 작성한다.
창의성	• 구조나 제작 방법 등에 대하여 독특한 아이디어가 있는지 잘 살펴보아야 한다. • 너무 창의성에 앞서 심각한 구조적 문제가 있는 경우는 평가에 있어서 심도 있게 고려해야 한다.		
구조성	• 교량 모형 만들기에 가장 중요한 부분이다. 교량이 실현가능한지, 구조적으로 문제가 없는지를 살펴서 평가하여야 한다. • 교량의 구조에 문제가 있다면 커다란 인적·물적 피해를 입을 수 있는 구조물이므로 이러한 특징을 잘 살린 결과물에 좋은 평가가 있어야 함은 당연하다.		

- ■ 유의사항
  - 포트폴리오는 자기 평가와 교사 평가로 구분하여 실시한다. 포트폴리오는 개인별로 평가할 수 있는 것은 개인별로 평가한다.
  - 포트폴리오를 제출하지 않은 학생들은 0점 처리하거나 학업성적관리규정에 따라 기본점수를 부여할 수 있다.

【포트폴리오 2-18】 창의적인 교량 만들기 프로젝트 평가하기

년 월 일 교시

학번	10232	모둠명	교량의 달인		성명	이하나	

	구 분	잘한 점	못한 점	개선할 점	점수
포트폴리오 자기 평가	프로젝트 안내	정리를 잘함			2
	프로젝트 정하기	독특한 프로젝트였음	의견조율이 잘 안됨	상대방의 의견을 듣는 태도	1
	정보수집 및 정리	각자 많은 자료를 수집함			2
	구상도 그리기	다양한 모형을 그림	다소 성의가 없는것처럼	적극적인 참여자세필요	1
	제작도 그리기		제도 법칙을 잘 모름	제도에 대한 정보수집 필요	1
	부품도 그리기	정확하게 잘 그림			2
	수행일지	시간마다 정리를 잘함			2
	전체 반성	대부분 잘 참여했으나, 가끔은 게으름을 피운 적도 있음			

	구 분	상	중	하	점수
포트폴리오 자기 평가	프로젝트 안내	O			2
	프로젝트 정하기		O		1
	정보수집 및 정리	O			2
	구상도 그리기	O			2
	제작도 그리기		O		1
	부품도 그리기	O			2
	수행일지	O			2
완성품 평가	심미성		O		18
	창의성	O			21
	구조성	O			30

프로젝트 수행에 대한 좋은 생각이나 아이디어가 있으면 자유롭게 적어 주세요.

프로젝트 과제 해결을 위한 시간이 부족한 것 같습니다. 수업시간 내에 하는 게 어려우면 방과 후에도 할수 있도록 융통성 있는 시간배분이 필요한 듯 합니다.

포트폴리오 자기평가 총점	11	포트폴리오 교사평가 총점	12	완성품 평가 총점	69	총점	92

교사 총평	아름다움은 떨어지지만 창의성이 엿보인 교량제작임.

■ 목재로 만든 교량의 재하실험

- 교량을 제작한 후에 재하실험을 하는 경우는 다양한 방법에 따라 구조가 달라질 수 있음을 아는 것이 주목적이라고 할 수 있다. 그러나 목재로 만든 교량을 재하실험 하는 것이 좋은 생각이라고 보기 어렵다. 목재 교량의 제작은 소요 시간이 많이 필요하고 학생들의 노력이 많이 들어가므로 재하실험을 통한 교량의 구조성을 파악하는 것도 중요하지만 학생들에게 노작의 결과에 대한 성취감을 느끼게 하는 것이 이 실습에서는 더 중요하다고 할 수 있다. 교량을 제작할 때는 어떤 교육적 목적을 가지고 실시하는지를 미리 결정해서 실시해야 한다.

[목재 교량의 재하실험하기]

〈목재 교량 평가도구〉

평가 항목	평가기준	평가	배점
포트폴리오 자기평가 (14점)	각 포트폴리오가 잘 구성되었으며 정리가 잘 되어 있다.	잘함	2
	일부 포트폴리오가 구성되지 않고 정리가 되지 않은 것도 있다.	미흡	1
	포트폴리오를 제출하지 않았다.	미제출	0
포트폴리오 교사평가 (14점)	각 포트폴리오가 잘 구성되었으며 정리가 잘 되어 있다.	잘함	2
	일부 포트폴리오가 구성되지 않고 정리가 되지 않은 것도 있다.	미흡	1
	포트폴리오를 제출하지 않았다.	미제출	0
심미성 (21점)	외관의 조립이 매끄럽게 잘 되었고 전체적 모양이 균형감 있고 조화롭게 구성되었다.	아주 잘함	21
	외관의 조립은 매끄럽게 잘 되었으나 전체적 모양이 균형감이 다소 떨어진다.	잘함	18
	외관의 조립은 정확한 편이나 전체적 모양이 조화롭지 못하다.	보통	15
	외관의 조립이 다소 부정확하고 전체적으로 모양이 조화롭지 못하다.	미흡	12
	결과물을 제출하지 않았다.	미제출	0
창의성 (21점)	교량의 특성을 잘 이해하여 응용력이 좋고 독창적인 모양 설계가 되었다.	아주 잘함	21
	교량의 특성을 잘 이해하여 창의적인 모양으로 설계되었으나 응용력이 다 소 부족하다.	잘함	18
	교량을 창의적으로 구성하려고 노력하였다.	보통	15
	예시 자료를 조금 변형하여 제작하였다.	미흡	12
	결과물을 제출하지 않았다.	미제출	0
구조성 (30점)	교량의 경간이 적절하고 부재들의 접합이 매끄러우며 튼튼하게 잘 연결되 었다.	아주 잘함	30
	전체적으로 매끄럽고 큰 문제 없이 연결되었으나 다소 부족한 부분이 있다.	잘함	26
	전체적인 구조에 약한 곳이 있고 부재의 접합이 약한 곳이 있다.	보통	22
	전체적인 모양을 유지하나 부재의 연결이 매끄럽지 못한 곳이 많다.	미흡	18
	전체적인 모양이 균형감이 없고 부재를 제대로 연결하지 않았다.	아주 미흡	14
	결과물을 제출하지 않았다.	미제출	0

※ 각 평가항목, 평가비율 및 배점은 단위학교의 실정이나 각 교사에 따라 변경하여 사용하는 것이 좋다.

(7) 학생 작품

■ 목 재

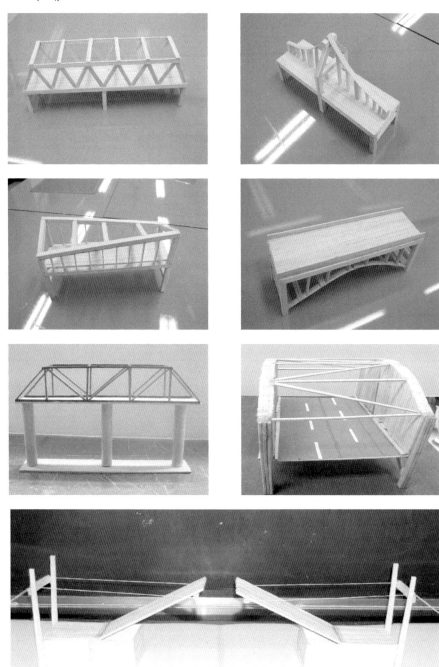

■ 종 이

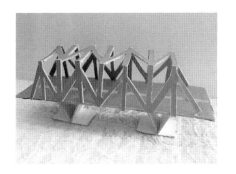

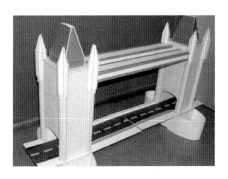

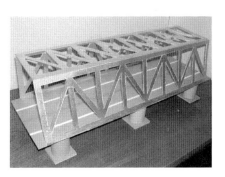

■ 우드락

 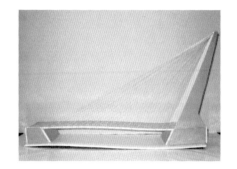

 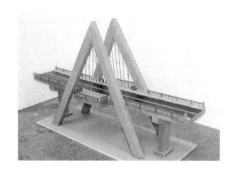

 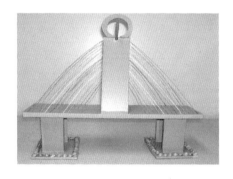

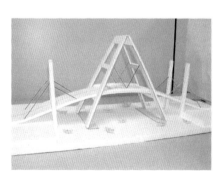 

■ 혼 합 재 료

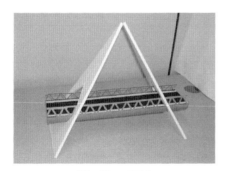

[우드락 + 종이]

[종이 + 금속]

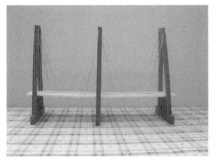

[우드락 + 금속]

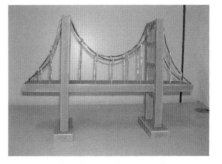

[우드락 + 금속 + 종이]

3. 전기·전자·기계 기술

A. 전기·전자기술

■ 학습 활동의 특징

1. 이 체험 활동을 통한 수업의 효율을 높이기 위해 수업 시간을 연속으로 편성하여 운영할 수 있다.
2. 이 체험 활동은 프로젝트 해결 과정을 적용한 수업으로 학생들이 협동적인 학습 활동을 할 수 있도록 소집단으로 편성하였다.
3. 학생이 자기 주도적으로 활동하고 학습할 수 있도록 하였고, 각종 기계 및 설비를 갖춘 상태에서 적용할 수 있는 수업 환경을 권장한다.
4. 기술교과 수업 활동, 재량 활동, 휴가 중 과제물, 특기·적성반 수업, 계발 활동반 수업, 동아리반 수업 등에 활용할 수 있고, 남녀 구분 없이 적용할 수 있다.

■ 단원의 개요

중학교 3학년에서 전기·전자 단원 실습을 할 때면 여러 가지로 힘든 점이 많다. 여학생들은 전기 기기 만지는 것을 무서워하고, 자극적인 냄새가 나는 것을 싫어하며, 일단 '전기'라는 단어 자체에 두려움을 가지고 있어서 그런 두려움 자체가 기술수업 태도로 이어지는 것을 많이 볼 수 있다. 그래서 전통 등 만들기 실습은 전기단원 수업에 좀 더 여학생들을 적극적으로 끌어들이고, 재미있고 활기찬 실습을 하며, 학생들의 다양함과 창의력을 표현하는 데 주안점을 두고자 했다. 그리고 이 수업은 쉽게 접할 수 있는 플라스틱, 목재, 전기의 만남으로 이루어져 2학년에서는 재료의 이용 단원에 적용할 수 있고, 3학년에서는 전기·전자기술 단원에 접목할 수 있는 프로젝트로서 그 유용함을 가진다.

[전통 등 만들기]

교과 영역	제조기술	소요 시간
관련 단원	Ⅲ. 전기 · 전자기술	10시간

■ 수업 목표

예쁘고 실용적인 전통 등을 만들 수 있다.

1. 자기 주도적 체험 활동을 통하여 주어진 프로젝트를 알아본다.
2. 주어진 과제와 제한 사항에 맞게 협동적인 체험 활동을 할 수 있다.
3. 어떤 전통 등을 만들어야 하는지 설명할 수 있다.

4. 아크릴 판에 마름질 선을 긋고 알맞은 크기로 절단할 수 있다.
5. 각 부품을 아크릴 접착제를 이용하여 입체적으로 조립할 수 있다.
6. 주어진 목재(MDF)에 마름질 선을 긋고 알맞은 크기로 절단할 수 있다.
7. 각 부품을 목공 접착제를 이용하여 입체적으로 조립할 수 있다.
8. 한지와 전통 문양을 이용하여 아크릴 구조물을 꾸밀 수 있다.
9. 목재 틀에 전기부품을 안전하게 배선할 수 있다.
10. 목재 틀을 아크릴 물감으로 예쁘게 꾸밀 수 있다.

11. 전통 등에 대해 친구들에게 설명하고 완제품을 평가할 수 있다.

■ 과정별 주요 활동

수업 과정	시간 (백분율)	주 요 활 동	난이도
수업과정 설명	0.5 (5%)	전체 수업과정에 대한 설명과 함께 각 과정별 활동 내용과 유의점 등 제시하기	★★
프로젝트 이해	0.5 (5%)	•주어진 프로젝트 및 제한점 등을 인식하기 •사용할 재료와 공구, 기계, 설비 소개하기	★
연구와 개발	0.5 (5%)	•전통 등에 대한 탐색 및 학습하기 •전통 등 디자인 및 설계하기	★★ ★
실현(제작)	8 (80%)	•아크릴 판과 목재를 알맞은 크기로 마름질·가공하기 •부품을 조립하고 시험하여 완성하기	★★ ★★
평가	0.5 (5%)	•완성된 제품에 대하여 설명·발표하기 •다른 조의 완제품을 평가해 보기	★★

■ 실현(제작)단계 주요 수행 과제

구 분	주 요 내 용	시간	비 고
아크릴 작업	• 아크릴 판 절단하기 • 아크릴 판 붙이기	2시간	• 아크릴 칼에 손 주의 • 아크릴 접착제 주의
목재 작업	• MDF 절단하기 • MDF 붙이기	2시간	• 안전하게 띠톱 기계 사용 • 안전하게 드릴링머신 사용
한지 작업	• 바탕 한지 붙이기 • 전통문양 붙이기	2시간	• 한지와 아크릴이 잘 밀착되도록 해야 함
배선 작업	• 플러그, 스위치 연결 • 리셉터클 연결·고정	2시간	• 드라이버 사용 시 안전 유의 • 합선, 감전 안 되도록 배선
꾸미기	• 밑그림 그리기 • 아크릴 물감 칠하기	2시간	• 색칠 작업 시 환기할 것

■ 재료 및 기기

구분	품 명	수량	내 용
재료	목재(MDF)	1	600 × 100mm(9mm 두께)
	아크릴 판	1	290 × 420mm(1.3mm 두께)
	목공용 접착제	약간	MDF 접착
	아크릴 접착제	약간	아크릴 접착용으로 주사기 사용
	주사기	1	아크릴 접착제를 넣어 사용
	리셉터클	1	전구 꽂는 데 사용
	텀블러 스위치	1	전등을 켜고 끄기 위한 것
	플러그	1	비닐 코드 끝에 연결
	비닐 코드	2	리셉터클, 플러그, 스위치를 연결
	비닐 테이프	약간	전선 접속 및 절연용
	사포	약간	220번
	아크릴 물감	약간	500㎖ 5색 이상 준비
	비닐 끈	약간	MDF 접착 후 고정할 때 사용
	한지	2	연한 색
	한지	1	진한 색
	딱풀	1	한지 접착용
	12W 전구	1	15W 이하 백열전구 권장
공구	아크릴 칼	1	아크릴 판 절단용
	드라이버	1	나사(못)에 사용
	와이어스트리퍼	1	비닐 코드의 피복을 벗길 때 사용
	니퍼	1	비닐 코드 절단 및 피복 벗길 때 사용
	라디오펜치	1	전선을 구부릴 때 사용
기계	드릴링 머신	1	MDF에 배선구멍을 뚫을 때 사용
	띠톱 기계	1	MDF를 절단할 때 사용

■ 시설 및 환경

명 칭	규 격	비 고
청소기	업소용(대용량)	기계 작업 시 사용
중간제품 보관함	진열장이나 캐비닛	실습 제품 보관용

■ 동기 유발(완성 작품)

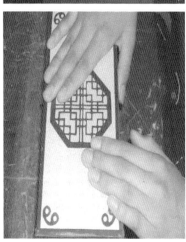 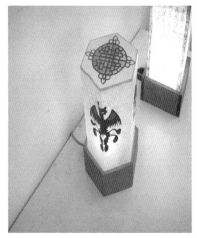

■ 관련 지식

- 아크릴 판은 어떤 방법으로 절단해야 할까?
- 아크릴 판을 접착할 때는 어떤 종류의 접착제를 사용해야 할까?
- 중밀도섬유판(MDF)의 특성을 알아야 목재 작업이 쉽다.
- 플러그, 텀블러스위치, 리셉터클, 비닐 코드에 대해 알아야 한다.

1. 아크릴로 긁어내리듯이 흠집을 내고 부러뜨린다. 대략 3mm 아크릴은 3번, 5mm 아크릴은 5번 정도 긁은 후 동일한 힘으로 아크릴을 꺾으면 아크릴을 자를 수 있다. 단 아크릴 칼의 끝이 날카롭게 잘 가공되어 있어야 된다.

2. 붙이고자 하는 아크릴 판을 셀로판테이프 등으로 임시 고정한 후 접착제를 주사기로 넣어 준다. 굳을 때까지 잠시 아크릴을 계속해서 누르고 있어야 한다. 수분 후면 완전히 붙게 된다. 주의할 점은 아크릴의 단면은 매끈해야 접착제가 잘 스며들며 깨끗하게 붙는데, 아크릴 접착제는 유동성이 강하며 휘발성도 강해서 사용 후 뚜껑을 잘 닫아 줘야 한다.

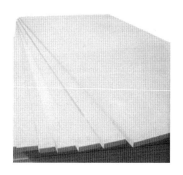

3. 중밀도섬유판(MDF)은 목질 재료의 목섬유를 합성수지 접착제로 결합시켜 열과 압력을 가하여 만든 것이다. 나뭇결에 따른 방향성이 없고 조직이 치밀하며, 표면이 매끄러워 도장성과 접착성이 우수하다. 근래에는 실내장식, 가구 등에 광범위하게 사용되고 있다.

4. 접속기구
- 비닐코드 – 저용량의 전기제품에 사용
- 플러그 – 전기제품을 콘센트에 꽂을 때 사용
- 텀블러스위치 – 많이 사용하는 스위치
- 리셉터클 – 벽이나 천장에 전구를 고정할 때 사용

■ 주요 실습 과정

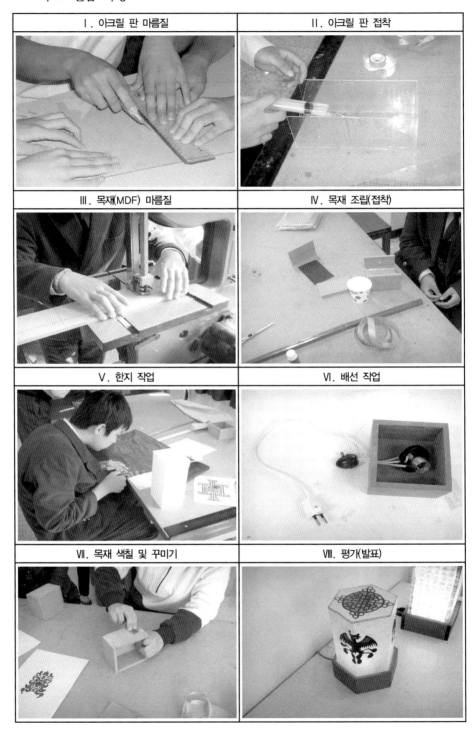

Ⅰ. 아크릴 판 마름질	Ⅱ. 아크릴 판 접착
Ⅲ. 목재(MDF) 마름질	Ⅳ. 목재 조립(접착)
Ⅴ. 한지 작업	Ⅵ. 배선 작업
Ⅶ. 목재 색칠 및 꾸미기	Ⅷ. 평가(발표)

■ 평가표

영역	관찰 평가	자기 평가	상호 평가	완제품 평가	포트폴리오 평가
점수	10(%)	10(%)	10(%)	50(%)	20(%)

■ 관찰 평가

참여도(3)	흥미를 보이며, 프로젝트를 잘 인식하고 스스로 작업한다.	□
	프로젝트를 해결하려고 하며 다소 어려움이 있다.	□
	흥미가 없고, 프로젝트 해결에서 빗나간다.	□
학습과 지식(2)	지식과 학습을 관련시키고, 지식의 전달과 표현을 잘한다.	□
	정보를 찾을 수 있고, 요구한 지식을 찾아볼 수 있다.	□
	무엇을 찾아야 할지 모르고, 지식 전달이 잘 안 된다.	□
과정(3)	적합한 전략을 찾아 도전하고 변화와 창의성이 돋보인다.	□
	프로젝트 해결 과정이 불확실하지만, 도움을 구한다.	□
	프로젝트를 잘 잊고, 포기하며, 의욕이 없다.	□
표현 정도(2)	과정과 생각을 조직적으로 완벽하게 전달한다.	□
	몇 가지를 진술할 줄 알지만, 조직적인 표현이 부족하다.	□
	프로젝트와 과정을 전달하는 데 어려움이 많고 부정확하다.	□

■ 자기 평가

	미흡[1]	보통[2]	우수[3]
프로젝트 이해	• 과제에 흥미가 없었다. • 과제를 이해하지 못했다.	• 과제를 이해하는 데 조금 어려웠다. • 선생님의 보충 설명을 원했다.	• 과제에 흥미가 있었다. • 스스로 알아서 수행하였다.
	미흡[1]	보통[2]	우수[3]
전통 등 설계	• 필요한 정보를 어디에서 얻는지 몰랐다. • 과제를 어떻게 해결하는지 확신할 수 없었다. • 설계가 엉망이고 무엇인지 모르겠다.	• 정보를 찾는 방법은 알았으나 부족함을 느꼈다. • 프로젝트에 대한 아이디어가 몇 가지 있었다. • 좌절감을 느꼈지만 설계를 끝냈다.	• 필요한 정보를 찾는 방법을 알았다. • 프로젝트 해결을 위한 방법을 많이 알고, 다른 것들도 시도하였다. • 설계를 비교적 정확하고 꼼꼼하게 하였으며, 다른 조에 비해 우수하였다.
	미흡[2]	보통[3]	우수[4]
전통 등 제작	• 설계에 맞게 제작하는 데 어려움이 많았다. • 조원끼리 협동하지 않았다. • 제품을 완성하지 못했다.	• 제작하는 데 가끔은 어려움을 호소하였고, 선생님의 도움을 받았다. • 조원끼리 협동하는 데 어려움이 있었다. • 제품을 완성하였으나, 왠지 부족함이 있다.	• 설계, 제작 과정을 다른 친구들에게 자세하게 설명할 수 있다. • 조원끼리 협동하여 완벽하게 조직적으로 제작에 임하였다. • 설계에 맞는 제품을 정확하게 만들어 냈다.

■ 상호 평가

제품에 대한 설명을 잘한 조		10
보통인 조		7
제품에 대한 설명이 부족한 조		4

■ 완제품 평가

영역	평 가 항 목	평 가 점 수	
기능성	전기에너지를 사용하여 작동되는 전통 등이 완성되었는가?	전기에너지를 사용하였고 완벽하고 올바르게 작동된다.	20
		전기에너지를 사용하였고 완벽하게 작동은 하지만 접촉 불량이다.	18
		전기에너지를 사용하였고 원활하게 작동하는 편이다.	16
		작동이 원활하지 못하다.	14
		전혀 작동되지 않는다.	12
		조금은 미완성한 상태이다.	10
		전혀 완성하지 못했다.	8
견고성	완성된 전통 등이 튼튼하고 견고하게 제작되었나?	견고하고 튼튼하게 제작되었다.	10
		튼튼하기는 하지만 구조적으로 부족하다.	8
		견고하지 못하지만, 모양은 유지하고 있다.	6
		완전한 구조를 갖추지 못했다.	4
심미성	전통 등의 모양이 보기 좋은가?	누구나 갖고 싶도록 아름답게 제작하였다.	10
		예쁜 모양을 시도하였으나 조금 부족하다.	8
		일반적인 전통 등의 모양과 구조를 이룬다.	6
		아름다운 모양을 시도했으나 미완성이다.	4
경제성	전통 등에 사용된 재료가 적당하고 저렴한가?	주어진 재료를 아끼고 최소로 사용하였다.	10
		재료는 적게 사용하였으나 구조에 부족함이 있다.	8
		주어진 재료를 모두 사용하였다.	6
		재료가 부족하여 더 지급받아 사용하였다.	4

■ 포트폴리오 평가

조직적이고 계획적으로 정리되어 있어, 수업과정을 모두 파악할 수 있다.	20
정리는 깔끔하게 되어 있으나, 수업과정의 기록이 조금은 부족하다.	17
깔끔하기는 하지만, 수업과정의 기록이 미흡하다.	14
많은 수업과정의 내용을 기록하지 않았고, 관리 상태도 미흡하다.	11
수업과정을 기록하지 않았고, 포트폴리오 용지가 많이 없다.	8

〈수업과정안〉

수업 과정	시간 (비율)	교사 활동	학생 활동	유의점
수 업 과 정 설 명	0.5 (5%)	○ 수업에 대한 전체적인 흐름과 활동 내용을 안내한다. ○ 체험 활동지를 배부하고 평가방법에 대하여 설명한다. • 제품과 포트폴리오를 평가한다. • 자기 평가, 상호 평가, 교사 평가가 이루어진다. ○ 수업 환경과 시설을 안내한다. • 기계, 설비, 공구 등의 사용 방법을 안내한다.	○ 체험 활동지와 포트폴리오용 바인더를 확인한다. • 게시된 평가표를 보고 조장을 중심으로 평가 기준과 제한 등을 숙지한다. ○ 시설 사용법을 숙지하고 사용 계획을 토의한다.	• 수업 분위기 조성에 힘쓴다. • 체험 활동지와 포트폴리오용 바인더를 배부한다. • 평가표를 잘 볼 수 있게 게시한다. • 시설 사용에 주의를 당부한다.
프 로 젝 트 이 해	0.5 (5%)	○ 해결해야 할 프로젝트를 소집단별로 읽어 보도록 한다. • 프로젝트를 해결하는 과정을 설명한다. ○ 사용할 수 있는 재료와 공구에 대해 확인할 수 있도록 설명한다. • 조별로 사용할 수 있는 재료와 공구를 사용법과 함께 설명한다. ○ 공구의 사용법에서는 안전에 유의하도록 강조한다. ○ 사용할 공구와 재료를 기록할 수 있도록 안내하고, 조원들의 역할을 분담하도록 안내한다. • 역할이 일부 학생에게 편중되지 않도록 안내한다.	○ 조장을 중심으로 프로젝트를 읽어 보고 해결해야 할 과제를 확인한다. • 프로젝트와 과제를 읽어 보고 토론한 뒤 내용을 정리해 나간다. • 공급되는 재료와 공구를 확인하고 사용법을 청취하여 필요에 따라 기록한다. • 우리 조에 필요한 재료와 공구를 조원끼리 토의 · 선별하여 기록한다. • 위험한 공구에 대해서는 사용 계획이나 해결 방법을 기록해 둔다. ○ 조원끼리 토의하여 각자의 역할을 정하여 기록한다. • 재료 및 공구를 확인하고 사용 계획을 수립한다.	• 학생들이 이해할 수 있도록 교사의 순회지도가 필요하다. • 토의 분위기를 잘 조성해 주어야 한다. • 공구 사용상의 안전을 강조한다.
연 구 와 개 발	0.5 (5%)	○ 연구와 개발 과정에 대해 설명한다. • 전통 등에 대해 알고 있는 내용을 적도록 한다. ○ 인터넷과 교과서 및 관련 서적을 5분씩 제한하여 사용하도록 안내한다. • 인터넷을 사용하는 조는 관련 서적을 볼 수 없고, 교과서나 관련 서적을 참고하는 조는 인터넷을 사용할 수 없게 한다. ○ 아크릴 판 및 MDF 가공 · 접착 방법과 전기 접속 기구에 대해 탐색하도록 조언한다. • 아크릴 판 절단 방법, 아크릴 판 접착 방법, MDF 특성, 비닐코드, 접속 기구의 용도를 알아보도록 안내한다.	○ 연구와 개발 과정에서 해야 할 일을 조별로 토의한다. • 전통 등에 대해 토의하고 기록한다. 전통 등의 제작 이유를 결정하는 중요한 요인이다. ○ [수업과정 2]를 해결하기 위해 각종 정보를 찾는다. • 서적, 교과서, 인터넷 등을 적극 활용하여 조사하고 기록한다. ○ 인터넷과 관련 서적 및 교과서 등에서 관련 내용에 대해 탐색하고 조별로 의논하여 활동지에 기록한다. • 아크릴 판 절단 방법, 아크릴 판 접착 방법, MDF 특성, 비닐코드, 플러그, 펜던트스위치, 리셉터클의 용도를 탐색하여 기록한다.	• 학생들이 인터넷에 집착하지 않고 개발하는 데 비중을 두도록 한다. • 조별 인터넷 사용 5분, 관련 서적 사용 5분

수업 과정	시간 (비율)	교사 활동	학생 활동	유의점
연 구 와 개 발		• 제작할 제품에 사용할 한지, 전 통문양, 아크릴 물감에 대해 안 내한다. ○ 제작하고자 하는 제품을 디자인 하고 설계하도록 안내한다. • 제품의 디자인은 겉모양만 그리 도록 한다. • 도면 작성에서는 제도 규칙에 얽 매이지 않도록 한다. • 부품도나 조립도 중에 하나를 선 택하여 그리게 하고 치수를 정 하여 기록하도록 한다. • 제품을 제작하는 과정 중에 도면 을 언제든지 재수정할 수 있다 는 것을 주지시킨다.	○ 조원끼리 각자 제품을 디자인해 보고, 그 결과를 토의하여 가장 좋은 모양을 결정하여 설계한다. • 전통 등의 모양을 디자인한다. • 제품의 디자인을 구체화하여 제 작도 및 부품도를 완성하고 치 수를 정하여 기입하도록 한다.	• 제도 규칙에 얽매이지 않도록 한다. • 디자인은 프리핸드로 한다. • 제작도나 부품도는 자 를 대고 그린다.
실 현 ∧ 제 작 ∨	10 (80%)	○ 아크릴 작업을 실시하도록 안내 한다. • 가장 많이 사용하는 공구가 아크 릴 칼이므로 칼의 사용법을 설 명해 준다. • 위험한 작업은 교사가 함께 작업 해 준다. • 조별로 공구를 사용할 때는 옆 사람을 조심하도록 당부한다. • 직접 순회하면서 작업량을 수시 로 확인한다. ○ 목재 작업을 실시하도록 안내한다. • 띠톱 기계의 사용법을 주의 깊게 설명한다. • 다듬질의 요령과 시간 등을 설명 한다. • 목재용 접착제의 사용법과 끈을 사용하는 방법을 설명한다. ○ 한지 작업을 실시하도록 안내한다. • 한지는 딱풀로 붙이며, 바탕 한 지는 밝은 색을 선택하도록 안 내한다. • 전통문양은 직접 그리거나 인쇄 해 오도록 한다. ○ 배선 작업을 실시하도록 안내한다. • 작업 순서에 대해 안내하며, 공 구를 사용할 때의 주의사항을 설명한다. • 모든 작업은 조원이 의논하여 활 동지에 기록하도록 안내한다.	○ 주재료인 아크릴 판을 치수에 맞게 마름질하고 조립한다. • 필요한 공구를 사용하여 아크릴 판 치수에 맞도록 마름질 선을 긋는다. • 마름질 선을 따라 아크릴 칼을 사용하여 흠집을 내고 부러뜨리 도록 한다. • 접착제로 조립할 때는 셀로판테이 프로 임시 고정을 하고 실시한다. ○ 주어진 MDF판을 치수에 맞게 절단하고 조립한다. • 띠톱 기계를 사용할 때나, 곡선 이나 입체 모양의 가공은 조원 과 협동하여 작업한다. • 위험한 작업은 선생님께 부탁하 여 함께 작업한다. • 부품에 목재용 접착제를 바르고 끈으로 묶어 고정시킨다. ○ 아크릴 틀에 한지와 전통 문양 을 붙인다. • 밝은 색의 바탕지를 붙이고 전통 문양을 선정하여 붙이도록 한다. • 한지를 잘못 붙이면 물을 발라 제거한다. ○ 목재 틀에 비닐 코드, 텀블러스 위치, 플러그, 리셉터클을 배선 한다. • 배선 작업은 합선, 감전에 유의 하여, 교사의 안내 설명을 잘 듣고 작업한다. • 작동이 잘 안 되거나 불량한 곳 은 재가공하고 수정한다.	• 칼날에 조심하도록 안 내한다. • 칼질 요령을 시범 보이 도록 하며, 주사기는 조 심해서 사용하도록 한다. • 안전에 유의한다. • 반드시 교사가 함께 있 을 때 기계를 작동시키 도록 한다. • 가위와 칼을 사용할 때 는 안전에 유의한다. • 아크릴에 낙서는 제거 해야 한다. • 합선, 감전에 대해 설 명하고, 전선을 벗기거 나 감는 방향을 알려 준다.

수업 과정	시간 (비율)	교사 활동	학생 활동	유의점
실 현 ∧ 제 작 ∨	10 (80%)	○ 아크릴 작업을 실시하도록 안내한다. • 가장 많이 사용하는 공구가 아크릴 칼이므로 칼의 사용법을 설명해 준다. • 위험한 작업은 교사가 함께 작업해 준다. • 조별로 공구를 사용할 때는 옆 사람을 조심하도록 당부한다. • 직접 순회하면서 작업량을 수시로 확인한다. ○ 목재 작업을 실시하도록 안내한다. • 띠톱 기계의 사용법을 주의 깊게 설명한다. • 다듬질의 요령과 시간 등을 설명한다. • 목재용 접착제의 사용법과 끈을 사용하는 방법을 설명한다. ○ 한지 작업을 실시하도록 안내한다. • 한지는 딱풀로 붙이며, 바탕 한지는 밝은 색을 선택하도록 안내한다. • 전통문양은 직접 그리거나 인쇄해 오도록 한다. ○ 배선 작업을 실시하도록 안내한다. • 작업 순서에 대해 안내하며, 공구를 사용할 때의 주의사항을 설명한다. • 모든 작업은 조원이 의논하여 활동지에 기록하도록 안내한다.	○ 주재료인 아크릴 판을 치수에 맞게 마름질하고 조립한다. • 필요한 공구를 사용하여 아크릴 판 치수에 맞도록 마름질 선을 긋는다. • 마름질 선을 따라 아크릴 칼을 사용하여 흠집을 내고 부러뜨리도록 한다. • 접착제로 조립할 때는 셀로판테이프로 임시 고정을 하고 실시한다. • 주어진 MDF판을 치수에 맞게 절단하고 조립한다. • 띠톱 기계를 사용할 때나. 곡선이나 입체 모양의 가공은 조원과 협동하여 작업한다. • 위험한 작업은 선생님께 부탁하여 함께 작업한다. • 부품에 목재용 접착제를 바르고 끈으로 묶어 고정시킨다. ○ 아크릴 틀에 한지와 전통 문양을 붙인다. • 밝은 색의 바탕지를 붙이고 전통 문양을 선정하여 붙이도록 한다. • 한지를 잘못 붙이면 물을 발라 제거한다. ○ 목재 틀에 비닐 코드, 텀블러스위치, 플러그, 리셉터클을 배선한다. • 배선 작업은 합선. 감전에 유의하여. 교사의 안내 설명을 잘 듣고 작업한다. • 작동이 잘 안 되거나 불량한 곳은 재가공하고 수정한다.	• 칼날에 조심하도록 안내한다. • 칼질 요령을 시범 보이도록 하며. 주사기는 조심해서 사용하도록 한다. • 안전에 유의한다. • 반드시 교사가 함께 있을 때 기계를 작동시키도록 한다. • 가위와 칼을 사용할 때는 안전에 유의한다. • 아크릴에 낙서는 제거해야 한다. • 합선. 감전에 대해 설명하고, 전선을 벗기거나 감는 방향을 알려준다.

B. 전자, 기계기술

가. 활동 계획

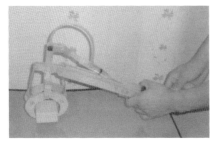

[기존 로봇 팔]

중학교에서 기술·가정을 지도하고 있는 P 교사는 2007년 2월에 새 교육과정(2007년 개정교육과정)이 고시됨에 따라 개정 내용에 따라 교수 자료를 미리 준비하기 위해 주요 변화된 내용을 살펴봤다. 여러 개정 내용 중 2007년 개정 교육과정의 기술·가정 교과에서 큰 변화 중의 하나가 전자기술과 기계기술을 통합하여 전자, 기계 기술 단원을 만든 점으로 분석되었다. 전자, 기계기술 단원을 통합했다는 것은 로봇과 관련된 내용을 지도해야 한다는 생각이 들었고 로봇에 대한 관련 지식과 지도 경험이 없어 무엇을 어떻게 지도해야 할지 걱정이 앞서게 되었다.

여기서는 P 교사처럼 중등단계에서 학생들에게 전자, 기계 기술을 지도해야 하는 교사에게 단계별로 쉽게 체험하면서 배울 수 있는 로봇 관련 체험학습 교수 자료를 소개하여 전기, 기계기술 단원의 지도 준비에 도움을 주고자 한다.

중학교와 일반계 고등학교 기술수업에서 활용되고 있는 기존의 로봇 관련 실습에는 주사기와 고무관을 이용하여 공기압으로 로봇 팔의 움직임을 제어하는 실습이 있다. 이러한 로봇 팔에는 기계적인 요소 학습은 포함되어 있지만 전기, 전자와 관련된 내용이 들어 있지 않아서 로봇에 대한 체험학습 자료로는 부족하다. 여기서는 기존의 로봇 팔 실습을 바탕으로 초급, 중급, 고급 수준에 따라 단계별로 로봇 관련 실습이 가능하도록 구성하여 교사가 로봇 단원을 교육할 때 도움을 받을 수 있는 내용으로 제작하였다.

수준별 과정	체험학습 주제
초급	주사기를 이용한 로봇 팔 만들기
중급	전동기를 이용한 로봇 팔 만들기
고급	서보를 이용한 프로그램형 로봇 팔 만들기

1) 주사기를 이용한 로봇 팔 만들기

주사기 두 개를 고무관으로 연결하여 한쪽 주사기의 손잡이를 밀면 공기압에 의해 반대쪽 주사기의 손잡이가 당겨지는 원리로 서로 떨어진 주사기 사이에 동력을 전달할 수 있다.

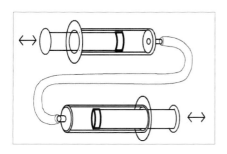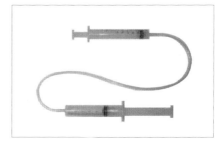

[전동 원리(초급)]

2) 전동기를 이용한 로봇 팔 만들기

전동기의 동력으로 볼트를 회전시키고 너트를 ㄷ 자 형태의 가이드로 감싸 고정하면 볼트가 회전할 때 너트는 전후 직선운동을 한다. 즉 전동기의 회전운동을 직선운동으로 전환할 수 있다.

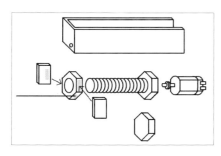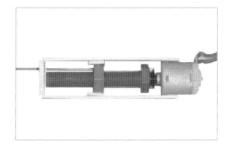

[전동 원리(중급)]

전동기의 정·역회전 원리는 3핀 스위치 두 개를 이용하여 아래 회로도와 같이 배선하고 스위치 두 개를 동시에 올리고 내리면 전동기의 회전방향을 전환할 수 있다.

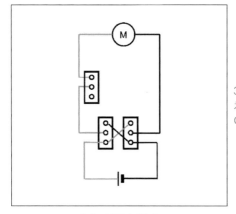

3핀 스위치 두 개를 왼쪽 회로도와 같이 연결한 후 스위치를 올리고 내리면 전동기에 공급되는 전압의 극(+, −)이 서로 바뀌어 전동기의 회전 방향을 전환할 수 있다.

[정·역회전 원리]

3) 서보를 이용한 프로그램형 로봇 팔 만들기

서보 모터의 동력으로 볼트를 회전시키고 너트를 ㄷ 자 형태의 가이드로 감싸 고정하면 볼트가 회전할 때 너트는 전후 직선운동을 한다. 즉 서보 모터의 회전 운동을 직선운동으로 전환할 수 있다.

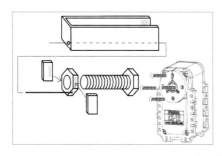 

[전동 원리(고급)]

나. 문제해결 활동

1) 주사기를 이용한 로봇 팔 만들기(초급 과정)

우드락과 주사기, 스위치 등을 이용하여 3자유도를 가진 로봇 팔을 다음과 같이 제작해 보자. 또한 물체를 제작할 때에는 작업을 안전하게 하기 위하여 안전

수칙을 잘 지키도록 한다.

학습목표

A 지점에 위치한 스펀지 재질의 직육면체(가로 : 세로 : 높이＝7㎝ : 7㎝ : 3㎝)를 10㎝ 떨어진 B 지점으로 직육면체에 손을 직접 접촉하지 않고 주사기의 공기압으로 들어서 이동시킬 수 있는 3자유도를 갖는 로봇 팔을 만들 수 있다.

♣ 안전 수칙 ♣

① 칼로 우드락을 자를 때에는 손을 다치지 않도록 주의한다.

② 전기 드릴을 사용할 때에는 드릴 날에 다치지 않도록 주의한다.

③ 니퍼와 롱노즈플라이어로 철사를 자르거나 굽힐 때는 다치지 않도록 주의한다.

④ 대나무축과 철사를 자를 때에는 조각이 튀지 않도록 잘려 나가는 쪽을 잡고 조심스럽게 자른다.

⑤ 침 핀과 대나무축에 찔리지 않도록 조심한다.

⑥ 커터 칼로 절단작업을 할 때는 작업대가 손상되지 않도록 조치를 취하고 실습한다(고무판이나 두꺼운 종이 활용).

가) 구상하기

(1) 형태와 크기의 결정

로봇 팔의 형태는 좌우로 선회할 수 있는 수직지지대에 상하로 이동이 가능한 수평지지대를 결합하고 수평지지대 끝에는 물건을 잡을 수 있는 그립을 장착한 구조로 만들며 크기는 가로, 세로, 높이 각각 30㎝가 적당하다.

(2) 재료의 선택

구상한 로봇 팔의 재료를 조사하여 재료표를 만든다. 주재료는 가공하기 쉽고 구입하기 용이한 우드락(압축스티로폼, T5)과 포멕스 판을 이용한다.

〈재료표〉

재료명	규격	단위	수량
우드락	A4, T5mm	개	4
주사기	10cc	개	7
대나무축	∮3mm, L150mm	개	3
철사	∮1mm, L300mm	mm	300
침핀		개	1
스위치	3핀	개	9
전선	적, 흑	mm	1,500
금속관	∮4mm, L5mm	개	2
빨대	∮4mm, L200mm	개	1

주사기는 길이가 길수록 로봇 팔의 작동 반경이 넓어지기 때문에 가능하면 긴 주사기를 준비한다.

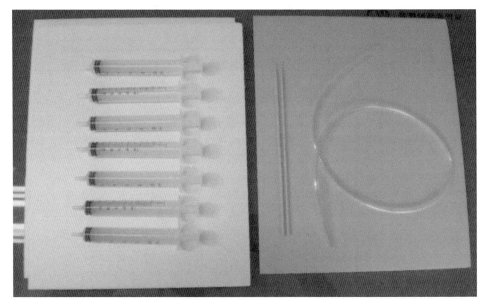

[재료 사진]

(3) 운동 방법의 결정

주사기 두 개를 고무관으로 연결하여 공기압으로 서로 떨어진 주사기 사이에 동력을 전달한다.

(4) 구상도 그리기

구상된 로봇 팔의 완성된 모양을 구체적으로 그린다.

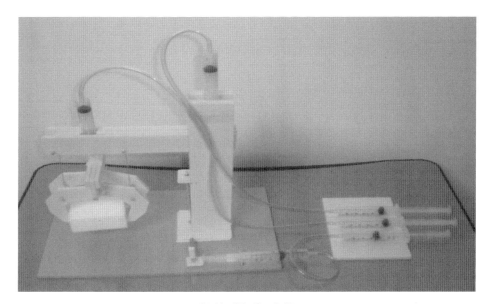

[구상도(참고용 사진)]

(5) 공구 준비하기

(가) 필요한 공구

글루건, 커터 칼, 니퍼, 롱노즈플라이어, 자

(나) 공구 사용법

① 글루건

글루건을 켜 놓고 3~5분 경과하면 헤드 쪽의 열로 인해 핫멜트가 녹게 되고 안쪽 레버를 당기면 핫멜트가 녹은 뜨거운 액체가 나오는데 접착하고자 하는 부위에 바르면 굳어지면서 고정하게 된다. 헤드 쪽은 뜨거우므로 사용 중에 손에 닿지 않도록 주의한다.

② 커터 칼

커터 칼은 칼날을 너무 많이 빼고 사용하지 않는다. 주로 우드락을 절단할 때 사용되는데 칼이 무뎌졌을 때는 칼날을 1칸 잘라내고 사용한다. 우드락과의 절단 각도는 작을수록(약 30°) 매끄럽고 직선으로 잘 절단된다. 절단할 때에는 손을 다치지 않도록 주의한다.

③ 니퍼

니퍼는 철사나 전선을 자르거나 전선의 연선 피복을 벗길 때 사용한다.

④ 롱노즈플라이어

롱노즈플라이어는 철사를 절단하거나 굽히는 데 유용하게 사용된다.

나) 도면 그리기

(1) 제작도 그리기

구상도에 따라 기본적인 모양과 치수가 표현된 제작도를 그린다. 아래 그림은 로봇 팔의 모양과 크기가 잘 나타나는 정면도를 그린 것이다. 여기에서 제시한 구상도와 제작도는 참고용으로 학생들이 주어진 학습목표를 달성하기 위해 얼마든지 창의적으로 구조를 변경할 수 있다.

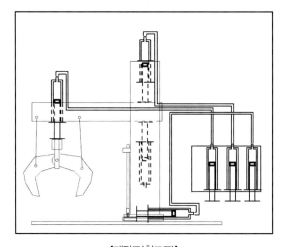

[제작도(참고도)]

(2) 부품도 그리기

제작도를 기초로 하여 각각의 부품도를 그린다.

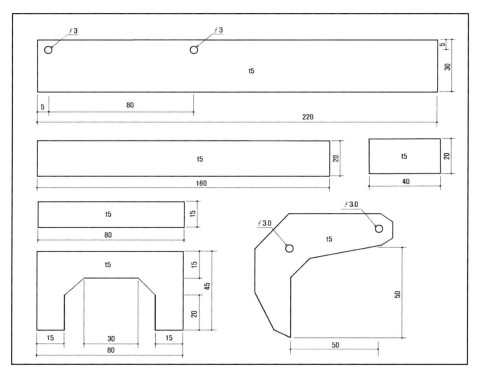

[부품도 1]

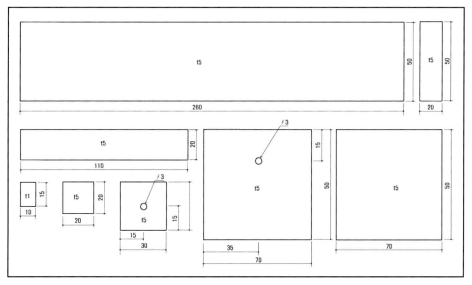

[부품도 2]

(3) 조립도 그리기

주사기를 이용한 로봇 팔의 제작도와 부품도를 기초로 하여 조립도를 그린다.

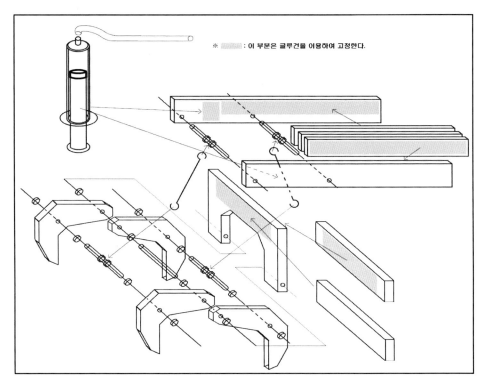

[조립도 1]

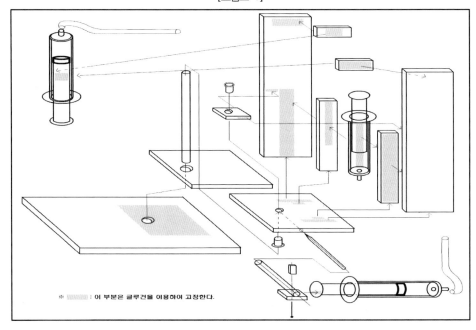

[조립도 2]

다) 제작하기

(1) 마름질하기

부품도의 치수에 따라 자, 볼펜, 커터 칼을 이용하여 금을 긋고 자른다.

[마름질 선 긋기]

자를 대고 볼펜으로 금을 긋는다. 우드락의 측면을 이용하여 마름질하면 절단 작업을 줄일 수 있다.

[마름질 선 자르기]

마름질 선을 따라 자를 대고 커터 칼로 자른다. 칼의 각도를 작게(약 30°) 해야 깨끗하게 잘 잘린다. 커터 칼을 자의 측면에 밀착하여 마름질 선에서 이탈되지 않도록 한다.

(2) 가공하기

부품도에 지시된 치수가 되도록 가공한다.

[구멍 뚫기]

대나무축을 이용하여 부품도에 표시된 위치에 구멍 두 개를 우드락 판이 갈라지지 않도록 조심하여 뚫는다(그립, 그립 연결용 ㄷ 자 지지대, 수평지지대, 좌우 선회용 지지판).

(3) 조립하기

가공된 부품을 조립도를 보면서 순서대로 조립한다. 글루건으로 고정하기 전에
시험 조립을 통해 확인하면 실수를 줄일 수 있다.

■ 그립 부재 조립하기

ㄷ 자 지지대 사이에 두 개의 그립을 꽂고 고무관을
길이 3mm 정도로 잘라 두 개 끼운 후 그립 네 개를
꽂는다. 여기서 고무관은 그립과 철사의 위치를 고정해
주는 역할을 한다.

[그립 조립하기]

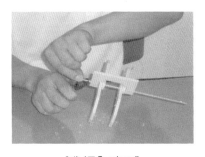

니퍼를 이용하여 대나무축을 자른다. 이때는 짧은 쪽을
잡고 잘라 튀지 않도록 한다.

[대나무축 자르기]

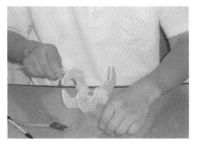

대나무축을 그립의 허리구멍에 끼워 연결한다.
3mm 길이로 자른 고무관을 그립 양쪽의 대나무축에 각
각 끼워 그립의 위치를 고정한다.

[그립 허리 축 꽂기]

ㄷ 자 지지대의 가운데 부분을 보강하기 위해 글루건
으로 우드락을 덧붙인다.

[ㄷ 자 지지대 보강]

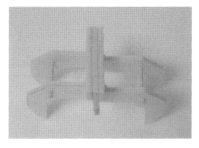

그립을 움직여 잘 작동되는지 확인한다.

[완성된 그립]

■ 수평 지지대 조립하기

수평지지대(소) 세 개 양쪽에 수직 지지대(대)를 글루건
으로 접착한다.

[수평 지지대 조립]

수평지지대에 주사기를 부착한다. 주사기의 손잡이 부분
이 그립 쪽으로 향하도록 주의한다.

[주사기 결합]

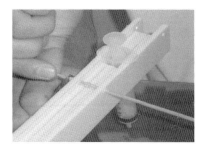

[대나무축 조립]

수평지지대에 대나무축을 꽂는다. 3mm 고무관을 두 개 끼워 철사의 위치를 고정할 수 있도록 한다. 대나무축을 자를 때는 짧은 쪽이 튀지 않도록 잡고 자른다.

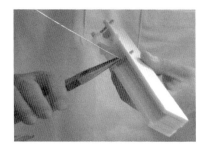

[철사 연결]

롱노즈플라이어를 이용하여 철사를 고리 모양으로 만든 후 대나무축에 끼우고 빠지지 않도록 롱노즈플라이어를 이용하여 조여 준다.

[그립 결합]

수평지지대와 그립을 시험 조립하여 철사의 길이를 정한(약 80mm) 후 니퍼로 자른다. 주사기의 손잡이와 ㄷ자 지지대를 글루건으로 결합한다.

[고무관 연결]

주사기와 고무관을 연결한 후 시험작동을 해 본다. 그립이 작동되는지 확인하고 피스톤의 위치와 철사의 길이를 조정하여 그립의 유효 작동 범위를 맞춘다.

■ 수직지지대 조립하기

[보조지지대 부착]

수직지지대의 하단 안쪽에 주사기 부착용 보조지지대, 상단 안쪽에 주사기 부착용 보조지지대를 글루건으로 부착한다.

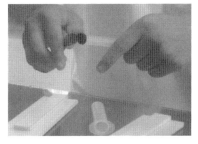

[피스톤의 고무 제거]

수직지지대 아래쪽에 부착되는 가이드용 주사기의 피스톤 고무를 니퍼로 제거한 후 주사기 몸체를 글루건으로 수직지지대 안쪽에 부착한다.

[수평지지대 결합]

수평지지대의 아래쪽에 수직지지대의 하단 쪽 주사기의 손잡이를 글루건으로 붙이고 수평지지대의 위쪽에는 수직지지대의 상단 쪽 주사기의 손잡이를 글루건으로 결합한다.

[수직지지대 결합]

수직지지대의 상하 주사기의 몸체에 글루건을 바르고 나머지 한쪽 수직지지대를 부착한다.

■ 베이스부재 조립하기

[대나무축 세우기]

바닥판에 글루건으로 좌우 선회 축용 대나무축을 부착하여 세운다. 이때 보조판을 부착하여 대나무축이 쓰러지지 않도록 한다.

[금속관 끼우기]

수직지지대의 하단에 부착할 좌우 선회용 밑판에 대나무 고치로 구멍을 뚫고, 동작 시 마찰을 줄이기 위해 금속관을 끼운다.

[수직지지대 세우기]

바닥판에 수직으로 세운 대나무축에 수직지지대의 좌우 선회용 상하 판의 금속관 구멍을 맞추어 끼운다.
좌우 선회용 상판 지지대 위쪽으로 나온 대나무축은 니퍼로 잘라내어 길이를 조정한다.

[좌우 선회 축 꽂기]

좌우 선회 밑판의 대나무축을 잘라 측면에서 좌우 선회축의 중심을 향하도록 꽂는다. 두께가 5㎜인 우드락판 내부에 대나무축을 끼워야 하기 때문에 조심하여 꽂는다.

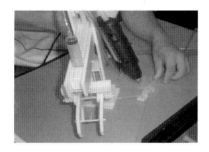

[선회용 주사기 부착]

빨대를 대나무축 길이보다 10mm 길게 잘라 우드락 판 (15mm×15mm) 위에 올리고 침 판을 우드락 판 아래에서 위쪽으로 빨대를 관통하여 꽂아 결합한다. 우드락 판은 글루건으로 주사기의 손잡이에 부착한 후 좌우 선회용 주사기를 글루건으로 바닥판에 부착한다.

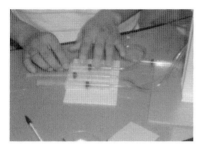

[원동용 주사기 부착]

우드락으로 만든 조종기판에 원동용 주사기 세 개를 그립 제어용, 수직이동 제어용, 좌우 선회 제어용 순으로 글루건을 이용하여 부착한 후 고무관으로 로봇 팔의 각 주사기와 연결한다.

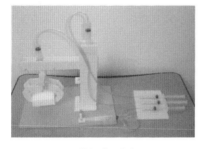

[시험 작동하기]

조종기의 주사기를 조작하여 로봇 팔을 시험 작동해 본다.
로봇 팔의 동작 범위가 크도록 원동 쪽 주사기와 종동 쪽 주사기의 공기량을 조정한다.

라) 검사하기

제작도에 따라 다음 항목들을 검사한다.

• 제작도의 치수대로 잘 가공되었는가?
• 전후 왕복운동 장치의 작동은 잘 되는가?
• 스위치의 위치와 로봇 팔의 동작은 일치하는가?
• 그립의 물건 잡는 동작이 잘 되는가?
• 상하, 좌우 동작이 잘 되는가?

마) 평가하기

로봇 팔을 만든 후 각자가 스스로 평가해 본다.

평가 단계	평가 항목	평정표		
		상	중	하
준비	제품 제작에 따른 실습 계획서는?			
	실습에 필요한 물품의 준비 과정은?			
실습	실습 처리 순서와 작업 과정은?			
	안전 수칙의 준수 사항은?			
	기계 및 공구들의 사용 방법은?			
	경제적으로 재료를 사용했는가?			
검사	제작도의 치수와 제품의 일치 관계는?			
	로봇 팔의 물건 이동 성능은?			
	로봇 팔의 미적 감각은?			
느낀 점				

2) 전동기를 이용한 로봇 팔 만들기(중급 과정)

우드락과 포멕스, 전동기, 볼트·너트(PVC 재질), 스위치 등을 이용하여 3자유도를 갖는 로봇 팔을 다음과 같이 제작해 보자. 또한 물체를 제작할 때에는 작업을 안전하게 하기 위하여 안전 수칙을 잘 지키도록 한다.

학습목표

A 지점에 위치한 스펀지 재질의 직육면체(가로 : 세로 : 높이 = 7cm : 7cm : 3cm)를 10cm 떨어진 B 지점으로 직육면체에 손을 직접 접촉하지 않고 전동기의 동력으로 들어서 이동시킬 수 있는 3자유도를 갖는 로봇 팔을 만들 수 있다.

♣ 안전 수칙 ♣

① 칼로 우드락과 포멕스를 자를 때에는 손을 다치지 않도록 주의한다.

② 전기인두로 납땜 작업을 할 때에는 화상에 주의한다.

③ 전기 드릴을 사용할 때에는 드릴 날에 다치지 않도록 주의한다.

④ 니퍼와 롱노즈플라이어로 철사를 자르거나 굽힐 때는 다치지 않도록 주의한다.

⑤ 대나무축과 철사를 자를 때에는 조각이 튀지 않도록 잘려 나가는 쪽을 잡고 조심스럽게 자른다.

⑥ 침 핀과 대나무축에 찔리지 않도록 조심한다.

⑦ 커터 칼로 절단작업을 할 때는 작업대가 손상되지 않도록 조치를 취하고 실습한다(고무판이나 두꺼운 종이 활용).

가) 구상하기

(1) 형태와 크기의 결정

로봇 팔의 형태는 좌우로 선회할 수 있는 수직지지대에 상하로 이동이 가능한 수평지지대를 결합하고 수평지지대 끝에는 물건을 잡을 수 있는 그립을 장착한 구조로 만들며 크기는 가로, 세로, 높이 각각 30㎝가 적당하다.

(2) 재료의 선택

구상한 로봇 팔의 재료를 조사하여 재료표를 만든다. 주재료는 가공하기 쉽고 구입하기 용이한 우드락(압축스티로폼, T5)과 포멕스 판을 이용한다.

〈재료표〉

재료명	규격	단위	수량
우드락	A4, 5T	개	3
포멕스	3T, 150mm×120mm	개	1
주사기	10cc	개	1
대나무축	φ3mm, L150mm	개	3
전동기	3V	개	3
풀리	전동기 축용	개	3
볼트, 너트	PVC, 8×60	개	3
스위치	3핀	개	9
철사	φ1mm, L300mm	mm	300
침핀		개	1
전선	적, 흑	mm	1,500
금속관	φ4mm, L5mm	개	2
빨대	φ4mm, L5mm	개	1

볼트의 길이가 길수록 로봇 팔의 작동 반경이 넓어지기 때문에 가능하면 볼트의 길이가 긴 것을 준비한다. 여기서는 60㎜ 볼트를 사용한다.

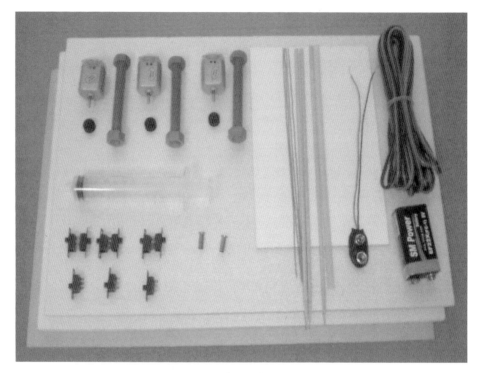

[재료 사진]

볼트와 너트는 PVC 재질로 된 것을 이용하여 무게를 줄이고 가공이 쉽도록 한다. 특히, 볼트의 길이가 길수록 로봇 팔의 작동 반경이 크기 때문에 가능한 한 긴 볼트를 준비한다.

(3) 운동 방법의 결정
전동기의 회전력을 볼트와 너트를 이용한 전후 직선 왕복운동으로 전환하여 로봇 팔의 움직임을 구현한다.

(4) 구상도 그리기
구상된 로봇 팔의 완성된 모양을 구체적으로 그린다.

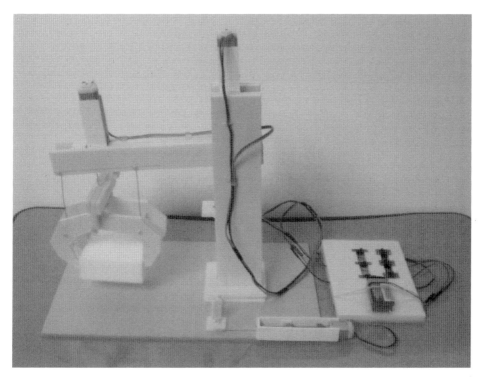

[구상도(참고용 사진)]

(5) 공구 준비하기

(가) 필요한 공구

글루건, 커터 칼, 전기인두, 니퍼, 롱노즈플라이어, 와이어스트리퍼, 전기드릴

(나) 공구 사용법

① 글루건

글루건을 꺼 놓고 3~5분 경과하면 헤드 쪽의 열로 인해 핫멜트가 녹게 되고 안쪽 레버를 당기면 핫멜트가 녹은 뜨거운 액체가 나오는데 접착하고자 하는 부위에 바르면 굳어지면서 고정하게 된다. 헤드 쪽은 뜨거우므로 사용 중에 손에 닿지 않도록 주의한다.

② 커터 칼

커터 칼은 칼날을 너무 많이 빼고 사용하지 않는다. 주로 우드락을 절단할 때 사용되는데 칼이 무뎌졌을 때는 칼날을 1칸 잘라내고 사용한다. 우드락과의 절단 각도는 작을수록(약 30°) 매끄럽고 직선으로 잘 절단된다. 절단할 때에는 손을 다치지 않도록 주의한다.

③ 전기 인두

전기 인두는 땜납을 전기 열로 녹여 전기, 전자 부품을 견고하게 결합하는 역할을 한다. 납땜 작업은 높은 열 때문에 위험하므로 조심해서 작업해야 한다. 납땜 시 발생하는 연기는 흡입하지 않도록 주의한다.

④ 니퍼

니퍼는 철사나 전선을 자르거나 전선의 연선 피복을 벗길 때 사용한다.

⑤ 롱노즈 플라이어

롱노즈 플라이어는 철사를 절단하거나 굽히는 데 유용하게 사용된다.

⑥ 와이어 스트리퍼

전선의 피복 두께보다 조금 작은 홈에 맞추어 전선 끝에서 20㎜ 정도 간격에서 손잡이를 움켜잡으면 피복이 벗겨진다.

⑦ 전기 드릴

정회전 방향으로 버튼을 설정하고 구멍을 뚫을 곳에 드릴 날을 수직으로 세우고 손잡이를 당겨 구멍을 뚫는다.

나) 도면 그리기

(1) 제작도 그리기

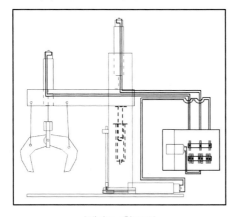

[제작도 (참고도)]

구상도에 따라 기본적인 모양과 치수가 표현된 제작도를 그린다. 아래 그림은 로봇 팔의 모양과 크기가 잘 나타나는 정면도를 그린 것이다. 여기에서 제시한 구상도와 제작도는 참고용으로 학생들이 주어진 학습목표를 달성하기 위해 얼마든지 창의적으로 구조를 변경할 수 있다.

(2) 부품도 그리기

제작도를 기초로 하여 각각의 부품도를 그린다.

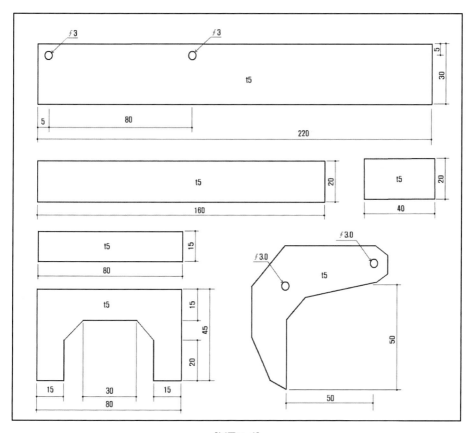

[부품도 1]

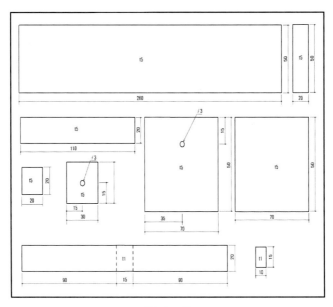

[부품도 2]

(3) 조립도 그리기

전동기를 이용한 로봇 팔의 제작도와 부품도를 참고로 조립도를 그린다.

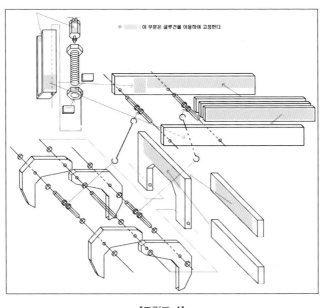

[조립도 1]

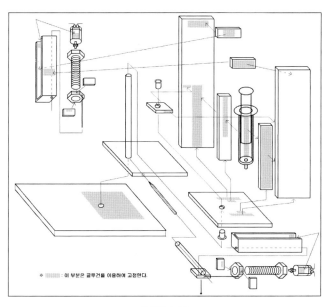

[조립도 2]

다) 제작하기

(1) 마름질하기

부품도의 치수에 따라 자, 볼펜, 커터 칼을 이용하여 금을 긋고 자른다.

자를 대고 볼펜으로 금을 긋는다. 우드락의 측면을 이
용하여 마름질하면 절단작업을 줄일 수 있다.

[마름질 선 긋기]

TIP

부품의 치수를 종이에 도안하여 우드락 판에 풀로 붙이고 칼로 자르는 방법으로 시간을 단축할 수 있다.

[마름질 방법]

그립의 경우 한 번 절단한 그립을 대고 선을 그으면 쉽게 마름 선을 그을 수 있다.

[마름질 선 자르기]

마름질 선을 따라 자를 대고 커터 칼로 자른다. 칼의 각도를 작게(약 30°) 해야 깨끗하게 잘 잘린다. 커터 칼을 자의 측면에 밀착하여 마름질 선에서 이탈되지 않도록 한다.

[마름질 선 긋기]

포멕스 판에 볼펜을 이용하여 너트 이송운동에 필요한 가이드 판을 제작하기 위한 선을 긋는다.

[마름질 선 자르기]

포멕스를 커터 칼로 자른다. 포멕스 두께가 1㎜로 칼의 각도를 작게 하여(약 40°) 2~3번 정도 반복하여 자르면 잘 절단된다. 처음 자를 때는 힘을 약하게 주어 칼 길을 내고 2, 3번째는 힘을 강하게 주어 절단한다.

(2) 가공하기

부품도에 지시된 치수가 되도록 가공한다.

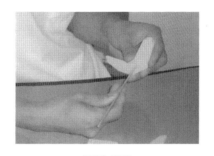

[구멍 뚫기]

대나무축을 이용하여 부품도에 표시된 위치에 구멍을 두 개 뚫는다(그립, 그립 연결용 ㄷ 자 지지대, 수평지지대, 좌우 선회용 지지판).

[볼트 가공]

볼트(PVC 재질) 머리에 ∮3 드릴 날로 구멍을 3mm 깊이로 뚫어 전동기와 결합이 견고하게 되도록 한다.

[포멕스 굽히기]

포멕스 판을 잘라 만든 너트 이송 가이드의 한쪽 끝에서 15mm 되는 거리에 칼로 한 번 긁은 후 90°로 꺾는다. 두 개 만든 후 ㄷ 자 형태로 결합한다.

(3) 조립하기

가공된 부품을 조립도를 보면서 글루건을 이용하여 순서대로 조립한다. 고정하기 전에 시험 조립을 통해 확인하면 실수를 줄일 수 있다.

■ 그립부재 조립하기

[그립 중심축 꽂기]

대나무축을 ㄷ 자 지지대 한쪽 지지대에 꽂는다.
ㄷ자 지지대 사이에 두 개의 그립을 꽂고 고무관을 길
이 3mm 정도로 잘라 네 개 끼운다. 여기서 고무관은
그립과 철사의 위치를 고정해 주는 역할을 한다.

[그립 조립하기]

나머지 두 개 그립을 대나무 꼬치에 꽂아 반대쪽 지지
대에 꽂은 후 그립이 좌우로 움직이지 않도록 고무관
을 이동하여 고정한다.

[대나무축 자르기]

니퍼를 이용하여 대나무축을 자른다. 이때는 짧은 쪽을
잡고 잘라 튀지 않도록 한다.

[그립 허리 축 꽂기]

대나무축을 그립의 허리구멍에 끼워 연결한다. 이때 3
mm 길이로 자른 고무관을 그립 양쪽에 각각 꽂아 그립
이 좌우로 움직이지 않도록 위치를 고정한다.

[ㄷ 자 지지대 보강]

ㄷ 자 지지대의 가운데 부분을 보강하기 위해 글루건으로 우드락을 덧붙인다.

[완성된 그립]

그립을 움직여 잘 작동되는지 확인한다.

■ 수평지지대 조립하기

[수평지지대 조립]

수평지지대(소) 세 개를 먼저 접착하고 양쪽에 수평지지대(대)를 글루건으로 접착한다.

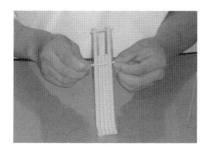

[대나무축 결합]

수평지지대에 대나무축을 꽂는다. 3mm 고무관을 두 개 끼워 철사의 위치를 고정할 수 있도록 한다.

■ 전후 이송운동 장치 조립하기

[전선 연결하기]

와이어스트리퍼로 전선 피복을 끝에서 15mm 정도 벗긴다. 벗긴 전선 부분을 전동기 단자에 결합한다.

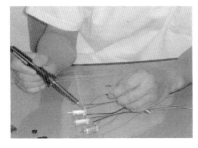

[납땜하기]

전동기와 전선이 결합된 부분을 납땜하여 견고하게 결합한다. 전선의 색(적, 흑)을 각 전동기의 같은 쪽에 연결하여 조종기의 스위치와 연결할 때 전동기의 회전방향을 확인하기 쉽게 한다.

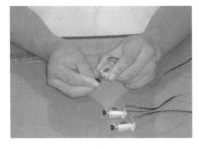

[전동기에 풀리 꽂기]

전동기 축에 풀리를 끼워 볼트와 접촉 면적을 넓게 하여 결합이 잘 되도록 한다.
전동기 축이 풀리 밖으로 약간 나오도록 눌러 볼트의 구멍에 끼울 수 있도록 한다.

[볼트 머리 구멍 뚫기]

볼트 머리의 중앙에 길이 방향으로 드릴을 이용하여 수직으로 구멍(∮ 3mm)을 뚫는다.

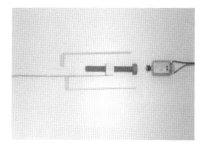

[전후 이송장치 배치]

전동기, 포멕스, 볼트, 너트, 철사를 시험 조립해 본다. 포멕스 판과 너트에 부착된 보조부재의 간격을 1mm 정도 여유 있게 해야 미끄러지듯 부드럽게 움직인다.

[볼트와 전동기 결합]

전동기의 풀리에 글루건을 바르고 볼트 머리와 일직선이 되도록 부착한다. 이때 전동기의 축이 볼트 머리의 구멍에 들어가도록 한다.

너트 양쪽 측면에 포멕스 판을 부착하여 너트가 쉽게 이송되도록 한다.

[너트 가이드 결합]

포멕스 판 두 개를 부착하여 ㄷ 자 형태로 만든다.

ㄷ 자 포멕스 판에 글루건을 바른 후 전동기의 측면에 부착한다.

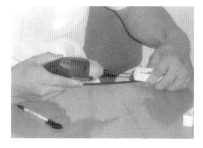

[철사 구멍 뚫기]

포멕스 판에 철사가 들어가도록 전기드릴로 구멍(∮3mm)을 뚫는다. 이때 너트의 측면에 철사가 고정되는 위치를 확인하고 일직선이 되도록 구멍의 위치를 잡는다.

철사를 포멕스 판 구멍에 넣고 글루건으로 너트의 측면에 부착한다.

[철사 고정하기]

■ 그립부재와 수평지지대 결합하기

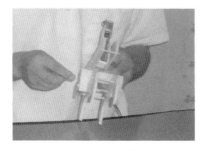

글루건으로 전후 이송장치를 수평지지대에 고정한 후 철사의 끝을 ㄱ 자로 굽혀 그립의 ㄷ 자 지지대의 중앙에 글루건으로 결합한다.

[이송장치 연결]

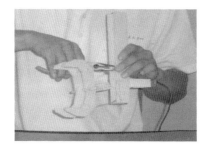

철사를 이용하여 그립의 양쪽 대나무축을 수평지지대의 대나무축과 연결한다. 철사 끝을 고리 모양으로 만들어 대나무축을 감싸 움직임이 방해되지 않도록 한다.

[그립 연결]

■ 수직지지대 조립하기

수직지지대에 글루건으로 보조지지대를 부착하고, 주사기의 고무 피스톤을 빼내고 글루건으로 수직지지대의 하단에 부착하여 수평지지대의 상하운동 시 가이드 역할을 하도록 한다.

[주사기 고정]

[수직지지대 결합]

수평지지대의 하단에 주사기의 손잡이를 부착하고 상단에는 전후 이송장치의 철사를 부착한다.
주사기 몸체의 측면과 전후 이송장치의 포멕스 부분에 글루건을 바른 후 나머지 한쪽 수직지지대를 부착하여 완성한다.

[금속관 결합]

좌우 선회 밑판이 회전할 때 마찰을 줄이도록 금속관을 끼우고 글루건으로 고정한다.
수직지지대의 좌우 선회용 위판에도 구멍을 뚫고 마찰을 줄이기 위해 금속관을 끼운다.

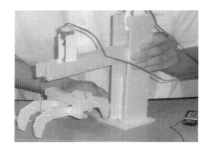

[선회용 밑판 부착]

수직지지대 아래쪽에 글루건을 바른 후 수직지지대와 좌우 선회용 밑판을 부착한다. 좌우 선회용 위판도 밑판과 구멍이 일치되는 위치에 글루건으로 고정한다.

■ 베이스부재 조립하기

[대나무축 세우기]

바닥판에 좌우 선회용 밑판의 위치를 잡고 대나무축을 꽂아 구멍을 뚫는다.
바닥판과 좌우 선회 밑판 사이에 글루건을 칠한 후 눌러 부착하여 대나무축을 수직으로 세울 수 있도록 한다.

[수직지지대 세우기]

수직지지대의 아래, 위쪽에 위치한 좌우 선회용 지지판의 구멍에 바닥판의 대나무축을 끼워 수직지지대를 세운다.

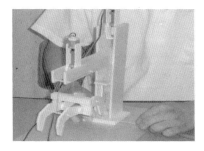

[대나무축 결합]

좌우 선회용 밑판에 대나무축을 잘라 좌우 선회축의 중심을 향하도록 꽂는다.
빨대를 대나무축의 길이보다 10mm 정도 길게 잘라 대나무축에 끼운다.

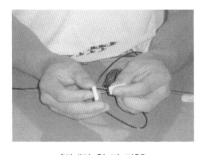

[빨대와 침 핀 결합]

빨대를 우드락 판(15mm×15mm) 위에 올리고 침 판을 우드락 판 아래에서 위쪽으로 빨대를 관통하여 꽂아 결합한다. 우드락 판은 글루건으로 주사기의 손잡이에 부착한 후 좌우 선회용 주사기를 글루건으로 바닥판에 부착한다.

[전후 이송장치 결합]

수직지지대를 손으로 좌우로 움직이며 전후 이송장치의 철사에 고정할 위치를 표시한다.
우드락 판은 글루건으로 전후 이송장치의 철사 부분에 부착한다.

■ 조종기 조립하기

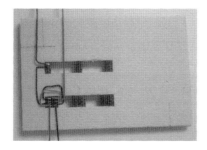

[조종기 배선하기]

3핀 스위치를 조종기판의 하단에 여섯 개, 상단에 세 개 배치한다.

스위치를 글루건으로 조종기판에 부착한 후 회로도〈그림 Ⅲ−3−85〉를 참고하여 배선한다. 전선의 색깔을 구분하여 배선하면 전동기 회전방향 확인에 도움이 된다.

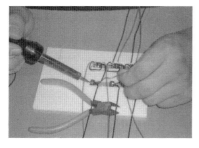

[조종기 납땜]

전기인두로 납땜하여 견고하게 결합한다. 스위치의 핀 간격이 좁으므로 단락되지 않도록 주의한다.

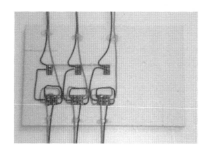

[배선 정리]

글루건을 이용하여 조종기 판에 전선을 가지런히 고정하여 정리한다.

전동기는 3V용이지만 건전지를 3V용으로 사용하면 회전력이 약하기 때문에 9V 사각건전지를 사용한다.

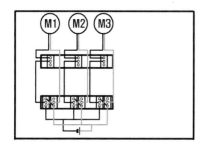

[회로도]

3핀 스위치 두 개를 결합하여 전동기 전압 극(+, −)을 바꿔 전동기의 정·역회전을 전환할 수 있는 전기회로도이다. 위쪽 스위치는 전동기의 ON/OFF 스위치이고 아래쪽 스위치는 전동기의 정·역회전 전환용 스위치이다.

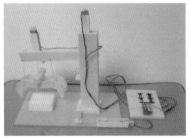

전후 이송장치의 전동기 전선과 스위치 전선을 각각 연결한다. 이때 스위치의 위치와 전동기의 회전방향을 확인하여 회전방향이 반대면 전선의 각 선을 반대로 연결한 후 납땜하고 절연테이프로 감는다. 조종기의 스위치를 조작하여 로봇 팔을 시험 작동해 본다.

[완성 모습]

라) 검사하기

제작도에 따라 다음 항목들을 검사한다.

- 제작도의 치수대로 잘 가공되었는가?
- 전후 왕복운동 장치의 작동은 잘 되는가?
- 스위치의 위치와 로봇 팔의 동작은 일치하는가?
- 그립의 물건 잡는 동작이 잘 되는가?
- 상하, 좌우 동작이 잘 되는가?

마) 평가하기

로봇 팔을 만든 후 각자가 스스로 평가해 본다.

평가단계	평가 항목	평정표		
		상	중	하
준비	제품 제작에 따른 실습 계획서는?			
	실습에 필요한 물품의 준비 과정은?			
실습	실습 처리 순서와 작업 과정은?			
	안전 수칙의 준수 사항은?			
	기계 및 공구들의 사용 방법은?			
	경제적으로 재료를 사용했는가?			
검사	제작도의 치수와 제품의 일치 관계는?			
	로봇 팔의 물건 이동 성능은?			
	로봇 팔의 미적 감각은?			
느낀 점				

3) 서보를 이용한 프로그램형 로봇 팔 만들기(고급 과정)

우드락과 포멕스, 서보 모터, 컨트롤러 등을 이용하여 3자유도를 갖는 로봇 팔을 다음과 같이 제작해 보자. 또한 물체를 제작할 때에는 작업을 안전하게 하기 위하여 안전 수칙을 잘 지키도록 한다.

학습목표

A 지점에 위치한 스펀지 재질의 직육면체(가로 : 세로 : 높이＝7㎝ : 7㎝ : 3㎝)를 5㎝ 떨어진 B 지점으로 직육면체에 손을 직접 접촉하지 않고 서보 모터와 컨트롤러의 제어에 의해 들어서 이동시킬 수 있는 3자유도를 갖는 로봇 팔을 만들 수 있다.

♣ 안전 수칙 ♣
① 칼로 우드락과 포멕스를 자를 때에는 손을 다치지 않도록 주의한다.
② 전기 드릴을 사용할 때에는 드릴 날에 다치지 않도록 주의한다.
③ 니퍼와 롱노즈플라이어로 철사를 자르거나 굽힐 때는 다치지 않도록 주의한다.
④ 대나무축과 철사를 자를 때에는 조각이 튀지 않도록 잘려 나가는 쪽을 잡고 조심스럽게 자른다.
⑤ 침 핀과 대나무축에 찔리지 않도록 조심한다.
⑥ 커터 칼로 절단작업을 할 때는 작업대가 손상되지 않도록 조치를 취하고 실습한다(고무판이나 두꺼운 종이 활용).

가) 구상하기
(1) 형태와 크기의 결정
로봇 팔의 형태는 좌우로 선회할 수 있는 수직지지대에 상하로 이동이 가능한 수평지지대를 결합하고 수평지지대 끝에는 물건을 잡을 수 있는 그립을 장착한 구조로 만들며 크기는 가로, 세로, 높이 각각 30㎝가 적당하다.

(2) 재료의 선택
주재료는 가공하기 쉽고 구입하기 용이한 우드락(압축스티로폼, T5)과 포멕스를 주로 사용한다. 로봇 팔 제작도에 따라 필요한 재료를 조사하여 재료표를 만든다.

<재료표>

재료명	규격	단위	수량
우드락	A4, T5	개	3
포멕스	3T, 150mm×120mm	개	1
서보모터	AX－12＋	개	3
컨트롤러	CM－5, 배터리 내장	개	1
볼트, 너트	PVC, 8×60	개	3
케이블	180mm, AX－12＋용	개	4
주사기	10cc	개	1
대나무축	지름 3mm, 길이 150mm	개	4
철사	지름 1mm, 길이 300mm	mm	300
침핀		개	1
금속관	∮4mm, L5mm	개	2
빨대	∮4mm, L200mm	개	1

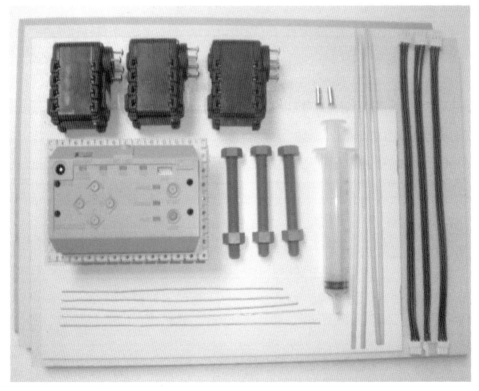

[재료 사진]

(3) 운동 방법의 결정

서보 모터의 회전력을 볼트와 너트를 이용하여 전후 직선 왕복운동으로 전환하고 서보 모터 세 개를 컨트롤러로 제어할 수 있도록 프로그래밍하여 수직, 수평 지지대와 그립이 정해진 경로를 따라 움직이며 물건을 들어서 이동할 수 있도록 한다.

(4) 구상도 그리기

구상된 로봇 팔의 완성된 모양을 구체적으로 그린다.

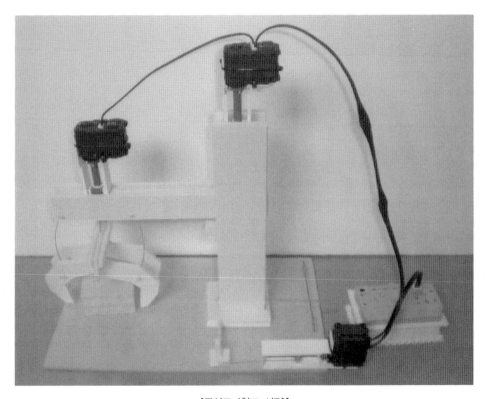

[구상도 (참고 사진)]

(5) 공구 준비하기

(가) 필요한 공구

글루건, 커터 칼, 니퍼, 롱노즈플라이어, 전기드릴, 자(30㎝)

(나) 공구 사용법

① 글루건

　　글루건을 켜 놓고 3~5분 경과하면 헤드 쪽의 열로 인해 핫멜트가 녹게 되고 안쪽 레버를 당기면 핫멜트가 녹은 뜨거운 액체가 나오는데 접착하고자 하는 부위에 바르면 굳어지면서 고정하게 된다. 헤드 쪽은 뜨거우므로 사용 중에 손에 닿지 않도록 주의한다.

② 커터 칼

　　커터 칼은 칼날을 너무 많이 빼고 사용하지 않는다. 주로 우드락을 절단할 때 사용되는데 칼이 무뎌졌을 때는 칼날을 1칸 잘라내고 사용한다. 우드락 과의 절단 각도는 작을수록(약 30°) 매끄럽고 직선으로 잘 절단된다. 절단 할 때에는 손을 다치지 않도록 주의한다.

③ 니퍼

　　니퍼는 철사나 전선을 자르거나 전선의 연선 피복을 벗길 때 사용한다.

④ 롱노즈플라이어

　　롱노즈플라이어는 철사를 절단하거나 굽히는 데 유용하게 사용된다.

⑤ 전기드릴

　　정회전 방향으로 버튼을 설정하고 구멍을 뚫을 곳에 드릴 날을 수직으로 세우고 손잡이를 당겨 구멍을 뚫는다.

나) 도면 그리기

　(1) 제작도 그리기

구상도에 따라 기본적인 모양과 치수가 표현된 제작도를 그린다. 아래 그림은 로봇 팔의 모양과 크기가 잘 나타나는 정면도를 그린 것이다. 여기에서 제시한 구상도와 제작도는 참고용으로 학생들이 주어진 학습목표를 달성하기 위해 얼마든지 창의적으로 구조를 변경할 수 있다.

　(2) 부품도 그리기

제작도를 기초로 하여 각각의 부품도를 그린다.

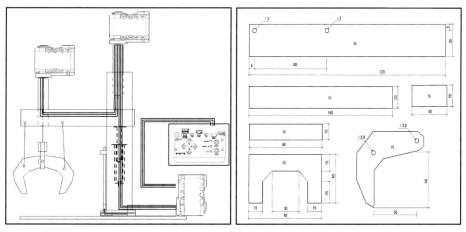

[제작도(참고용)]   [부품도 1]

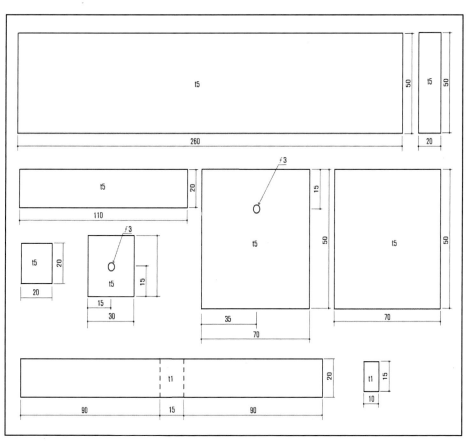

[부품도 2]

(3) 조립도 그리기

제작도와 부품도를 기초로 하여 조립도를 그린다.

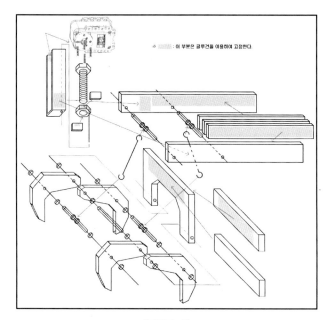

[조립도 1]

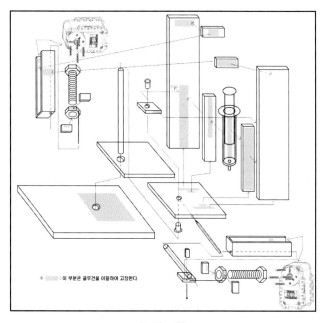

[조립도 2]

다) 제작하기

(1) 마름질하기

부품도의 치수에 따라 자, 볼펜, 커터 칼을 이용하여 금을 긋고 자른다.

[마름질 선 긋기]

자를 대고 볼펜으로 금을 긋는다. 우드락의 측면을 이용하여 마름질하면 절단작업을 줄일 수 있다.

[마름질 선 자르기]

마름질 선을 따라 자를 대고 커터 칼로 자른다. 칼의 각도를 작게(약 30°) 해야 깨끗하게 잘 잘린다. 커터 칼을 자의 측면에 밀착하여 마름질 선에서 이탈되지 않도록 한다.

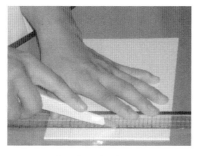

[포멕스 판 자르기]

포멕스를 커터 칼로 자른다. 포멕스 두께가 1mm로 칼의 각도를 작게 하여(약 40°) 2～3번 정도 반복하여 자르면 잘 절단된다. 처음 자를 때는 힘을 약하게 주어 칼 길을 내고 2, 3번째는 힘을 강하게 주어 절단한다.

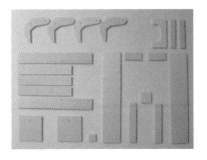

제작도와 부품도를 보고 빠지거나 잘못된 부품이 없는
지 확인한다.

[마름질한 부품]

(2) 가공하기

부품도에 지시된 치수가 되도록 가공한다.

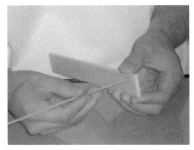

대나무축을 이용하여 부품도에 표시된 위치에 구멍을
두 개 뚫는다(그립, 그립 연결용 ㄷ 자 지지대, 수평지
지대, 좌우 선회용 지지판).

[구멍 뚫기]

(3) 조립하기

가공된 부품을 조립도를 보면서 순서대로 조립한다.

■ 그립부재 조립하기

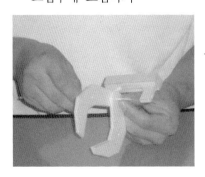

ㄷ 자 지지대 사이에 두 개의 그립을 꽂고 고무관을
길이 3mm 정도로 잘라 네 개 끼운 후 그립 두 개를
꽂는다.

[그립 조립하기]

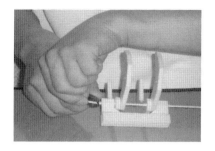

[대나무축 자르기]

니퍼를 이용하여 대나무축을 자른다. 이때는 짧은 쪽을 잡고 잘라 조각이 튀지 않도록 한다.

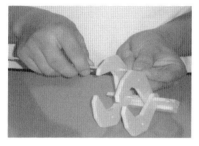

[그립 허리 축 꽂기]

대나무축을 그립의 허리구멍에 끼워 연결한다.
이때 3mm 길이로 자른 고무관을 그립 양쪽의 대나무축에 각각 끼워 그립이 좌우로 움직이지 않도록 위치를 고정한다.

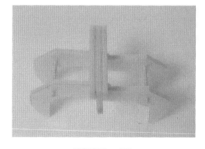

[완성된 그립]

그립을 움직여 잘 작동되는지 확인한다.

■ 수평지지대 조립하기

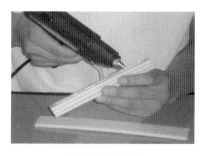

[수평지지대 조립]

수평지지대(소) 세 개를 먼저 접착하고 양쪽에 수평지지대(대)를 글루건으로 접착한다.

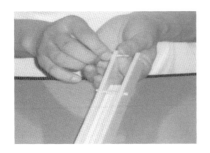

[대나무축 결합]

수평지지대에 대나무축을 꽂는다. 3㎜ 고무관을 두 개 끼워 철사의 위치를 고정할 수 있도록 한다. 대나무축을 자를 때는 짧은 쪽이 튀지 않도록 잡고 자른다.

■ 전후 이송운동 장치 조립하기

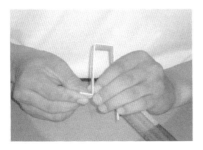

[포멕스 판 굽히기]

전후 이송장치의 너트 가이드용으로 마름질한 포멕스 판을 굽혀 만든다. 이때 굽혀지는 볼록 나오는 쪽을 마름질 선을 따라 칼로 한 번 긁은 다음 굽히면 잘 굽혀진다.

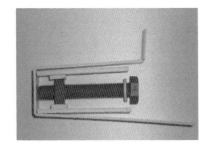

[이송장치 시험 조립]

너트 가이드와 볼트, 너트를 시험 조립해 본다. 포멕스 판과 너트에 부착된 보조부재의 간격을 1㎜ 정도 여유 있게 해야 미끄러지듯 부드럽게 움직인다.

[볼트와 서보 고정]

볼트를 서보 모터의 회전축에 나사를 이용하여 고정한다. 이때 볼트가 서보 모터의 회전축과 일직선이 되도록 수직으로 세운다.

[구멍 뚫기]

포멕스 판에 철사가 들어가도록 전기드릴로 구멍(∮3 mm)을 뚫는다. 이때 너트의 측면에 철사가 고정되는 위치를 확인하고 일직선이 되도록 구멍의 위치를 잡는다.

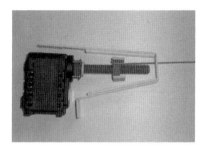

[시험 조립]

전후 이송장치를 시험 조립 후 이상이 없으면 글루건으로 철사와 너트, 포멕스 판과 서보 모터를 결합한다. 포멕스 판과 서보 모터는 케이블 타이로 묶어 견고하게 고정한다.

[서보와 케이블 연결]

서보 모터와 케이블을 연결한다.
케이블 끝의 단자 모양을 확인하고 방향을 맞추어 꽂는다.

[서보와 컨트롤러 연결]

서보와 컨트롤러를 연결한다. AX-12는 체인연결 방식으로 컨트롤러와 서보 1, 2, 3을 끊어지지 않게 연결만 하면 된다. 서보에 ID를 유성 펜으로 기입한다(여기서는 컨트롤러에서 먼 쪽부터 1, 2, 3으로 정한다).

■ 그립부재와 수평지지대 결합하기

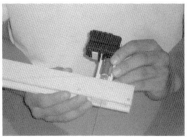

[전후 이송장치 결합]

수평지지대에 서보를 이용한 전후 이송장치를 부착한다. 포멕스 끝단이 수평지지대의 대나무축 쪽으로 향하도록 조립한다.

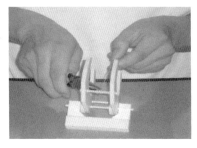

[철사 연결]

그립의 허리 쪽 대나무에 철사를 고리 모양으로 휘어 연결한다.

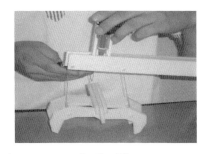

[그립 결합]

수평지지대와 그립을 시험 조립하여 철사의 길이를 정한(약 80㎜) 후 니퍼로 자른 후 ㄱ 자 모양으로 굽힌다. 이 철사를 그립의 ㄷ 자 지지대의 중앙에 글루건으로 결합하여 고정한다. 철사 끝을 고리 모양으로 만들어 대나무축을 감싸 움직임이 방해되지 않도록 한다.

■ 수직지지대 조립하기

[수직지지대 조립]

수직 지지대 상하 쪽에 각각 가이드용 주사기와 전후 이송장치를 부착하기 위해 보조지지대를 글루건으로 부착한다.

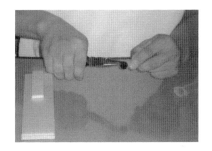

[피스톤의 고무 제거]

니퍼로 수직지지대 아래쪽에 부착되는 가이드용 주사기의 피스톤 고무를 제거한다.

[주사기 부착]

수직 이동 가이드용 주사기 몸체를 글루건으로 수직지지대 안쪽에 부착한다.

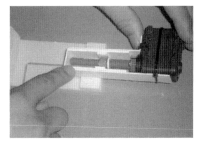

[전후 이송장치 결합]

수직지지대 위쪽에 전후 이송장치를 글루건으로 부착한다. 무게 중심을 맞추기 그립의 반대쪽으로 향하도록 조립한다.

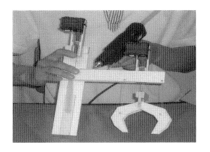

[수평지지대 결합]

수평지지대의 아래쪽에 수직지지대의 하단 쪽 주사기의 손잡이를 붙이고, 수평지지대의 위쪽에는 수직지지대의 상단 쪽 전후 이송장치의 철사를 글루건으로 결합한다.

[금속관 끼우기]

수직지지대의 하단에 부착할 좌우 선회용 밑판에 대나무 고치로 구멍을 뚫고, 마찰을 줄이기 위해 금속관을 끼운다.

[선회용 밑판 부착]

수직지지대 아래쪽에 글루건을 바른 후 수직지지대와 좌우 선회용 밑판을 부착한다. 좌우 선회용 위판도 밑판과 구멍이 일치되는 위치에 글루건으로 고정한다.

■ 베이스부재 조립하기

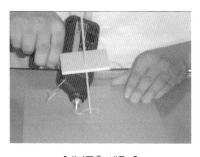

[대나무축 세우기]

바닥판에 좌우 선회용 밑판의 위치를 잡고 대나무축을 꽂아 구멍을 뚫는다.
바닥판과 좌우 선회 밑판 사이에 글루건을 칠한 후 눌러 부착하여 대나무축을 수직으로 세울 수 있도록 한다.

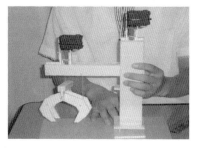

[수직지지대 세우기]

수직지지대의 아래, 위쪽에 위치한 좌우 선회용 지지판의 구멍에 바닥판의 대나무축을 끼워 수직지지대를 세운다.

[좌우 선회축 만들기]

좌우 선회용 밑판에 대나무축을 잘라 좌우 선회축의 중심을 향하도록 꽂는다.
빨대를 대나무축의 길이보다 10mm 정도 길게 잘라 대나무축에 끼운다.

[선회용 이송장치 조립]

15mm×15mm 크기로 자른 우드락 판 위에 빨대를 올리고 침 판을 꽂아 결합하고 우드락 판은 글루건으로 전후 이송장치의 철사에 부착한 후 전후 이송장치의 몸체를 글루건으로 바닥판에 부착한다.

[대나무축 꽂기]

서보의 무게로 인해 그립 쪽으로 쏠린 무게의 중심을 맞추기 위해 로봇 팔의 수직지지대 아래쪽 좌우 선회판의 뒤쪽에서 선회축의 중심을 향하도록 대나무축을 꽂는다.

[무게 중심 맞추기]

철사를 (⬜) 모양으로 굽힌 후 글루건으로 고정하여 대나무축이 철사의 안내를 받아 수평지지대의 무게 중심을 맞추며 좌우로 미끄러져 움직일 수 있도록 한다.

컨트롤러와 서보 세 개를 케이블로 연결하여 배선한다.
이때 2번 서보와 3번 서보의 간격이 멀어서 케이블이
작을 경우 두 개를 연결하여 사용한다.

[배선 연결하기]

(4) 프로그래밍하기

(가) 컨트롤러

CM-5는 서보 제어장치로서 로봇의 두뇌 역할을 한다. 버튼이 내장되어 있어
입력수단으로 사용할 수 있으며 충전지도 내장되어 있다.

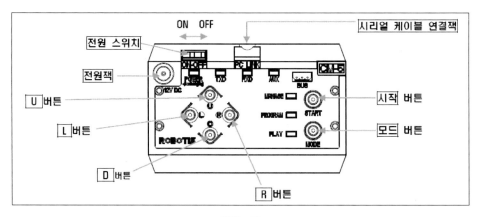

[CM-5]

(나) 서보 모터

AX-12는 로봇 전용 서보 구동장치로서 로봇의 관절 역할을 한다. 속도 및
위치제어가 가능하고 무한 회전으로 설정할 경우 바퀴로도 사용할 수 있다. 여기
서는 무한 회전으로 설정하여 전후 이송장치에 활용하였다.

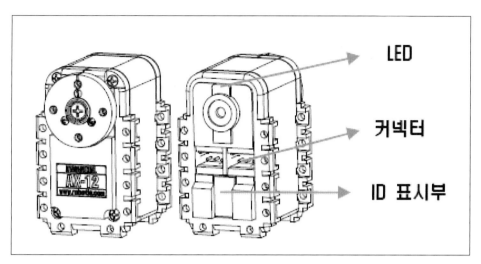

[AX-12]

서보 ID를 그립 쪽, 서보는 1번, 수직지지대 쪽은 2번, 좌우선회용은 3번으로 정한다. 서보의 ID 설정은 로봇 터미널에서 설정한다.

방법) ID [설정 희망 숫자]
(※주의: ID 명령을 수행할 때는 CM–5에 AX–12가 하나만 연결되어 있어야 함)

(다) 행동제어 프로그래머

로봇의 상황 인식, 상황 판단, 행동하기 등을 할 수 있도록 규칙을 만들어 서보와 센서를 제어하기 위한 소프트웨어이다. 여기서 제작하는 로봇파의 서보 제어 흐름도는 다음과 같다.

제어 순서	1번 서보	2번 서보	3번 서보
1			정회전 25초
2	정회전 20초		
3		정회전 20초	
4	역회전 15초		
5		역회전 20초	
6			역회전 35초
7		정회전 20초	
8	정회전 20초		

9		역회전 20초	
10	역회전 20초		
11			정회전 10초

(라) 동작 프로그램 예시

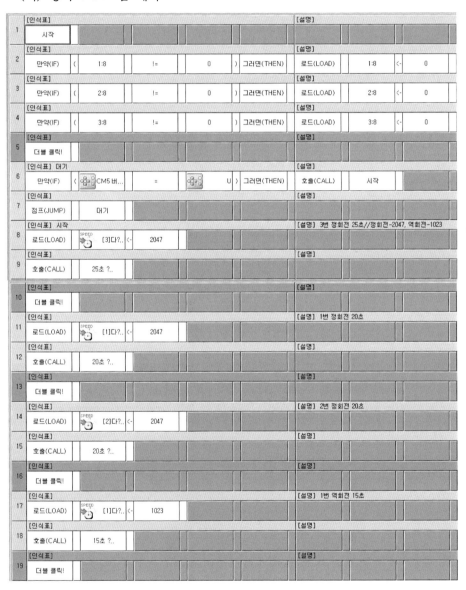

번호	[인식표]				[설명]
20	로드(LOAD)	SPEED [2]다?..	<-	1023	2번 역회전 20초
21	호출(CALL)	20초 ?..			
22	더블 클릭!				
23	로드(LOAD)	SPEED [3]다?..	<-	1023	3번 역회전 35초
24	호출(CALL)	35초 ?..			
25	더블 클릭!				
26	로드(LOAD)	SPEED [2]다?..	<-	2047	2번 정회전 20초
27	호출(CALL)	20초 ?..			
28	더블 클릭!				
29	로드(LOAD)	SPEED [1]다?..	<-	2047	1번 정회전 20초
30	호출(CALL)	20초 ?..			
31	더블 클릭!				
32	로드(LOAD)	SPEED [2]다?..	<-	1023	2번 역회전 20초
33	호출(CALL)	20초 ?..			
34	더블 클릭!				
35	로드(LOAD)	SPEED [1]다?..	<-	1023	1번 역회전 20초
36	호출(CALL)	25초 ?..			
37	더블 클릭!				
38	로드(LOAD)	SPEED [3]다?..	<-	2047	3번 정회전 10초
39	호출(CALL)	10초 ?..			
40	더블 클릭!				
41	더블 클릭!				

#	[인식표]	명령										[설명]
42	5초 대기	로드(LOAD)		타이머	<-	40							8=1초
43	대기1	만약(IF)	(	타이머	!=	0	)	그러면(THEN)	점프(JUMP)	대기1			
44		로드(LOAD)	SPEED	모든 ?..	<-	0							
45		복귀(RETURN)											
46		더블 클릭!											
47	3초 대기	로드(LOAD)		타이머	<-	24							24=3초
48	대기2	만약(IF)	(	타이머	!=	0	)	그러면(THEN)	점프(JUMP)	대기2			
49		로드(LOAD)	SPEED	모든 ?..	<-	0							
50		복귀(RETURN)											
51		더블 클릭!											
52	10초 대기	로드(LOAD)		타이머	<-	80							8=1초 / 80
53	대기3	만약(IF)	(	타이머	!=	0	)	그러면(THEN)	점프(JUMP)	대기3			
54		로드(LOAD)	SPEED	모든 ?..	<-	0							
55		복귀(RETURN)											
56		더블 클릭!											
57	1초 대기	로드(LOAD)		타이머	<-	8							8=1초
58	대기4	만약(IF)	(	타이머	!=	0	)	그러면(THEN)	점프(JUMP)	대기4			
59		로드(LOAD)	SPEED	모든 ?..	<-	0							
60		복귀(RETURN)											
61		더블 클릭!											
62	20초 대기	로드(LOAD)		타이머	<-	160							8=1초
63	대기5	만약(IF)	(	타이머	!=	0	)	그러면(THEN)	점프(JUMP)	대기5			
64		로드(LOAD)	SPEED	모든 ?..	<-	0							

No.	[인식표]								[설명]		
65	복귀(RETURN)										
66	[인식표]								[설명]		
	더블 클릭!										
67	[인식표] 25초 대기								[설명] 8=1초		
	로드(LOAD)	타이머	<-	200							
68	[인식표] 대기6								[설명]		
	만약(IF)	(	타이머	!=	0	)	그러면(THEN)		점프(JUMP)	대기6	
69	[인식표]								[설명]		
	로드(LOAD)	SPEED 모든 ?..	<-	0							
70	[인식표]								[설명]		
	복귀(RETURN)										
71	[인식표]								[설명]		
	더블 클릭!										
72	[인식표] 40초 대기								[설명] 8=1초		
	로드(LOAD)	타이머	<-	320							
73	[인식표] 대기7								[설명]		
	만약(IF)	(	타이머	!=	0	)	그러면(THEN)		점프(JUMP)	대기7	
74	[인식표]								[설명]		
	로드(LOAD)	SPEED 모든 ?..	<-	0							
75	[인식표]								[설명]		
	복귀(RETURN)										
76	[인식표]								[설명]		
	더블 클릭!										
77	[인식표] 15초 대기								[설명] 8=1초		
	로드(LOAD)	타이머	<-	120							
78	[인식표] 대기8								[설명]		
	만약(IF)	(	타이머	!=	0	)	그러면(THEN)		점프(JUMP)	대기8	
79	[인식표]								[설명]		
	로드(LOAD)	SPEED 모든 ?..	<-	0							
80	복귀(RETURN)										
81	[인식표]								[설명]		
	더블 클릭!										
82	[인식표] 30초 대기								[설명] 8=1초		
	로드(LOAD)	타이머	<-	240							
83	[인식표] 대기9								[설명]		
	만약(IF)	(	타이머	!=	0	)	그러면(THEN)		점프(JUMP)	대기9	
84	[인식표]								[설명]		
	로드(LOAD)	SPEED 모든 ?..	<-	0							
85	[인식표]								[설명]		
	복귀(RETURN)										
86	[인식표]								[설명]		
	더블 클릭!										
87	[인식표] 35초 대기								[설명] 8=1초		
	로드(LOAD)	타이머	<-	280							

[인식표] 대기10						[설명]		
88	만약(IF)	(타이머	!=	0	) 그러면(THEN)	점프(JUMP)	대기10	
[인식표]						**[설명]**		
89	로드(LOAD)	SPEED 모든 ?..	<-	0				
[인식표]						**[설명]**		
90	복귀(RETURN)							
[인식표]						**[설명]**		
91	더블 클릭!							
[인식표]						**[설명]**		
92	종료							
[인식표]						**[설명]**		
93	더블 클릭!							

[행동제어 프로그램]

(5) 행동제어 프로그램 다운로드 및 실행

아래 순서에 따라 행동제어 프로그램을 PC에서 CM-5로 다운로드한다. 행동제어 프로그램의 파일 확장자는 .bpg이다.

첫째, PC와 CM-5를 연결한다.

※ USB 포트를 이용하려면 'USB to RS232 시리얼변환기'를 별도로 구입하여 시리얼 케이블과 연결한다.

둘째, CM-5의 전원 스위치를 켠다(OFF→ON).

셋째, 행동제어 프로그래머를 실행한 후 작성한 행동제어 프로그램을 불러온다.

넷째, 프로그램(P)→다운로드/실행(D) 메뉴를 선택하거나 상단의 다운로드/실행 아이콘(🜂)를 클릭하면 아래 창이 뜨는데 다운로드를 클릭한 후 실행을 클릭하면 행동제어 프로그램이 CM-5로 전송된다.

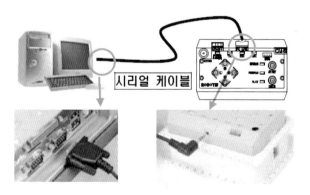

[시리얼 케이블 연결]

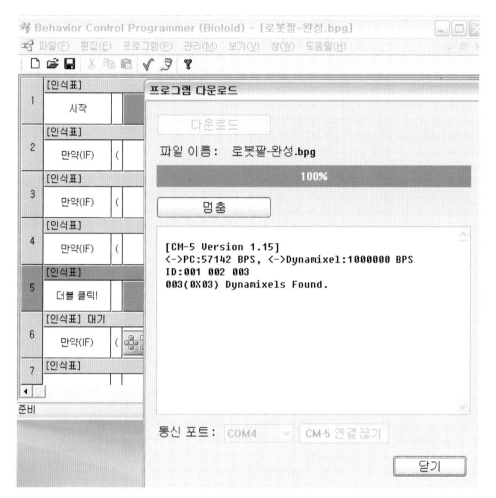

[프로그램 다운로드]

다섯째, CM - 5의 U 버튼을 누르면 로봇 팔이 작동된다(U 버튼을 누르면 실행되도록 프로그래밍했기 때문).

라) 검사하기

제작도에 따라 다음 항목들을 검사한다.

- 제작도의 치수대로 잘 가공되었는가?
- 전후 왕복운동 장치의 작동은 잘 되는가?
- 그립의 물건 잡는 동작이 잘 되는가?

- 상하, 좌우 동작이 잘 되는가?
- 물건을 잡고 이동하도록 프로그래밍되었는가?

마) 평가하기

로봇 팔을 만든 후 각자가 스스로 평가해 본다.

평가단계	평가 항목	평정표		
		상	중	하
준비	제품 제작에 따른 실습 계획서는?			
	실습에 필요한 물품의 준비 과정은?			
실습	실습 처리 순서와 작업 과정은?			
	안전 수칙의 준수 사항은?			
	기계 및 공구들의 사용 방법은?			
	경제적으로 재료를 사용했는가?			
검사	제작도의 치수와 제품의 일치 관계는?			
	로봇 팔의 물건 이동 성능은?			
	로봇 팔의 미적 감각은?			
느낀 점				

4. 수송기술

※ 수업 자료의 특징

'기술교과 수업에서 다양하고 많은 사고 기법들을 학습 과정에 어떤 방법으로 투입하고 정리할 것인가?' '창의성을 구성하는 사고 기능들은 어떤 방법으로 신장 시킬 수 있는가?' '어떤 자료와 과정들을 투입하면 학생들이 쉽고 흥미 있게 활동 하여 기술적 체험 학습을 할 수 있을까?' 등을 생각해 보면서 자료를 개발하였다.

가. 실행 계획

수업을 진행하기에 앞서 필요한 사항들을 점검하고 수업 실행 계획서를 작성한 다. 수업 실행 계획서에는 수업의 범위와 상황을 설정하고 장소 및 수행 기간, 수 업 구성 계획, 프로젝트의 계획, 재료 조건, 재료의 구입 방법, 제출한 목록, 수업 시 유의사항 등을 정한다.

1) 컨설팅 범위 정하기

대영역	수송기술
중영역	수송 모형 장치 만들기
소영역(Topic)	유선 조종 운동 물체 만들기
학습법	PBL 학습법(개인별 및 조별 프로젝트)
프로젝트 상황 설정	우리 주위의 물건이나 물체들은 대부분 기계 전자 및 전기의 결합체이다. 특히 수송기술과 관련 된 기술은 우리의 생활에서 필수적인 요소들이다. 이들 수송 물체들을 움직이기 위해서 기계요소 들을 알고 메카트로닉스에 대해 이해한다면 보다 멋진 운동 물체를 만들 수 있다. 바퀴가 달린 운동 물체나 다른 운동 물체를 만들어 보자.
수행 기간 및 장소	수행 장소는 기술 실습실과 컴퓨터실이며, 기간은 4주 동안이고 정규 수업은 주당 2시간으로 총 8시간이나 학교의 현실 여건에 맞게 조정한다. 방과 후에 개방된 기술실과 컴퓨터실을 이용할 수 있다.

재료 조건	학교에서 제공하는 도구 및 재료 우드락(A4 3색 두 장씩), 우드락 절단용 칼(여분의 칼날), 접착제, 양면테이프, OHP 필름, 스케치용 용지, 전동기(DC 3V) 두 개, 축용 대나무 봉 네 개, 빨대 두 개, 절연선(적, 흑 10m씩), 스위치 3P 여섯 개, 스위치 회로기판, 건전지 소켓, 건전지 두 개(1.5V AA), 고무 밴드, 침 핀, 납, 니퍼, 드라이버(+자), 롱로우플라이즈, 열선커터기, 커터 칼, 전기인두, 글루건(심 포함), 자(300mm), 포트폴리오 자료 등 학교에서 제공하는 것 이외의 것은 모둠별로 구입하여 사용한다.
프로젝트 수행 계획 및 내용	수송기술은 우리 생활과 매우 밀접한 관계를 가지고 있다. 즉 자동차나 그 밖의 동력 전달 장치는 산업 사회의 원동력이며 기술의 진보 결정체라고 할 수 있다. 따라서 수송기술의 모형 장치 만들기를 이해하고 실습하는 것은 통합적 사고력, 실천적 문제해결력 요구 등의 시대적 상황을 잘 반영하는 것이라고 볼 수 있다. 수송 모형 만들기는 실제로 움직이며 조종할 수 있는 유·무선 조종 바퀴 운동 물체를 만들어 가는 수행 과정에서 문제해결력과 창의력, 조작 능력 등을 기를 수 있다. 이 프로젝트에서는 기본적인 유선 조종 운동 물체와 응용된 운동 물체를 만들 것이다.
포트폴리오 구성 계획	[프로젝트 서식 1] 프로젝트 주제 설정하기 [프로젝트 서식 2] 프로젝트 관련 정보 수집하기 [프로젝트 서식 3] 프로젝트와 관련된 부품 조사하기 [프로젝트 서식 4] 디자인 – 스케치하기 [프로젝트 서식 5] 구상도 그리기 [프로젝트 서식 6] 부품 및 재료 결정하기 및 회로도 그리기 [프로젝트 서식 7] 수행 결과 정리 및 평가하기
제출물	작품, 포트폴리오 자료집, 동료 평가지
유의 사항	인터넷에서 정보를 획득하여 응용하는 것을 권장하나, 100% 모방은 하지 않도록 한다. 이 프로젝트를 통해 창의성, 협동성, 문제해결력, 책임감, 고도의 사고 기능이 향상될 수 있도록 개방적인 학습 분위기를 조성하되 방임하여 지나치게 산만하지 않도록 적절히 통제한다. 글루건이나 납땜을 할 때에는 화상에 주의한다. 칼이나 열선커터기를 이용하여 재료를 절단하고자 할 때에는 창상이나 자상, 화상 등에 주의한다.
기타 사항	학생의 창의력이 충분히 발휘될 수 있도록 사전 조사를 많이 한다. 특히 동력 전달 시 고무줄을 이용한 동력 전달이므로 고무줄의 장력에 따라 모터의 성능이 다를 수 있음을 주의시킨다.

2) 컨설팅 여건 확인하기

수업을 시작하기에 앞서 실습에 필요한 사항들을 확인하고 프로젝트 수행에 필요한 제반 여건들을 점검한다. 필요한 물건이나 재료 등을 구비하고 활용가능한 도구나 공구 등이 있는지도 확인한다.

실습 장소	기술실과 컴퓨터실
	프로젝트와 관련된 정보를 수집하고 정리하기 위해서 컴퓨터실을 사용하거나 여건이 어려울 때는 가정 학습으로 대체할 수 있다. 또한 발포플라스틱의 일종인 우드락을 사용하므로 전기가 들어오는 실습실이 좋으며 일반적으로 기술실이면 더욱 좋다.
필요한 시설	기술실 및 프로젝트 수행이 가능한 교실
	전기를 사용하고 사용 시 주의를 요하는 도구나 공구 등이 있으므로 프로젝트 수행에 필요한 충분한 공간을 확보하는 것이 좋다. 특히, 작업 시 안전과 작업할 때 나오는 폐기물 등을 고려하여 시설을 정한다.
필요한 도구나 공구	열선커터기(우드락은 플라스틱 제품으로 열을 가하면 쉽게 자를 수 있으므로 편리하다.)
	우드락 절단용 칼(여분의 칼날), 자(300mm), 전기인두기, 니퍼, 드라이버(＋자), 롱로우플라이즈, 글루건(심 포함) 등
열선커터기의 예	

※ 프로젝트 수업에 사용되는 기술실의 예

기술실에는 멀티미디어 학습 시설을 갖추어 프로젝트 안내 및 ICT 활용 수업이 가능하도록 구성한다. 특히, 작업대는 접착제와 같은 화공 약품에 강하고 변형이 되지 않는 작업대를 고른다. 칼질이나 다른 작업을 할 때 흠집이 나지 않고 쉽게 이물질이 제거되며 청결을 유지할 수 있는 작업대를 선택하는 것이 좋다.

전기 배선 시설은 가급적 선이 보이지 않게 처리하며 부득이한 경우 학생이 작업 시 발에 걸려 넘어지지 않게 안전 조치를 취한다. 요즘은 천장에서 내려오는 전기 배선을 많이 시공한다.

나. 문제해결

1) 컨설팅 문제 활동 안내하기: 수송기술 만들기 프로젝트학습의 구체화

가) 프로젝트 준비하기(Preparing project)
- 학습목표를 제시하고, 선행 학습의 내용을 확인
- 프로젝트 시작 전에 관련 지식을 정리
- 프로젝트 수행에 필요한 제반 사항을 제시(재료, 공구 및 수행 시간 등)

나) 프로젝트 선정하기(Deciding project)
- 수업에서 단원 내 또는 단원 간에 만들려고 하는 실습 활동 주제를 정하게 하는 단계
- 학생들이 주체적으로 관심과 흥미에 따라서 활동 주제를 선택

다) 정보 탐색하기(Exploring information)
- 선정된 주제에 따른 디자인을 하기 위한 각종 정보를 찾는 단계(정보 수집

방법에 대한 안내를 하고 인터넷이나 문서 자료를 찾는 방법을 알려 준다.)
- 재료와 공구에 대한 정보 찾기
- 실용적인 디자인에 대한 정보 찾기
- 제작 과정에 대한 정보 찾기
- 여러 가지 자료의 수집과정과 결과물을 정리하기(평가 시 활용)

라) 디자인하기(Developing idea)

- 수집한 각종 정보를 토대로 하여 구체적인 디자인을 하는 단계
- 만들려고 하는 물체를 스케치한 후 제작 도면을 그림
- 제작 과정을 구체적으로 도식화하여 과정별로 구체적인 소요 시간을 할당
- 제작에 필요한 재료 및 공구 목록표를 작성

바) 실행하기(Making)

- 계획단계에서 수립된 디자인에 따라 제품을 실제로 만드는 단계이며, 소요 시간이 가장 많음.
- 제작 도면에 따라 만들되 만드는 과정에서 필요에 따라 실용성을 고려하여 도면을 수정할 수 있음.
- 제작에 필요한 기능을 자연스럽게 익힐 수 있게 해 줌.
- 주어진 시간에 계획한 물건을 반드시 만들 수 있도록 조언

사) 평가하기(Evaluating)

실행하기 활동이 끝난 후 포트폴리오(각종 자료와 결과물)를 평가
모든 정보가 들어 있는 포트폴리오를 평가 대상으로 함.

- 주제 선정의 과정과 결과
- 정보 수집 과정과 결과
- 제품에 대한 스케치와 도면, 공정 등
- 작품 결과물

평가 주체는 다양화시킴.

- 교사에 의한 평가
- 동료에 의한 평가

· 자기 평가

평가가 끝난 후 발표를 하거나 교내에 전시를 한다.

2) 프로젝트 수행하기

가) 프로그램의 내용

주제	단계	수행 내용	평가 대상	시간
수준별 운동 물체 만들기	Ⅰ. 프로젝트 준비하기	• 학습목표와 선행 학습 내용을 인지하고 프로젝트 수행의 흐름과 주어진 여건을 파악	포트폴리오 1 안내 자료 정보 수집	1
	Ⅱ. 프로젝트 선정하기	• 여러 가지 프로젝트 리스트를 참고하여 관심과 흥미에 따라 프로젝트명을 제시하고 선정	포트폴리오 2	1
	Ⅲ. 정보 탐색	• 주제를 선정하고, 그 주제에 대한 다양한 정보 및 재료를 조사, 정리 발표 • 디자인에 필요한 정보를 수집 • 전반적인 수행 과정에 대한 시간별, 내용별 계획을 수립	포트폴리오 3	
	Ⅳ. 설계하기	• 정리된 자료를 바탕으로 스케치를 하고 구상도와 제작도를 완성	포트폴리오 4 스케치 구상도 제작도 재료표, 공정표	1
	Ⅴ. 실행하기	• 구상도와 제작도를 바탕으로 재료를 마름질하여 계획에 맞게 제작 • 안전 사항에 유의하고 모둠 프로젝트일 때에는 상호 협동성을 발휘	포트폴리오 5 수행 일지	4
	Ⅵ. 평가	수행 결과를 정리하고 평가 Sheet를 통해 평가를 실행	포트폴리오 6 소감문	1

나) 프로젝트 수행하기(유선 바퀴 운동 물체 만들기)

2007년 개정된 교육과정에서 제10학년의 에너지와 수송기술은 수송기술 분야로 새롭게 개편되어 '수송 모형 만들기'가 새롭게 추가되었다. 그러나 고등학교 기술 교사들은 지금까지 건설기술 분야에 관련된 실습을 주로 하였으며 수송기술과 관련된 모형 만들기 분야는 생소하고 실습에 많은 어려움을 느끼고 있다. 특히, 무엇을 해야 하는지와 어떻게 해야 하는지 등을 잘 몰라 교육적 성과도 기대하기 어렵다. 전기와 기계요소가 결합된 운동 물체 만들기는 제작하기 어렵고 지도하기 어려우나 프로젝트를 잘 조직한다면 학생들이 쉽게 만들고 체험할 수 있는 교수·학습 자료가 될 것이다.

(1) 프로젝트 안내 및 모둠 편성

프로젝트를 수행하는 데 필요한 각종 정보를 적어 보게 한다. 이 과정에서 수행의 수준, 과정, 수행 시간, 프로젝트의 주제 등을 정할 수 있다.

■ 활동 개요
- 프로젝트 주제를 설정한다.
- 모둠 역할을 분담한다.
- 수준별 체험 학습 중 과정(초급, 중급, 고급)을 정한다.
- 시간: 45~50분
- 준비물: 교사(교육 자료), 학생(워크북)

■ 전개 과정

전개	활동주제	활동내용	방법	준비물	시간
도입	프로젝트 소개	• 프로젝트를 하는 이유를 설명한다. • 모둠의 중요성을 설명한다. • 전체 프로그램을 안내한다.	설명	포트폴리오 예시물	5분
전개	모둠 편성	• 남녀 혼성 학급일 경우 남녀의 비율을 고려하여 편성하도록 한다.	개별 활동	학생용 워크북	15분
전개	모둠 이름 및 역할 분담	• 모둠별 회의를 통해 모둠의 이름을 정한다. • 모둠에서 제작하고자 하는 운동 물체의 이름을 정한다. • 운동 물체 만들기 과정에서 하게 되는 역할을 모둠원이 나눈다.	모둠별 활동	학생용 워크북 포트폴리오 서식 1	15~20분
정리	서식 확인	• 작성된 학생용 포트폴리오 1을 확인하고 지도한다.	교사 정리	학생용 워크북	10분

■ 유의사항
- 주변 상황을 적절하게 끌어내어 학생들이 적극적으로 참여할 수 있게 유도한다.
- 뚜렷한 목적과 체계적인 계획을 세워 실행해 나갈 때 성취할 수 있음을 강조한다.

[포트폴리오 서식 1] : 프로젝트 주제 설정하기

※오늘 해야 할 일

1. 프로젝트 주제 설정하기   2. 서로의 역할 분담하기(가사) 3. 정보수집 방법 생각하기

프로젝트명 정하기	년 월 일 교시
가능한 프로젝트 주제명	☞ 유선으로 조종하여 움직일 수 있는 로봇(동력 장치)의 종류는 매우 다양합니다. 이중에서 여러분이 만들 수 있는 로봇의 프로젝트 주제를 나열해 보세요. 1. 384번 마을 버스 (유리단을 생으판제로 투명하게 제작+안쪽도 디자인하고 특과되게끔) ✓2. 부모님 결혼 기념일 선물 (신랑·신부 캐릭터를 장남으로 +주변 배경 N 장식품 스탠드) 3. 인도의 화려한 코끼리 (바퀴를 통나무로 컨셉잡고 길장 표현은 창틀 등을 얇게 턱 물림더 .) 4. 고려 경물 (종답을 멀점회서 종이 움직이게 하는 타기!!)
주제 선정 기준	1. 주어진 기간 내에 완성이 가능한가? ㅇ ㅇ △ ㅇ (~5월 중순) 2. 주어진 재료와 준비할 재료를 활용하여 완성 가능한가? ㅇ ㅇ △ □ 3. 목적 달성을 위한 공구는 갖고 있는가? ㅇ ㅇ ㅇ ㅇ 4. 생각하고 있는 디자인을 충분히 표현할 수 있는가? △ ㅇ ㅇ ㅇ ~ 스케치할 수 있니?
선정한 최종 프로젝트명과 이유	프로젝트명 : 부모님 결혼 기념일 선물 (신랑 신부 캐릭터로 장남으로 장식품 style!) 선택 이유 : ①장식성↑ + 디자인이 우두 화려함 ②시기적으로 부모님께 의미있는 선물을 드릴 수 있다
역할 나누어보기 (모둠 수업일 때)✗	☞ 서로 도와가며 프로젝트를 수행하여야 하지만 주된 역할을 나누어 보면 보다 더 효율적으로 진행 될 수 있습니다.
정보 수집 방법	① 집에 있는 결혼 기념일 장식품들을 보고 구체적으로 구상 ② 사진 자료는 인터넷에서 참격
다음 시간에는...	여러분이 수집한 정보를 서로 공유하고 의견을 나누어 봅시다. (풀, 가위, 칼, 자 준비해 오세요)

(2) 정보 수집 및 정리하기

프로젝트 수행에 필요한 디자인이나 도면 등을 수집하여 설계하는 데 필요한 단계이다. 정보를 수집할 때에는 학교 도서관이나 컴퓨터실을 이용하며 다양한 자료(신문, 잡지, 인터넷, 매체 등)를 수집할 수 있도록 한다.

■ 활동 개요
- 만들고자 하는 운동 물체의 다양한 형태를 찾는다.
- 자료 수집 방법을 안다.
- 수집된 자료를 정리한다.
- 시간: 45~50분
- 준비물: 교사(교육 자료, 인터넷 자료 등), 학생(워크북)

■ 전개 과정

전개	활동 주제	활동내용	방법	준비물	시간
도입	운동 물체 만들기 안내	• 제작가능한 간단한 운동 물체(예: 자동차)를 안내한다.	설명	실물	5분
전개	자료의 수집	• 기계요소 및 전자, 전기의 개념을 이해한다. • 간단한 운동 물체나 자동차의 여러 가지 외관과 관련된 사진 자료 또는 인터넷 자료를 수집한다. • 전동용 기계요소에 관하여 조사하고 자료를 수집한다. • 전자 부품에 관하여 조사하고 유의사항을 정리한다.	모둠 활동	학생용 워크북 컴퓨터 사진 그림 자료 등	20~ 25분
	자료의 정리	• 외관과 관련된 여러 종류의 운동 물체 및 자동차 자료 중 만들고자 하는 물체의 구상에 도움이 될 수 있는 자료를 붙이고 기타 그림을 빈 여백에 붙인다. • 부품과 부품을 결합시킬 수 있는 간단한 소품과 장식할 수 있는 장식용품과 관련된 그림을 붙이고 설명을 써 넣는다.	모둠 활동	학생용 워크북	15분
정리	서식 확인	• 작성된 학생용 포트폴리오 서식 2를 확인하고 지도한다.	교사 정리	학생용 워크북	5분

■ 유의사항
- 정보를 수집할 때 출처를 반드시 확인하고 자료로 남겨 두어야 함을 강조한다.
- 정보 수집 활동 시 모든 학생이 참여할 수 있도록 한다.

• 만들고자 하는 운동 물체와 관련된 자료를 정리할 수 있도록 한다.

[포트폴리오 서식 2-1] : 프로젝트 관련 정보 수집하기

※오늘 해야 할 일

1. 수집된 정보를 기록하세요
2. 프로젝트와 관련된 중요 정보를 추출하여 보세요
3. 사진이나 그림 자료는 붙여 주세요

정보 정리하기	년　　　월　　　일　　　교시
수집한 정보의 내용	유선 조종 로봇(동력 장치)의 여러 가지 외관과 관련된 자료 중 만들고자 하는 프로젝트와 가장 흡사한 외관을 갖는 사진이나 그림을 붙이고 내용을 적어보세요 - 장식품 형태의 　유선 조종 바퀴로봇 제작 - 캐너터 : 　　요구르트 병 재활용 +2 　　탁구공 - 바닥다 : 　　기려진 우드락 재료로 　　튼튼하게 무게 형식으로 　　제작, 더가가 되면 　　결사된 사람처럼 담장 〈결론 기병일 성물용 바퀴로봇〉 〈생각해보기1〉 동력 장치의 축과 바퀴를 고정하는 효과적인 방법은? ☞ 백대 타목 〈생각해보기2〉 바퀴의 회전을 원활하게 하는 효과적인 방법은? ☞ 고무밴드 타목 〈생각해보기3〉 바퀴와 바닥면의 미끄럼을 방지하는 효과적인 방법은? ☞ 고무밴드 타목 〈생각해보기4〉 주행 성능을 높일 수 있는 가장 적합한 바퀴의 크기는? ☞ 장식품의 크기에 맞춰 타켜 정당 　바퀴 커질수록 속도 정당, 반대 　바퀴 간격 무게 저명X 　(바퀴 size 있으면) 〈생각해보기5〉 바퀴의 속도를 조절할 수 있는 효과적인 방법은? ☞ 모터의 성능 교환하여 수입 (고속 모터) 　위의 장식 특개가 생기면 각 조절가능 　모터로 계속 시동해야 한다. 　feed back 파목림!
정보 수집의 출처	인터넷이나 각종 책자를 이용하여 정보를 수집하여 보고 출처를 기록하여 보세요 ▶ www. naver. com 에서 '결혼 선물' 검색 수 이미지 카테고리

※ 프로젝트에 사용될 재료나 부품들을 조사하고 재료를 결정한다. 또한, 사용할 공구들을 미리 결정하여 작업 시 공구가 없어 작업을 하지 못하는 경우가 발생하지 않도록 한다. 주어진 재료 외에 사용할 재료들은 실생활에서 찾아 재활용할 수 있도록 유도한다.

[포트폴리오 서식 2-2] : 프로젝트와 관련된 부품 조사하기

날짜	200 . . . ( )요일	프로젝트명	경품을 축하해요! ^^+ (경품 기념일 내용)

▶ 유선 조종 로봇(동력 장치)의 축으로 사용 할 재료 적어보기

(손글씨) 기본으로 주어진 프라스틱봉, 교체 크기에 안줘서 절감

▶ 유선 조종 로봇(동력 장치)의 바퀴로 사용 할 재료 적어보기

(손글씨) 재료로 주어진 바퀴(우드락) 中 가장 큰 사이즈용 2개였음, 또 8개의 ○ 필요 + 장식품 성애이므로 바퀴 겉면에 ☆ 끌려가는 꿈 모양인 재활용할 것 장식.

▶ 유선 조종 로봇(동력 장치)의 차체로 사용 할 재료 적어보기

(손글씨 그림: 차체 스케치, "우드락", "우드락 (30인 것)")

▶ 유선 조종 로봇(동력 장치)의 운동 전달 방법 적어보기(글과 그림으로 나타내 보세요)

(손글씨) ＃ 동력 : 납땜한 팡8 X 크래크 기어이 (구입) 서 바퀴를 돌려 뚜으로 넘는다

1. 기어 (과학상자 等)
2. 풀리

⇒ 크래킹 기판에 납땜하여 바퀴에 연결하는 모터가 스위치를 긴급쓰게 한다.

▶ 프로젝트 수행과정에서 필요한 공구 및 기타 준비물 적어보기

(손글씨) 클링용 표 (외양강배에 사용) , 8고르트병 2개, 검은색 等, 회냇 之물이, 우드락 타카공 여 장식용 스티로폼 2개 , 가위, 칼, 자, 양면 테이프, 고무줄, 나무꼬지

다음 시간에는...	외관을 스케치하고 구상도와 전기 배선도를 그려야 합니다(연필, 자, 지우개를 준비하세요).

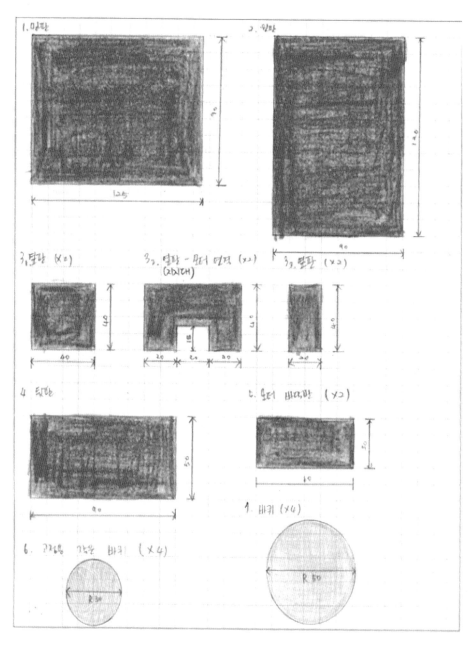

[부품도]

[포트폴리오 서식 3-3] : 부품 및 재료 결정하기

설계하기(작품의 규격 및 수량)	년 월 일 교시		
부품 제작에 사용할 재료와 규격 및 수량 결정하기			
재료를 이용하여 만들어야 하는 부품	재 료 명	필요한 규격 및 수량	
▶ 작품 외관	우드락 판	검은색 천	2개	10×10 cm
	회색 저울지	구형이 스티로폼	20×20 cm	2개
▶ 차축 및 전동축	나무 꼬치	2개	
▶ 바 퀴	큰 바퀴	설공판지	R: 5cm, 4개	R:5.5cm, 2개
	고정풀 작은 바퀴	R: 3cm, 4개		
▶ 동력 전달 장치 - 벨트와 풀리	가는 고무줄	두꺼운 고무줄	1개	4개
	모터	풀리	2개	2개
▶ 스위치 회로 구성	전원 스위치	기판	6개	1개
	건전지	AA , 2개		
▶ 전조등	"	"		
▶ 기 타	검선	2종		

[포트폴리오 서식 3-4] : 회로도 그리기

회로도 그리기	200 년 월 일 교시
스위치 프린트 기판(PCB)을 중심으로 전동기, 건전지, 스위치 등과 다른 부품을 배치하여 회로도를 그려 보세요	

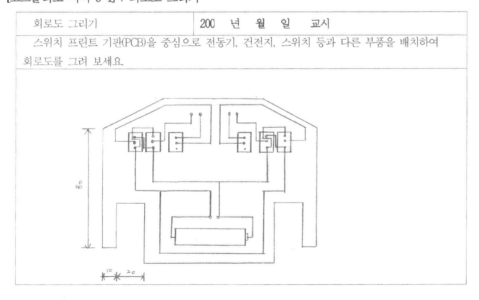

(3) 설계하기: 스케치 및 구상도 그리기

수송 물체를 만들기 위하여 여러 가지 스케치를 하여 적절한 것으로 선정한다. 스케치를 할 때에는 러프 스케치, 스크래치 스케치, 스타일 스케치 중에서 적절한 것을 골라 완성하도록 하며 이 중 하나를 골라 도면을 구상도로 나타낸다. 구상도는 제도 통칙에 맞게 그리나 형식에 너무 치우쳐 창의성을 등한시하거나 힘든 작업이라는 인식이 들지 않도록 한다.

- 활동 개요
  - 만들고자 하는 운동 물체 및 자동차를 구상하고 스케치한다.
  - 구상한 물체의 구상도를 등각투상법 또는 사투상법으로 그린다.
  - 제도 통칙에 따라 제3각법으로 제작도를 그린다.
  - 필요한 재료 및 작업 공정을 정한다.
  - 시간: 90~100분
  - 준비물: 교사(교육 자료, 인터넷 자료 등), 학생(워크북)

- 활동 전개 과정

전개	활동주제	활동내용	방법	준비물	시간
도입	프로젝트 소개	• 전 과정에 대한 내용을 안내한다.	설명	포트폴리오 예시물	5분
전개	스케치하기	• 스케치하기는 만들고자 하는 물체의 외관을 그리기 위한 단계이다. • 프로젝트명과 잘 부합되는 물체의 외관을 스케치하도록 한다. • 개인별로 스케치한 그림을 가지고 모둠별로 의사 결정 과정을 거쳐 최종적인 외관을 결정한다. • 외관이 결정되면 포트폴리오 서식에 옮겨 그리도록 한다. 이 때 외형을 나타내는 선을 두꺼운 선으로 그리도록 지도한다. • 스케치하기는 운동 물체의 외관을 그리기 위한 단계이다. • 먼저 학생들에게 A4용지를 1인당 2~3매씩 배부한다(입체적으로 그리게 할 경우는 등각투상용지를 배부한다). • 프로젝트명과 잘 부합되는 물체의 외관을 스케치하도록 한다. • 개인별로 스케치한 그림을 가지고 모둠별로 의사 결정 과정을 거쳐 최종적인 외관을 결정한다. • 외관이 결정되면 포트폴리오 서식에 옮겨 그리도록 한다. 이 때 외형을 나타내는 선을 굵은 선으로 그리도록 지도한다(모둠 중 하나를 선택한 것).	개별 활동	학생용 워크북 포트폴리오	20~30분

전개	활동주제	활동내용	방법	준비물	시간
전개	구상도 그리기	• 제도 통칙에 얽매이지 않도록 한다. • 자를 사용하거나 프리핸드로 자유롭게 그린다. • 척도는 고려하지 않고 그리되 치수는 정확하게 기입하도록 한다. • 재료의 종류나 그림으로 표현하기 어려운 것은 글로 표현한다.	모둠별 활동	학생용 워크북 포트폴리오	30분
	제작도 그리기	• 선, 문자, 기호 등을 이용하여 제3각법에 의해 정확하게 그리도록 한다. • 해당되는 부품을 모두 작성하도록 한다.	모둠별 활동	학생용 워크북 포트폴리오 서식	25분
정리	서식 확인	• 작성된 학생용 포트폴리오를 확인하고 지도한다.	교사 정리	학생용 워크북	10분

■ 유의사항

• 스케치는 제도 규칙에 너무 얽매이지 않게 한다.

(학생들이 아이디어를 구안하는 데 제도 규칙은 장애물이 될 수 있다.)

• 외관을 결정할 때는 프로젝트명과 잘 부합하는지, 제작이 가능한지, 어떤 재료를 사용할 것인지, 창의적인지, 아름다움이나 독특한 특징을 가지고 있는지를 고려하도록 한다.

[포트폴리오 서식 3-1] : 디자인 – 스케치하기

대략의 윤곽 (넌과 명암만3)

스케치하기 (외형 그리기)	200 년 월 일 교시
스케치 : 유선 조종 동력 장치의 이름을 고려하여 외형을 그려 보세요	
(스케치 도면은 연필로 그리거나 혹은 컬러로 표현해도 좋습니다)	

(4) 제작하기

우드락과 스위치 등을 이용하여 유선 조종 운동 물체를 다음과 같이 제작해 보자. 우드락을 서로 결합할 때에는 침 핀을 이용하여 접착제를 사용하지 않도록 하며, 납땜 시 화상을 입지 않도록 안전 수칙을 잘 지켜야 한다.

■ 활동 개요
• 재료표와 공정표에 의해 제품을 제작한다.
• 시제품과 본 제품을 만든다.
• 시간: 135~145분
• 준비물: 교사(교육 자료, 인터넷 자료 등), 학생(워크북)

■ 활동 전개 과정
• 만들기의 일반적 순서는 바퀴 제작, 풀리 박스 조립이 먼저 이루어지고 외형 제작과 동시에 전기 회로도 제작, 전체 조립의 순으로 이루어진다.
• 실제로 만드는 유선 조종 동력장치와 포트폴리오에서 설계된 유선 조종 동력 장치가 서로 다른 경우가 많이 발생한다. 이러한 경우 포트폴리오에 그 이유를 기록하라.

■ 재료 및 공구
• 재료
우드락(A4 3색 두 장씩), 우드락 절단용 칼(여분의 칼날), 접착제, 양면테이프, 자, OHP 필름, 스케치용 용지, 전동기(DC 3V) 두 개, 축용 대나무봉 네 개, 빨대 두 개, 절연선(적, 흑 10m씩), 스위치 3P 여섯 개, 스위치 회로기판, 건전지 소켓, 건전지 두 개(1.5V AA), 고무 밴드, 침 핀, 납 등

• 공구
니퍼, 드라이버(＋자), 롱로우플라이즈, 열선커터기, 커터 칼, 전기인두, 글루건(심 포함), 자(300mm), 컴퍼스, 송곳 등

 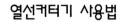

열선커터기 사용법

[다기능 열선커터기]

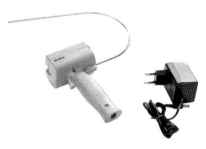

[핸드폼 소형 열선커터기]

▷ 열선커터기를 사용하면 우드락을 좀 더 쉽고 매끄럽게 절단할 수 있다.

▷ 열선이 느슨하면 절단면이 매끄럽지 못하고 너무 팽팽하면 열선이 끊어질 염려가 있으므로 주의한다.

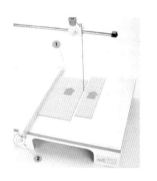

▷ 1번 직각대를 원하는 위치에 놓고 2번 고정 손잡이를 돌려 움직이지 않도록 고정한다. 소재를 직각대에 밀착시킨 후에 열선을 향해 밀어 주면 반듯하게 절단을 할 수 있다.

▷ 1번 각도대는 그림과 같이 본체 테이블에 잘 밀착시켜 천천히 이동하면서 소재의 각도를 절단할 수 있다.

▷ 원하는 곡선이나 곡면을 자유롭게 절단할 수 있다.

▷ 1번 볼트를 풀면 슬라이드 블록을 수평 방향으로 움직일 수 있다. 이때 반드시 열선 롤고정볼트를 풀어 열선의 길이를 늘여 주어야 한다.

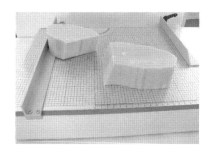

▷ 원하는 각도로 일정하게 경사면이 절단된다.

▷ 열선커터기 이용 시 한 번에 자른다. 자르는 도중에 멈추면 절단면이 매끄럽지 못하다.

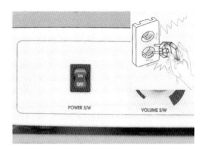

▷ 열선에 전원을 인가(연결)한 후에는 맨손이나 물이 묻은 손으로 열선을 만지지 않는다. 화상 및 감전의 위험이 있으므로 반드시 전원을 OFF 한 후 끊어진 열선이나 기타 조작을 한다.

▷ 휴대용 손잡이 열선커터기
▷ 전원을 연결한 후 손잡이의 전원 연결 단추를 누른 후 원하는 모양으로 자른다. 직선이나 곡선을 자를 수 있으나 곧바른 직선을 자를 때에는 기준대를 대고 자른다.

▷ 우드락 2장을 서로 연결하고 그 가운데에 휴대용 열선커터기를 고정하여 다기능 열선커터기로 이용할 수 있다. 특히 곡면이나 원을 자를 때 양면테이프로 압정을 고정한 후 중심을 잡고 돌리면 매끄러운 곡면이나 원을 얻을 수 있다.

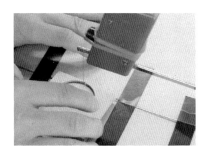

〈재료 및 공구 준비하기〉

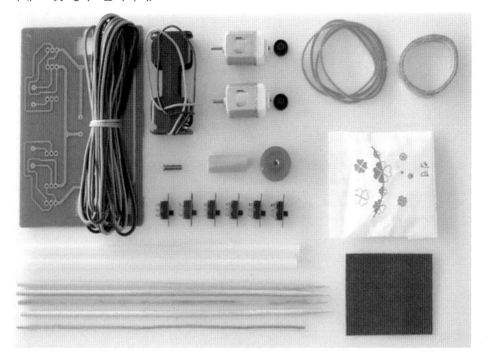

〈작업에 필요한 공구〉

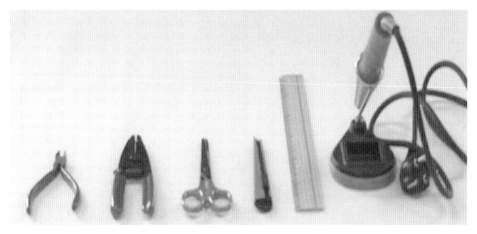

▷ 필요한 공구를 준비한다.

▷ 니퍼, 와이어스트리퍼, 가위, 칼(커터 칼), 자, 인두, 롱로우즈플라이어 납땜
 등을 준비한다.

〈바퀴 조립하기〉

▷ 전동기 축의 끝에 맞추어 풀리를 끼운다. 전동기는 DC 3V 정도인 것으로 준비하되 무게가 나가는 물체를 만들 때에는 용량을 증가시킨다.

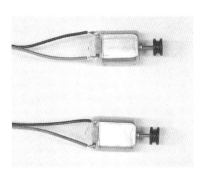

▷ 전동기의 양쪽에 전선의 끝 부분의 피복을 벗기고 결합한 후 납땜을 한다. 이때 너무 오래 인두를 접촉시키면 전동기가 탈 수 있으니 주의하며 전선의 피복은 아래와 같이 와이어스트리퍼를 이용할 수도 있다.

▷ 와이어스트리퍼를 이용하여 전선의 피복을 벗길 수 있다.

▷ 와이어스트리퍼를 이용하여 전선의 피복을 벗길 때 전선의 굵기에 맞는 구멍을 찾아 끼운 후 다른 한 손으로 잡아당긴다. 이때 구멍의 치수가 맞지 않으면 선이 늘어나 피복을 벗길 수 없다.

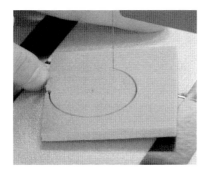

▷ 운동 물체에 사용할 바퀴를 자른다. 이때 열선커터 기나 칼을 이용하면 바닥과의 접촉면을 매끄럽게 절단할 수 있다.

▷ 지름 50mm인 바퀴 네 개를 준비한다.

▷ 한쪽 바퀴의 뒷면에 양면테이프를 촘촘히 붙인다.

▷ 다른 한쪽의 바퀴를 양면테이프를 붙인 바퀴와 붙여 조립한다.

▷ 다른 쪽 면에 양면테이프를 붙이고 그 위에 OHP용 필름이나 두꺼운 셀로판테이프(지름 55mm 정도)를 붙인다.

※ OHP용 필름의 용도는 바퀴에 고무줄을 연결하여 동력을 전달할 때 고무줄이 이탈하지 않게 하기 위한 것으로 틈이 벌어지지 않도록 양면테이프를 촘촘히 부착한다.

▷ OHP용 필름을 붙인 다른 쪽 바퀴에 넓은 고무줄(넓이 5mm, 지름 50mm)을 감는다.

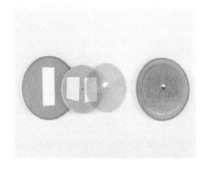

▷ 완성된 한쪽 바퀴

※ OHP용 필름은 바깥쪽 넓은 고무줄을 끼웠을 때보다 작고 지름 50mm의 바퀴보다는 커야 한다.

▷ 끝이 뾰족한 꼬치를 이용하여 50mm 바퀴의 중심에 구멍을 뚫는다.

※ 이때 꼬치와 바퀴는 수직이 되어야 하며 구멍을 뚫을 때 흔들지 않는다. 주의하지 않으면 구멍이 커지거나 축이 일직선상에 놓이지 않아 바퀴의 원활한 회전이 어렵다.

▷ 뚫린 구멍에 지름 5mm인 볼트(　　)를 끼워 넣는다.

▷ 볼트를 끼워 완성된 모습

▷ 먼저 우드락을 도면에 알맞게 지른다. 칼날의 각도는 30°각도를 유지하면서 잘라야 지른 면이 매끄럽다. 이때 열선커터기를 이용하여 자를 수도 있다.

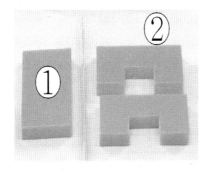

① 80 × 35mm 1개

② 두 개를 준비한다.

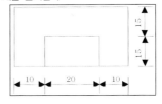

▷ 위의 ①에 꼬치를 끼워 넣는다. 옆의 중앙에 끼워 넣되 삐뚤어지거나 비스듬히 넣지 않도록 한다.

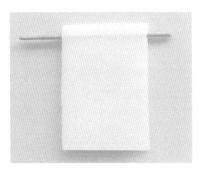

▷ 꼬치를 넣어 완성된 모습

▷ 꼬치에 바퀴를 연결하여 회전시켜 본다.

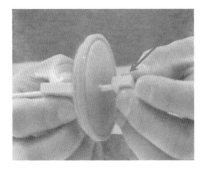

▷ 꼬치의 한쪽을 바퀴의 볼트와 연결하여 조립한다.

※ 바퀴의 바깥쪽에 바퀴의 이탈을 방지하기 위해 화살표에 제시된 지지대를 부착한다.

▷ 바퀴에 너무 밀착시켜 저항을 증가시키면 바퀴의 회전이 원활하지 못하므로 주의한다.

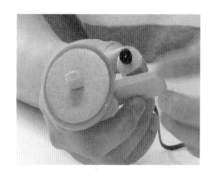

▷ 바퀴와 전동기 사이의 거리를 조절하여 전동기의 위치를 잡는다.

※ 바퀴와 전동기의 사이가 너무 멀면 고무줄이 너무 팽팽해져 회전이 원활하지 못하고 너무 가까우면 고무줄이 느슨하여 회전이 고르지 못하므로 고무줄의 장력과 모터의 성능 등을 고려하여 적당한 위치를 잡는다.

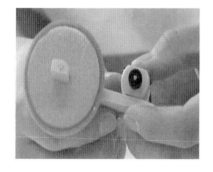

▷ 전동기의 밑면에 양면테이프를 붙이고 몸체에 고정한다.

▷ 앞의 ②번 전동기 지지대를 이용하여 전동기의 몸체를 지지한다. 전동기 회전 시 이탈 방지의 목적으로 지지대를 설치한다.

▷ 지지대의 조립은 화살표의 실 못을 이용한다. 침핀을 사용할 때에는 자상에 주의하며 접착제를 사용하지 않아 사용하기 편하고 잘못되었을 때 수정이 용이한 장점이 있다.

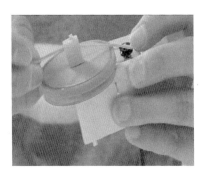

▷ 전동기의 조립이 끝나면 풀리와 바퀴 사이에 고무줄을 연결한다.

▷ 바퀴가 원활하게 회전하는지 손으로 돌려 보고 검사한다.

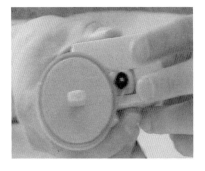

▷ 바퀴가 원활하게 회전하지 않는다면 전동기와의 사이를 조절하여 마무리 작업을 한다.
※ 풀리와 바퀴는 일직선상에 놓여 있어야 회전이 원활하므로 일직선상에 놓이도록 조절한다.

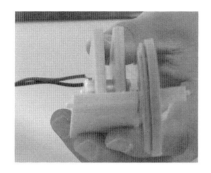

▷ 조립이 완성된 바퀴를 최종적으로 점검한다.

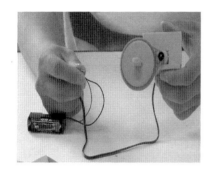

▷ 조립 후 최종적으로 바퀴의 회전을 검사한다.
※ 위와 같은 과정을 반복하여 바퀴를 추가하여 조립
한다.

〈바퀴와 밑판 조립하기〉

▷ 바퀴와 본체를 조립하기 위한 밑판을 준비한다.
※ 100×120㎜ 밑판과 앞바퀴를 꼬치로 연결한다.

▷ 한쪽 바퀴를 연결한 모습

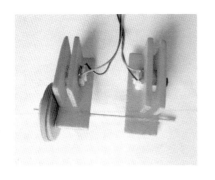

▷ 다른 쪽 바퀴를 꼬치에 연결한다. 이때 꼬치를 각각 연결할 수도 있으며 사진과 같이 연결할 수도 있다.

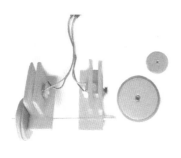

▷ 바퀴를 준비하여 연결한다.

▷ 밑판에 부착할 동력 전달용 바퀴(2개)를 조립한다.

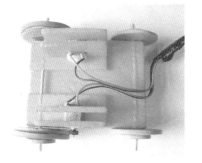

▷ 밑판과 동력 전달용 바퀴를 침핀으로 조립한다.

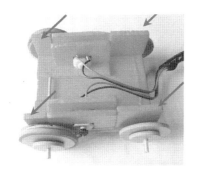

▷ 화살표가 가리키는 부분을 막기 위해 외벽을 세운
  다. 이때 외벽은 지지대와 같은 높이로 만든다.

▷ 바퀴와 전동기 모터 사이의 간격을 조절하여 바퀴
  의 회전을 원활하게 한다.

▷ 윗면을 100 × 120mm 크기로 제작하여 실못으로
  조립한다.

▷ 앞면을 100 × 55mm의 크기로 제작하여 전선의
  반대편이 보이지 않도록 조립한다.

▷ 완성된 모습

▷ 외부를 장식할 수 있도록 리본 등을 준비하여 치장
한다.

〈외형 꾸미기〉

▷ 신랑 신부를 표현하기 위해 주변에 있는 물건을 재
활용하여 제작한다.
※ 요구르트 병에 마분지와 헌옷 등을 이용하여 디자
인한다.

▷ 최종 완성된 모습

〈주 조정기 만들기〉

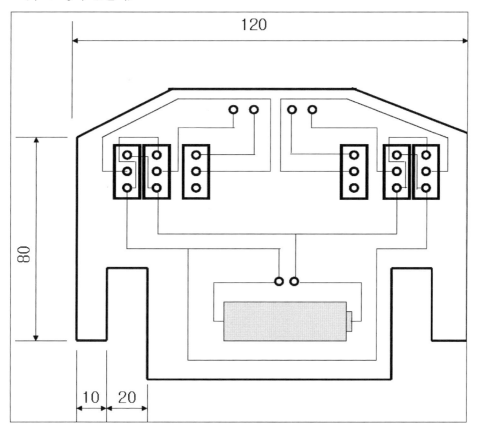

[유선 조정기의 회로도]

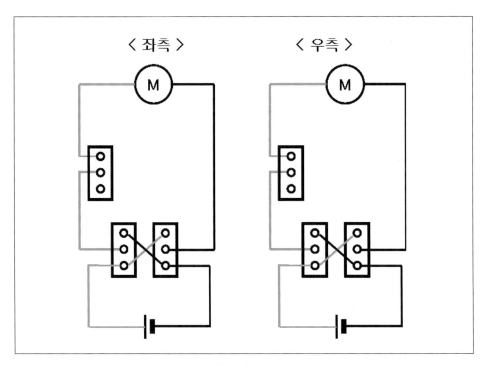

[3핀 회로도]

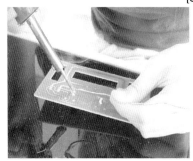

▷ 주 조종기를 납땜한다.

※ 납땜인두는 항상 인두 받침대에 보관하여 화상을 입지 않도록 주의하며 너무 오래 기판에 인두를 대면 기판의 동판 회로가 타 버리거나 접착 면이 떨어지므로 단시간 내에 납땜한다.

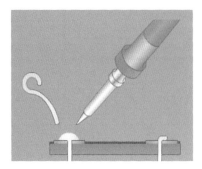

▷ 인두 끝과 납을 가까이하고 납땜 준비를 한다.
▷ 인두 끝으로 접합 부분을 예열한다.
▷ 땜납을 인두에 대어 녹인다.
▷ 적당량의 땜납이 녹으면 땜납을 분리한다.
▷ 납에 윤기가 나고 약간 퍼질 때까지 기다렸다가 인두를 분리한다.

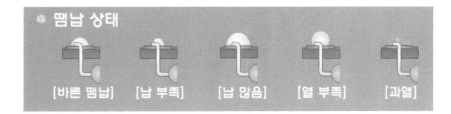

※ 납 흡입기

납땜이 잘못되어 부품과 부품이 서로 붙었을 때나 부품을 잘못 꽂고 납땜했을 때 납을 인두로 녹인 후 납을 흡입하여 제거한다.

▷ 3P 스위치와 건전지 홀더를 납땜하고 본체와 연결할 선을 도면대로 납땜한다.

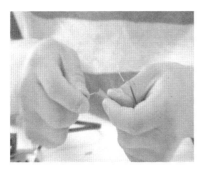

▷ 본체와 조종기 사이의 전선을 서로 연결한다. 이때 바퀴의 회전 방향을 보아 극성을 살펴 연결한다.

▷ 최종 완성된 작품을 주행 테스트해 본다.

▷ 전·후·좌·우로 이동이 가능하다.

(5) 평가하기

프로젝트를 수행하는 시간마다 수행 일지를 작성하도록 하여 학생들을 지도하며 완성된 프로젝트의 결과물과 각종 포트폴리오 자료와 자기 평가서 및 동료 평가서를 이용하여 평가할 수 있다.

평가하기		년 월 일 교시	
평가항목		평가 기준	배점
포트폴리오	성실성	모든 서식의 내용을 빠짐없이 성실하게 기록하였다.	우수
		모든 서식 중 내용을 모두 기록하지 않은 서식이 1~2곳이 있다.	보통
		모든 서식 중 내용을 모두 기록하지 않은 서식이 3곳 이상 있다.	미흡
	적절성	모든 서식에 기록된 내용과 첨부된 자료들이 모두 적절하다.	우수
		모든 서식 중에서 기록된 내용과 첨부된 자료가 1~2곳이 적절하지 못하다.	보통
		모든 서식 중에서 기록된 내용 및 첨부된 자료 3곳 이상이 적절하지 못하다.	미흡
	시간	단계별로 주어진 시간 안에 포트폴리오를 완성하였다.	우수
		단계 중 한 단계에서 시간 안에 포트폴리오를 완성하지 못하였다.	보통
		단계 중 두 단계 이상에서 시간 안에 포트폴리오를 완성하지 못하였다.	미흡
완제품	외관 디자인	외관을 제작하였으며 꾸미기를 통하여 자동차의 특징을 나타내었다.	우수
		외관을 제작은 하였으나 꾸미기를 하지 않아 자동차의 특징을 알아보기 힘들다.	보통
		외관을 제작하지 않아 자동차의 디자인을 확인할 수 없다.	미흡
	견고성	바퀴와 축이 잘 고정되어 있다.	우수
		바퀴와 축이 고정되어 있지 않아 견고하지 못하다.	미흡
	작동성	바퀴가 회전하여 경사면을 내려가 3m 이상 굴러 간다	우수
		바퀴가 회전하지만 경사면을 내려가 3m 이상 굴러가지 못했다.	보통
		바퀴가 회전하지 않는다.	미흡
	제작 시간	주어진 시간 안에 제작하였다.	잘함
		주어진 시간 안에 제작하지 못하였다.	못함
관찰	실습 태도	활동 과정에서 공구 사용 및 관리를 올바르게 했다.	우수
		활동 과정에서 공구 사용 및 관리가 부족하여 안전사고의 위험성이 있다.	보통
		활동 과정에서 안전사고가 발생하였다.	미흡
	1회 월 일	모든 활동에 적극적으로 참여하고 있다.	아주 잘함
		모든 활동에 참여는 하고 있으나 소극적이다.	잘함
		모든 활동에 참여를 하지 않고 구경만 하고 있다.	보통
		모든 활동에 참여는 하나 장난이 심하며 활동에 방해가 된다.	미흡
		모든 활동에 참여를 하지 않고 장난이 심하다.	아주미흡
	2회 월 일	모든 활동에 적극적으로 참여하고 있다.	아주 잘함
		모든 활동에 참여는 하고 있으나 소극적이다.	잘함
		모든 활동에 참여를 하지 않고 구경만 하고 있다.	보통
		모든 활동에 참여는 하나 장난이 심하며 활동에 방해가 된다.	미흡
		모든 활동에 참여를 하지 않고 장난이 심하다.	아주미흡
이름(번호)		관 찰 날 짜	비고
		1차( ) 2차( )	

〈실전 응용하기 Ⅰ〉

〈레미콘 차 만들기〉

▷ 먼저 차체를 지지하는 밑면(200×70mm)을 준비한다.

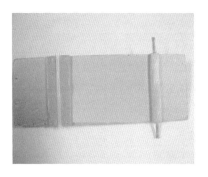

▷ 앞바퀴와 뒷바퀴의 축을 양쪽 끝에서 각각 35, 40 mm 간격을 두어 사진과 같이 제작한다.
▷ 앞바퀴는 고정축이며 뒷바퀴는 회전하여야 하므로 빨대를 이용하여 축 지지대를 만든다.

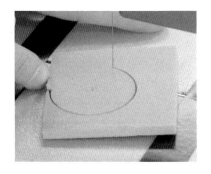

▷ 운동 물체에 사용할 바퀴를 자른다. 이때 열선커터기나 칼을 이용하면 바닥과의 접촉면을 매끄럽게 절단할 수 있다. 지름 50mm인 바퀴 네 개를 준비한다.

▷ 한쪽 바퀴의 뒷면에 양면테이프를 촘촘히 붙인다.

▷ 다른 하나의 바퀴를 양면테이프를 붙인 바퀴와 붙여 조립한다.

▷ 다른 쪽 면에 양면테이프를 붙이고 그 위에 OHP용 필름이나 두꺼운 셀로판테이프(지름 55mm정도)를 붙인다.

※ OHP용 필름의 용도는 바퀴에 고무줄을 연결하여 동력을 전달할 때 고무줄이 이탈하지 않도록 하기 위한 것으로 틈이 벌어지지 않도록 양면테이프를 붙인다.

▷ OHP용 필름을 붙인 다른 쪽 바퀴에 넓은 고무줄 (넓이 5mm, 지름 50mm)을 감는다.

▷ 바퀴가 이탈하는 것을 방지하기 위해서 지름 30mm 짜리 바퀴를 네 개 준비한다.

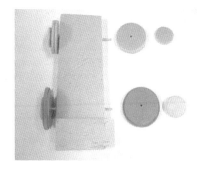

▷ 고정된 앞바퀴와 회전하여 동력을 전달하는 뒷바퀴의 축을 꼬치로 연결하고 바퀴를 조립한다.

▷ 바퀴 조립이 끝나면 주행 상태를 점검하여 이상이 발견되었을 때 재조정한다.

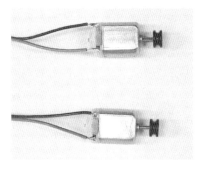

▷ 전동기에 풀리를 끼운다.
▷ 전동기의 양쪽에 전선의 끝 부분의 피복을 벗기고 결합한 후 납땜을 한다. 이때 너무 오래 인두를 접촉시키면 전동기가 탈 수 있으니 주의하며 전선의 피복은 와이어스트리퍼를 이용할 수도 있다.

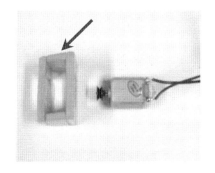

▷ 레미콘 차의 믹서를 회전시켜 주는 전동기를 지지
해 줄 받침대를 제작한다. 이때 레미콘 차의 특수성
을 감안하여 45°경사지게(화살표 부분) 자르고
안 부분은 ■ 형태가 지게 제작한다.

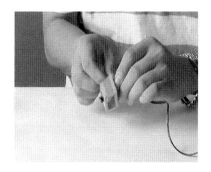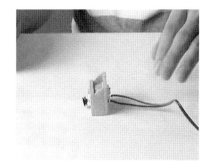

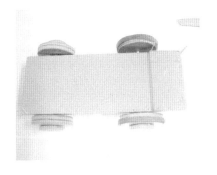

▷ 화살표 부분의 바퀴를 회전시키는 전동기를 장착할
부분에 (70×40㎜) 크기로 부재를 높인다.

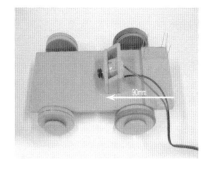

▷ 끝 부분에서 90㎜ 지점에 믹서를 회전시키는 전동
기를 중앙에 설치한다.

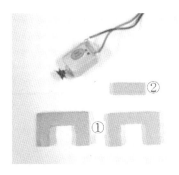

▷ 뒷바퀴를 구동시킬 전동기를 조립한다.
▷ ①

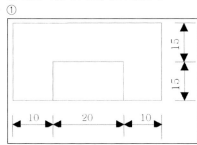

▷ ② 재료: (10×30mm) 1개를 준비한다.

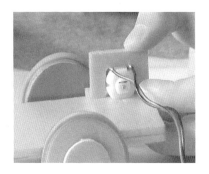

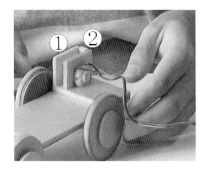

▷ ①과 ②번을 그림처럼 조립하여 전동기를 지지한다.

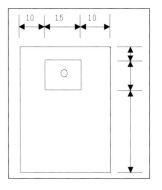

▷ 레미콘 믹서의 회전축을 지지할 받침대를 만든다.

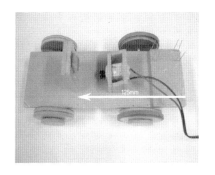

▷ 끝부분에서 125mm 부분에 믹서의 회전축 지지대를 세우고 침 핀으로 고정한다.

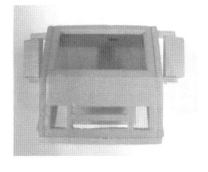

▷ 90×90mm를 기본으로 하여 차체의 앞부분을 창의적으로 만든다.

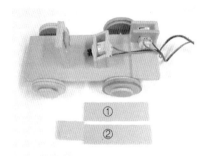

▷ 차체의 양옆을 막을 부재를 준비한다.

① ②

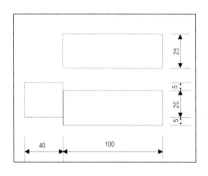

▷ 도면의 크기로 자른다.

25

5

20

5

40   100

▷ ②번 부재를 전동기의 반대편에 부착하여 침핀으로 조립한다.

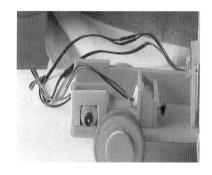

▷ 옆판을 부착한 모습

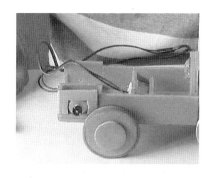

▷ ① 부재를 전동기의 지지대와 나란히 조립한다.

▷ 전동기의 선을 주의하여 차체의 앞부분을 침핀으로
조립한다.

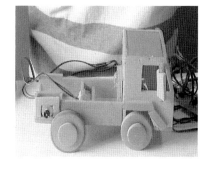

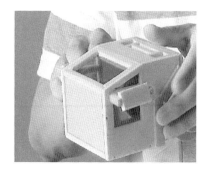 

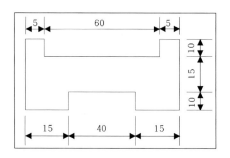

▷ 믹서 회전지지대를 지지하기 위한 덮개를 도면과 같이 제작한다.

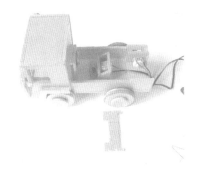 

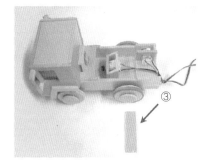

뒷부분과 믹서 부분을 연결해 주고 믹서가 회전할 때 지지해 주는 밑판(③: 70×18mm)을 만든다.

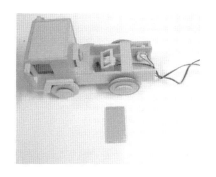

▷ 바퀴 구동 전동기의 덮개(70×34mm)를 만들어 조립한다.

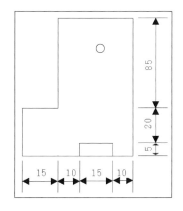

▷ 믹서의 다른 한쪽 지지대를 도면과 같이 만들고 장식을 하여 조립한다.
▷ 위에서 13mm의 정중앙에 작은 구멍을 뚫는다.

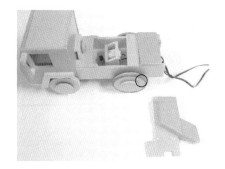 

▷ 레미콘 차의 돌아가는 부분인 믹서를 만든다.
▷ 우유 통을 이용하거나 주변의 헌 재료를 재활용하
  여 색지를 둘러 만든다.
▷ 한가운데에 구멍을 뚫어 꼬치를 꽂고 회전 풀리를
  끼운다.

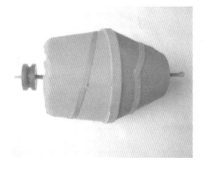 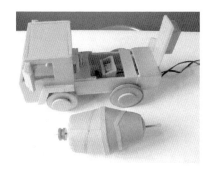

▷ 풀리를 앞부분으로 하여 작은 고무줄을 끼우고 조립한다.
▷ 꼬치가 수평을 이루지 않으면 통이 회전하지 않으므로 주의한다.

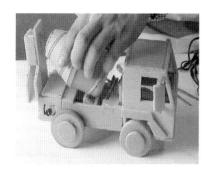

▷ 풀리의 고무줄을 전동기와 연결한다. 이때 고무줄을 연결한 풀리가 지지대에 닿지 않도록 주의하며 고무줄의 장력이 너무 커 회전이 원활하지 않도록 한다.

▷ 조종기를 납땜한다.
※ 납땜인두는 항상 인두 받침대에 보관하여 화상을 입지 않도록 주의하며 너무 오래 기판에 인두를 대면 기판의 동판 회로가 타 버리거나 접착 면이 떨어지므로 단시간 내에 납땜한다.

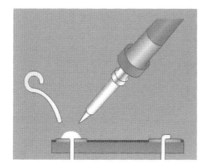

▷ 인두 끝과 납을 가까이하고 납땜 준비를 한다.
▷ 인두 끝으로 접합 부분을 예열한다.
▷ 땜납을 인두에 대어 녹인다.
▷ 적당량의 땜납이 녹으면 땜납을 분리한다.
▷ 납에 윤기가 나고 약간 퍼질 때까지 기다렸다가 인두를 분리한다.

▷ 3P 스위치와 건전지 홀더를 납땜하고 본체와 연결할 선을 도면대로 납땜한다.

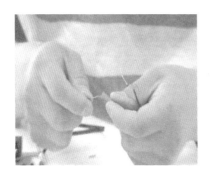

▷ 본체와 조종기 사이의 전선을 서로 연결한다. 이때 바퀴의 회전 방향을 보아 극성을 살펴 연결한다.

▷ 뒤차축의 전동기 풀리와 바퀴를 고무줄로 연결한다.

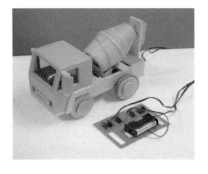

▷ 완성된 모습

〈생활용품 모형 만들기〉

〈회전하는 물체 만들기〉

〈주위 물건 재활용하여 만들기〉

〈자동차 모양 변형하여 만들기〉

〈실전 응용하기 Ⅱ〉
〈풀리가 두 개 이상인 바퀴 만들기〉

풀리가 두 개 이상이면 감속의 효과가 있으며 동력 전달을 효과적으로 할 수 있는 장점이 있다. 또한 확실한 동력 전달 과정을 이해할 수 있으며 보다 고차원적인 학습과 창의력이 요구되는 실습이다.

(1) 전동기에 풀리를 조립한다.

(2) 유선 조종 동력 장치에 사용할 바퀴와 풀리를 자른다.

바퀴 반지름 25mm	2개
제1종동 풀리 반지름 20mm(41번)	4개
제2종동 풀리 반지름 5mm(42번)	2개

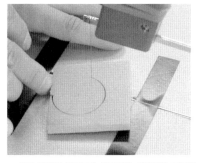
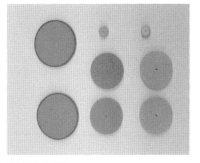

※ 이때 풀리의 반지름을 달리하여 회전력을 조절하고 속도를 감속시킬 수 있다.

(3) 전동기에 전선을 연결하여 납땜한다.

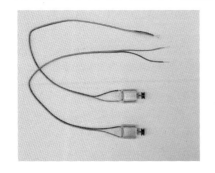 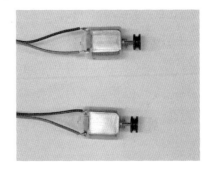

(4) 전동기를 몸체에 고정하는 지지대를 만든다.

 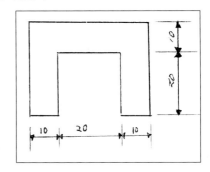

(5) 전동기와 풀리의 몸체를 만든다.

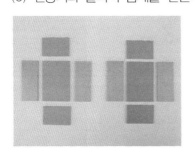 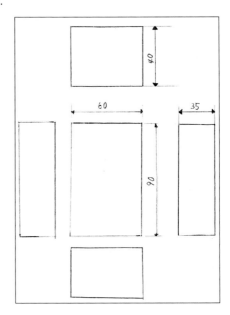

(6) 풀리 박스의 축에 구멍 뚫기

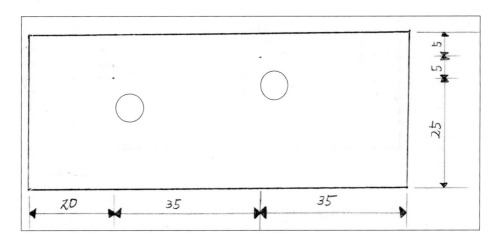

송곳으로 풀리 박스에 빨대와 대나무 봉이 들어갈 수 있을 정도의 구멍을 뚫는다. 이때 너무 구멍이 크거나 작으면 축이 회전하는 데 흔들리거나 회전이 어려우므로 주의한다.

(7) 축에 끼우는 빨대 준비하기

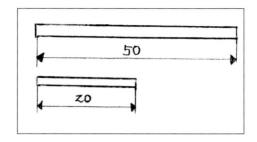

(8) OHP 필름과 축 네 개를 준비한다.

반지름 25mm × 세 개	2set
반지름 10mm × 두 개	

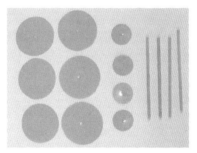

(9) 양면테이프를 이용하여 바퀴와 제1종동 풀리를 부착한다.

뾰족한 부분으로 축의 중심에 맞춰 구멍을 뚫는다.

풀리와 OHP 필름(벨트 이탈 방지용) 사이에는 양면테이프를 붙인다.

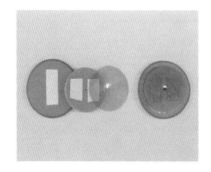

(10) 아래 그림을 참조하여 풀리 박스를 조립한다.

몸체 밑판은 가로×세로(155mm×155mm)가 되도록 한다.

밑판에 전동기를 고정시키고 전동기를 지지하는 지지대를 부착한다.

이때 전동기의 밑 부분에 양면테이프를 붙여 부착시킨다.

전동기의 31번 풀리와 41번 풀리가 일직선상에 놓이도록 조정한다.

몸체는 우드락용 접착제, 글루건, 침 핀, 양면테이프 등으로 결합하여 고정한다.

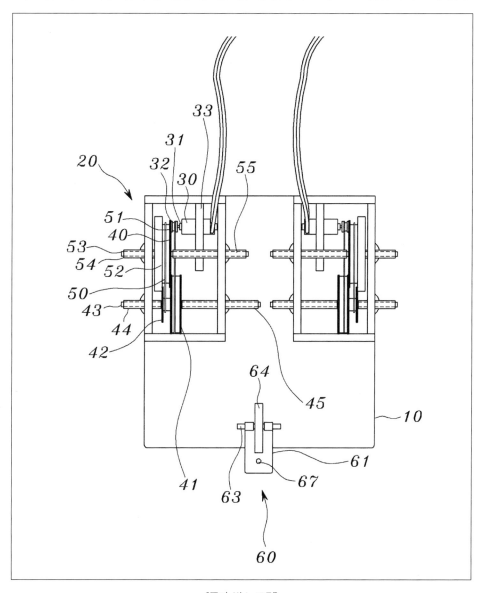

[풀리 박스 조립]

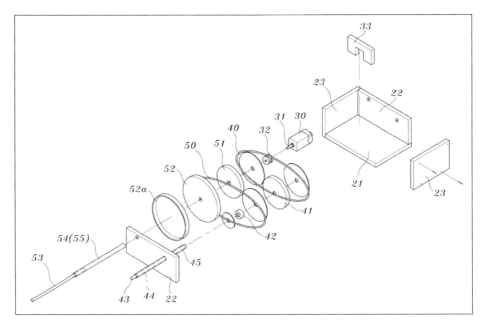

[바퀴 조립 순서]

[최종 완성 바퀴]

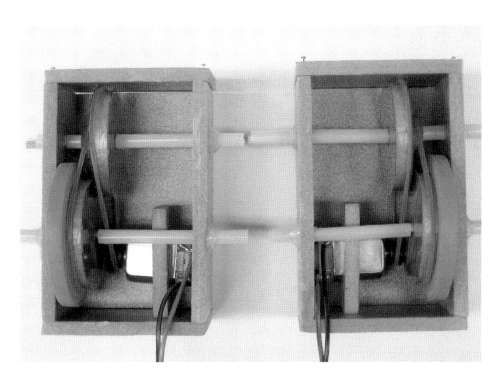

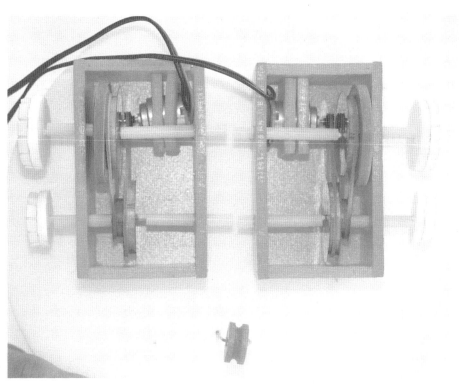

5. 생명기술

가. 학습 활동 준비

1) 프로젝트 체험 학습 수업의 이해

생명기술의 활용적 측면과, 작물이 자라는 재배 환경을 이해하여 학습자들의 정서를 함양시키고 작물의 재배 과정을 체험함으로써, 작물의 생장에 대한 이해와 노작의 즐거움을 느끼게 한다. 또한 재배 대상 작물의 특징과 재배법을 알고, 재배 실습을 통해 환경의 중요성을 깨우치는 목적을 갖고 있다.

2) 학습자 준비사항

- 이론으로 수업했던 내용을 이해하고 체험 활동 과정에 참고할 수 있도록 한다.
- 개별 프로젝트 과제를 설정하고 디자인을 한다.
- 체험 활동의 과정을 충분히 이해하고, 개별 프로젝트에 맞는 준비물을 준비한다.

3) 교사 사전 준비사항

- 학습자들이 바로 프로젝트 과제를 해결할 수 있도록 사전 준비를 한다.
- 체험 활동에 시연을 위한 프로젝터, 실물 화상기 등을 점검하여 작동이 잘 될 수 있도록 한다.
- 학습자의 일상생활과 관련된 예를 제시함으로써 학습자들의 동기 유발이 잘 이루어지도록 한다.
- 학습자의 흥미를 높이고 자기 주도적·실천적 경험을 통한 학습이 될 수 있도록 해야 한다.

4) 수업 시 유의사항

- 칼, 가위 등을 이용하여 절단을 할 때 창상 주의
- 톱밥이 날리지 않도록 유의하기
- 작업복을 착용하기
- 쓰레기는 쓰레기통에 버리기

나. 학습 목표

(1) 내가 디자인한 잔디인형을 만들 수 있다.
(2) 작물 재배 조건을 이해하여, 재배 대상 작물의 특징과 재배법을 알게 한다.
(3) 생명체의 소중함을 이해하고 재배 조건을 고려해서, 작물의 재배 과정을 체험함으로써, 작물의 생장에 대한 이해와 노작의 즐거움을 알 수 있다.

다. 수업 계획

대영역	미래의 기술세계	중영역	생명기술과 재배	소영역	잔디인형 키우기
학습법	컴퓨터 활용 학습 및 프로젝트 학습법				
프로젝트 상황 설정	생명기술은 21세기 인류에게 여러 가지 면에서 꿈과 희망을 줄 기술 분야이다. 즉 인류에게 당면한 식량, 의약, 환경, 에너지 문제 등을 해결하는 데 생명기술을 활용하면 인류는 더 큰 혜택을 얻을 수 있다. 이러한 기술은 건강한 삶, 깨끗한 환경, 풍요로운 사회 건설에 활용될 것이다. 따라서 생명기술의 뜻과 적용되는 분야에 대해서 살펴봐야 한다. 또한 재배는 작물을 가꾸는 활동을 말하는데, 재배 분야는 우리 생활과 밀접한 관련을 가지며 그 분야가 대단히 넓고 다양하다. 이 단원은 재배와 우리 생활과의 관계를 알아보고, 재배에 영향을 주는 환경 요인을 이해한 후 집이나 학교에서 나만의 창의적인 잔디인형을 만들고 키워 보자.				
수행 기간 및 장소	1) 수행 장소는 기술실이며, 기간은 1주 동안이고 정규수업은 주당 2시간으로 총 2시간으로 수업의 진행은 ICT 학습 자료를 이용한 강의 수업 1시간, 프로젝트 수업 1시간으로 구성된다. 2) 수업이 끝난 이후 완성된 잔디인형을 5일 동안 관찰하고 포트폴리오를 완성하여 제출한다.				
재료 및 조건	학교에서 제공하는 도구 및 재료와 각자 준비하는 꾸미기 재료 [스타킹, 톱밥, 잔디씨앗, 나일론 실, 꾸미기 재료]				
제출물	포트폴리오 완성본				
유의사항	1) 인터넷에서 정보를 획득하여 응용하는 것을 권장하나, 100% 모방은 하지 않도록 한다. 2) 이 프로젝트를 통해 창의성, 협동성, 문제해결력, 책임감, 고도의 사고 기능이 향상될 수 있도록 개방적인 학습 분위기를 조성하되 방임하여 지나치게 산만하지 않도록 적절히 통제한다.				

라. 교수 · 학습 지도안

1) 재배와 생활, 재배환경

교과	기술 · 가정(기술 영역)				
단원	생명기술 – 재배와 생활, 재배환경				
학습목표	1) 재배의 뜻과 우리나라 재배 현황 그리고 다양한 재배 형태와 방법에 대하여 알 수 있다. 2) 작물 재배 조건과 환경에 대하여 알고, 재배의 요소들이 작물에 어떠한 영향을 미치는지 알 수 있다.				
주제	재배의 이해	학습유형	컴퓨터 활용학습	시간	1시간

학습 단계	학습 내용	교수학습 활동		시간(분)	자료 및 유의점
		교사의 역할	학생 활동		
도 입	동기 유발	• 매일 먹는 쌀의 생산 방법에 대하여 발문 • 간단한 쌀의 생산과정 설명	• 발문에 대답할 수 있다.	2	컴퓨터, ICT수업자료
	재배	• 재배에 대한 간단한 정의 • 생명기술의 역할, 중요성 인지	• 내용에 대해 바르게 이해할 수 있다.	2	〃
	학습 목표 제시	• 수업에 대한 목적을 정확하게 제시하고, 수업 후 도달해야 하는 목표를 인지시킨다.	• 바르게 숙지하고, 실천할 수 있다.	2	〃
전 개	재배의 정의와 재배의 중요성	• 재배 정의 • 재배 분야 • 작물재배 기술의 발달과 전망 • 생명기술과 재배	• 발문에 답하고 바르게 인지한다.	5	〃
	재배환경	• 햇빛과 온도 • 빛의 세기와 시간 • 생육적온의 이해	• 발문에 답하고 바르게 인지한다.	8	〃
		• 물, 공기와 토양 • 수분과 토양의 역할 • 공기 중 산소와 이산화탄소	• 발문에 답하고 바르게 인지한다.	8	〃
		• 비료의 3요소	• 발문에 답하고 바르게 인지한다.	10	〃
정 리	재배와 생명기술	• 생명기술의 발달로 인한 재배기술의 발달		3	〃
	형성 평가	• 재배 환경에 대한 발문	• 발문에 대한 답	2	〃
예 고	차시 예고	• 잔디인형 만들기		3	〃

2) 재배의 실제

교과	기술 · 가정(기술 영역)				
단원	생명기술 – 재배의 실제				
학습 목표	1) 내가 디자인한 잔디인형을 만들 수 있다. 2) 작물 재배 조건을 이해하여, 재배 대상 작물의 특징과 재배법을 알게 한다. 3) 생명체의 소중함을 이해하고 재배 조건을 고려해서, 작물의 재배 과정을 체험함으로써, 작물의 생장에 대한 이해와 노작의 즐거움을 느끼게 한다.				
주제	내가 디자인하고 만드는 잔디 인형 프로젝트	학습 유형	개별 프로젝트 수업	시간	1시간

학습 단계	학습 내용	교수학습 활동		시간 (분)	자료 및 유의점
		교사의 역할	학생 활동		
도 입	동기 유발	• 집에서 식물을 키워 본 경험을 질문 – 교사의 경험을 제시	• 발문에 대답할 수 있다.	2	프레젠테이션
	재배 조건	• 식물이 잘 자라기 위한 조건에 대한 안내 • 생명기술의 역할, 중요성 인지	• 내용에 대해 바르게 이해할 수 있다.	2	프레젠테이션
	학습 목표 제시	• 수업에 대한 목적을 정확하게 제시하고, 수업 후 도달해야 하는 목표를 인지시킨다.	• 바르게 숙지하고, 실천할 수 있다.	2	프레젠테이션
체 험 활 동 전 개	실습 재료 이해	• 각종 재료 및 공구 안내 • 스타킹 묶기 설명 • 순회하면서 **디자인 포트폴리오 검사**	• 잔디 씨앗, 톱밥, 기타 꾸미기 재료 살펴보기 • 교사의 시연을 보고 실시 • 디자인 포트폴리오 제시	7	가위, 스타킹 실물 화상기 확인 도장
	잔디 씨앗 넣기	• 스타킹에 잔디 넣는 과정을 설명하고 시연 • 시연 후 순회하면서 지도 • 씨앗 통 수거	• 교사의 시연을 보고 실시 • 교사에게 확인	7	잔디 씨앗
	톱밥 넣기	• 톱밥 넣기 과정 시연 • 시연 후 순회하면서 지도	• 교사의 시연을 보고 실시 • 교사에게 확인	7	톱밥
	꾸미기 및 재배	• 꾸미는 방법 시연 • 꾸미는 재료 안내 • 재배 방법 안내	• 교사의 시연을 보고 자신의 디자인대로 꾸미기	10	꾸미기 재료
정 리	수행 일지	• 수행 일지 작성 안내	• 수행 일지 작성	3	실물 화상기
	형성 평가	• 재배 환경에 대한 발문	• 발문에 대한 답	2	프레젠테이션
예 고	차시 예고	• 포트폴리오 작성 요령 안내		3	실물 화상기

마. 교사용 워크북

〈포트폴리오 작성하기〉

■ 활동 개요

활동 목표	• 프로젝트의 목표를 이해하고, 잔디인형을 만드는 방법과 키우 는 방법에 대하여 학습한다. • 제작하게 될 잔디인형의 이름을 지어 보고 스케치해 본다.	시 간		20분
		준비물	교 사	교사용 워크북 체험자료
			학 생	포트폴리오

■ 활동 전개 과정

전개	활동주제	활동내용	방법	준비물	시간
도입	프로젝트 소개	잔디인형에 대한 설명과 프로젝트에 대하여 이해시키는 단 계이다. 잔디인형에 대해 설명하여 프로젝트에 대한 흥미 를 유발시킨다.	설명	포트폴리오 예시물	5분
전개	프로젝트의 준비 및 포트폴리오 의 작성	• 준비물을 배부하고 준비물이 정확히 있는지 확인시킨다. **필요한 준비물** 잔디 씨, 톱밥, 스타킹, 나일론 실, 꾸미기 재료 등 • 잔디인형을 만드는 방법과 재배방법을 파워포인트로 간 단하게 설명하고, 잔디인형의 이름을 정하게 한다. • 자신이 만들 잔디인형을 스케치하게 한다.	준비	체험자료 실물 화상기 파워포인트 포트폴리오 예시문	12분
정리	서식 확인	• 준비물의 준비가 올바르게 되어 있고, 잔디인형 제작과 정에 대하여 올바르게 숙지하고 있는지 확인한다. • 포트폴리오를 바르게 작성하고 있는지 확인한다.			3분

〈잔디 인형 제작하기〉

■ 활동 개요

활동 목표	• 구상한 대로 잔디인형을 만들어 보고 재배 과정을 체험해 보고 결과를 관찰해 보도록 한다. • 재배에 관한 생명기술 실습을 함으로써 생명의 소중함을 느낄 수 있다.	시 간		25분
		준비물	교 사	교사용 워크북 체험자료
			학 생	포트폴리오

■ 활동 전개 과정

전개	활동주제	활동내용	방법	준비물	시간
도입	체험 활동 방법 확인	잔디인형을 제작함에 있어서 유의사항과 방법을 재차 확인시킨다. **유의사항** – 작업복 착용 및 창상 주의 – 톱밥이 날리지 않도록 주의	설명	포트폴리오 예시물	2분
전개	체험 활동	• 주어진 스타킹을 적당하게 잘라 학생들끼리 나 누어 갖도록 한다. • 스타킹의 한쪽을 봉하고 톱밥을 조금 넣은 다 음 잔디 씨를 넣고 톱밥을 끝까지 채운 후 반 대쪽 스타킹을 봉한다. • 구상도와 일치하도록 잔디인형의 모양을 디자 인한다. • 톱밥이 충분히 젖도록 물에 담가 둔다.	교사의 시현을 보고 개별 활동	체험자료 실물 화상기 파워포인트 포트폴리오 예시문	20분
정리	포트폴리오의 작성과 결과물의 관찰	• 자신이 만든 잔디인형 사진을 찍고, 포트폴리 오를 완성한다. • 완성 후 1주일 후에 싹이 트기 시작하면 며칠 간 관찰하여 포트폴리오를 마무리하도록 한다.	설명	포트폴리오	3분

■ 교사용 TIP

• 간혹 구상도와 디자인한 잔디인형을 다르게 만드는 경우가 있다. 이러한 학생들에게는 구상도의 의미를 설명
해 주고 올바른 실습이 되도록 지도한다.
• 스타킹을 자르고 만든 매듭을 뒤집어 사용하면 매듭이 보이지 않고 깔끔한 제작이 가능하다.
• 날씨가 좋은 여름에는 싹이 나는 시간이 1주일이 채 걸리지 않으나 보통 싹이 트는 데 일주일 정도의 시간이
필요하다.

⟨잔디인형 만들기 과정⟩

■ 활동 개요

활동 목표	• 교사의 시연을 직접 보여 주거나 실물 화상기를 통하여 실 습이 진행되도록 한다. • 잔디인형 만들기에 대한 TIP를 적절히 사용하도록 한다.	시　간		25분
		준비물	교　사	교육자료
			학　생	워크북

■ 활동 전개 과정

가. 한국형 들잔디와 톱밥

한국형 들잔디

잔디인형 만들기에서 사용하게 되는 한국형 들잔디는 생활력이 강한 온지성(溫地性) 잔디로 여름에는 잘 자라나 추운 지방에서는 잘 자라지 못한다. 5~9월에 푸른 기간을 유지한다. 10~4월의 휴면기간에도 잔디로 사용할 수 있다. 완전포복형으로 땅속줄기가 왕성하게 뻗어 옆으로 기는 성질이 강하므로 깎아 주지 않아도 15cm 이하가 유지된다. 보리밟기에 강하고 병충해가 거의 없으며, 환경오염에 강하다. 잔디는 종묘사에 문의하여 잔디인형용 씨앗을 주문하면 되고 1리터에 8,000원 정도 하며 약 30명 실습이 가능하다.

톱밥

전엔 톱밥에 균사를 재배하는 방식으로 사용되었는데 최근에는 흙을 사용하기 번거롭거나 구하기 힘든 경우 흙을 대신하여 영양제를 섞은 톱밥을 사용하여 거의 모든 식물의 재배가 가능하다.
참고로 톱밥을 판매하는 곳은 용산톱밥 http://www.youngsantb.co.kr 1포대 8천 원 정도하며 택배비 포대당 3천 원, 5포대면 500명 실습이 가능하다.

실습 설계와 예산(1개 반 **35명** 기준)

재료	규격	가격
잔디 씨앗	1대(450g)	8,000원
톱밥	1포대(약 100명분)	5,000원
스타킹	18컬레	묶음 판매용 1컬레 500원 × 18 = 9,000원
수반	35개	1개 200원 × 3,500 = 7,000원

나. 전체 진행 절차

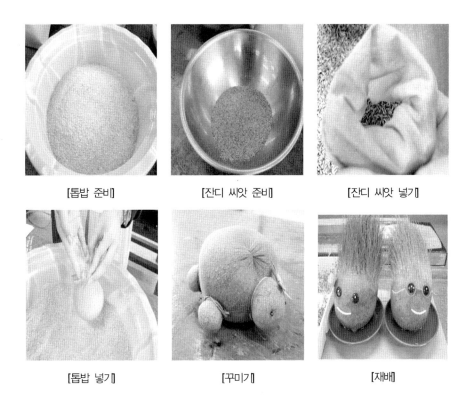

[톱밥 준비] [잔디 씨앗 준비] [잔디 씨앗 넣기]

[톱밥 넣기] [꾸미기] [재배]

다. 준비물

【재료】스타킹, 톱밥, 잔디씨앗, 꾸미기재료, 낚시 줄
【공구 및 도구】접착제, 수반, 물을 담을 통, 면장갑, 작업복
【교사용 TIP】판타롱스타킹(무릎 아래까지 오는 스타킹) 한
　　켤레로 약 4명까지 실습가능
- 브랜드가 있는 스타킹이 아닌 묶음으로 사게 되면 저렴한
　가격으로 살 수 있음.
- 잔디씨앗도 낱개 포장이 아닌 큰 포장으로 구입하게 되면
　그 비용을 줄일 수 있음.

라. 스타킹의 분배

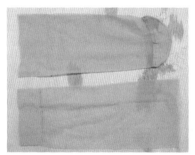

- 그림과 같은 순서대로 판타롱 스타킹을 한 켤레를 이등분을 하면 네 명 정도 실습할 수 있는 분량의 스타킹이 된다.
- 실습 인원을 적당히 고려하여 스타킹의 수량을 계획하는 것이 적은 예산으로 실습을 할 수 있는 포인트가 된다.
- 한 켤레를 자르면 한쪽이 막혀 있는 쪽과 둘 양쪽이 터진 쪽이 생기는데 한쪽이 막혀 있는 쪽은 사용하는 데 큰 무리가 없으므로 이 후 설명은 양쪽이 터진 쪽의 스타킹으로 설명하겠다.

【교사용 TIP】 판타롱스타킹 이외에 밴드스타킹(허벅지까지 오는 스타킹), 팬티스타킹(속옷까지 올라오는 스타킹)이 있으나, 밴드스타킹은 판타롱스타킹과 가격이 비슷하지만 묶음으로 싸게 파는 것이 없고, 팬티스타킹은 속옷 부분을 적당히 쓸 수가 없어 재료의 낭비가 있다.

마. 양쪽이 터진 스타킹의 처리

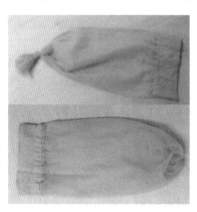

- 양쪽이 뚫린 스타킹은 그대로는 사용할 수 없으므로 한쪽을 묶고 손을 넣어 뒤집어 매듭이 보이지 않도록 깔끔하게 마무리하도록 한다.

【교사용 TIP】 매듭 부분을 깔끔하게 정리해야 완성된 인형 모양이 보기가 좋다는 것을 꼭 강조하여 말해 주어야 한다.

바. 스타킹에 톱밥과 씨앗 넣기

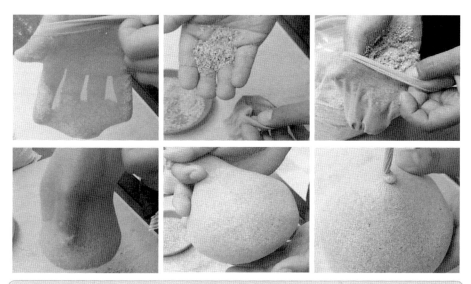

- 먼저 톱밥을 스타킹에 조금 넣고 잔디 씨앗을 넣은 다음 톱밥을 마저 넣으면서 원하는 모양을 만든 후 매듭을 지어 묶는다.

【교사용 TIP】톱밥을 마저 넣을 때 손을 넣어 스타킹을 늘려 가며 넣어야 원하는 모양을 만들 수 있다.

사. 꾸미고 완성하기

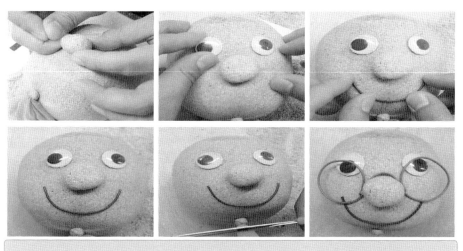

- 원하는 모양으로 톱밥을 만든 후 낚시 줄 등 기타 여러 가지 꾸밈 재료를 사용하여 완성한다.

아. 키우고 관찰하기

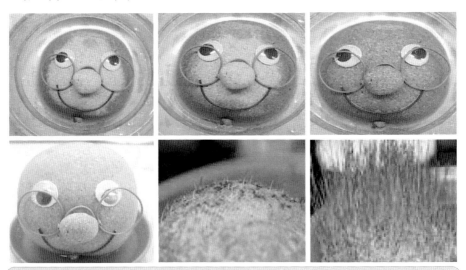

- 완성된 인형을 충분한 물에 약 20분간 담가 놓으면 톱밥이 물을 흡수하면서 전체적으로 색깔이 변한다. 충분히 물을 흡수한 인형을 수반에 적당한 물을 넣어 햇빛이 잘 드는 곳에 놓으면 약 일주일 후에는 위와 같은 싹을 볼 수 있다.

【교사용 TIP】 잔디인형이 자라나는 모습을 일별로 찍어 생태일기를 쓰게 하는 것도 학생들에게 큰 의미가 된다.

| 완성된 잔디인형 디자인 | 일주일 후 싹이 난 상태 |

- 싹이 나올 때까지 매일 물을 갈아 주면 약 일주일 후 싹이 나오기 시작한다.
- 잔디를 관리할 때는 밑동을 적어도 3cm 이상을 남겨 두고 자른다.

■ 관찰 및 평가

평가항목	평가기준	배점
창의적인 디자인	창의적이고 디자인함에 있어서 독창적인 특징이 있다.	상
	디자인이 평범하고, 작품에 특징이 없다.	중
	디자인이 친구나 다른 여타의 작품을 베꼈다.	하
스케치와 일치도	포트폴리오에 스케치한 것과 같게 작품을 완성하였다.	상
	포트폴리오에 스케치한 것과 작품이 다르다.	하
포트폴리오 완성도	주어진 시간 내에 포트폴리오를 완성하고 성의 있게 작성하였다.	상
	주어진 시간 내에 완성하였으나 다소 성의가 부족하다.	중
	주어진 시간 내에 완성하지 못하였다.	하
추후 관찰	추후에 작품을 체계적으로 관찰하고 기록을 잘 하였다.	상
	추후에 작품을 관찰함에 있어서 다소 부족하였다.	하
최종 점수		

- 학교의 실정에 맞게 평가 요소를 재구성할 수 있고 교사의 관점에 따라 평가 요소를 수정하여 사용한다.
- 잔디인형을 구상한 것과 같게 만들었는가, 창의적인 디자인으로 만들었는가 등 제작과정과 작품의 완성도에 대하여 평가하고 완성 후 관찰과 이를 통한 포트폴리오의 완성도에 대한 이원적 평가를 실시한다.
- 교실에서 재배가 가능한 잔디인형 재배 시설을 구성하여 학생들이 시간에 따른 잔디인형의 성장과정을 볼 수 있도록 한다.

자. 학생용 워크북

● 내가 디자인하고 만드는 잔디인형 프로젝트

※ 잔디인형은 수명이 관리를 잘하게 되면 2~3개월 정도 됩니다. 그러나 관리가 소홀하게 되면 싹이 나오지도 않는답니다. 여러분의 사랑과 정성이 필요합니다.

● 준비물

※ 학교 준비물: 잔디 씨, 톱밥 등
※ 개별 준비물: 스타킹, 나일론 실, 꾸미기 재료 등

● 잔디인형 만드는 방법

1. 스타킹에 잔디 씨를 넣는다.
2. 톱밥을 채운다.
3. 스타킹을 묶는다.
4. 내가 생각했던 모양대로 꾸민다.
5. 정성스럽게 키운다.

● 잔디인형 키우는 방법

1. 잔디인형을 맑은 물에 담가 푹 적신다(20분 정도).
2. 접시에 물을 담아 잔디인형을 올려놓는다.
   ※ 주의: 싹이 나올 때까지는 접시에 물을 항상 채워 놓고 물을 수시로 뿌려 준다(하루 2번 이상).
3. 약 1주일 정도 지나면 잔디가 나온다.
4. 잔디가 약 1cm 정도 자라면 접시에 물을 완전히 버리고 잔디인형에 물기가 없으면 잔디 부분에만 분무기로 스프레이해 준다.
5. 잔디가 크게 자라면 원하는 스타일로 잘라 주어도 된다.
   ※ 주의: 단, 잔디를 자르고자 할 때는 반드시 3cm 이상 남기고 자른다.

1단계 : 첫날

적당한 용기에 물을 채워 30~40분 담가둔다.

2단계 : 5~6일째

머리(잔디)가 나기 시작하며 한두번 스프레이로 물을 뿌려준다.

3단계 : 15일째

4단계 : 20일째

가위로 고무 이발해주며 관리를한다.

정보 파악

● 잔디인형을 키우다가 발생할 수 있는 문제점과 그 해결 방안에 대한 자료를 찾아 정리하세요.

● 어떤 모양의 잔디인형이 있는지 자료를 찾아 정리하세요.

1단계 : 첫날
적당한 용기에 물을채워 30~40분 담가둔다

2단계 : 5~6일째
머리(잔디)가 나기 시작하며 한두번 스프레이로 물을 뿌려준다.

3단계 : 15일째

4단계 : 20일째 가위로 고루 이발해주며 관리를 한다.

http://www.jandigom.co.kr

정보 파악

● 잔디 인형을 키우다가 발생할 수 있는 문제점과 그 해결 방안에 대한 자료를 찾아 정리하세요.

● 어떤 모양의 잔디 인형이 있는지 자료를 찾아 정리하세요.

계획(주제) 수립

● 내가 만들고 싶은 잔디인형의 이름을 정하고 그 모습을 표현해 보세요.

잔디 인형 이름	
잔디인형디자인	

프로젝트 수행

날짜	내용	수행 및 변화
	잔디인형 제작	

● 내가 만들고 싶은 잔디 인형의 이름을 정하고 그 모습을 표현해 보세요.

잔디 인형 이름	똘똘한 잔디 인형

잔디 인형 디자인

프로젝트 수행

날짜	내용	수행 및 변화
5/7	잔디 인형 제작	만들고 보니 대머리(?) 난제? 썩이날려거...
5/10	물 부족 사태	날이 좋아 창가에 두고 신경을 덜썼더니... 물이 공밥 ㅠㅠ
5/13	드디어 새머리 탈출	싹이 트기 시작~ 새머리여 안녕~
5/16	덥수룩한 인형	물만 주었는데 풍성하게 텁수룩 자란다
5/19	마지 못해 변신	결국... 이발을 함 덥수룩한 머리는 싫어.

382 기술교과 수업 컨설팅

수행 결과

● 내가 만든 잔디인형 사진을 붙이세요.

● 이 잔디인형을 판매하기 위해 특징, 장점, 가격 등 제품 정보에 대한 설명을 해 보세요.

● 잔디인형 키우기를 하면서 느낀 소감을 기록하세요.

수행 결과

● 내가 만든 잔디 인형 사진을 붙이세요.

처음 계획과는
크기게 크가
생겼다는 ~ ⋀⋀

● 이 잔디 인형을 판매하기 위해 특징, 장점, 가격 등 제품 정보에 대한 설명을 해 보세요.

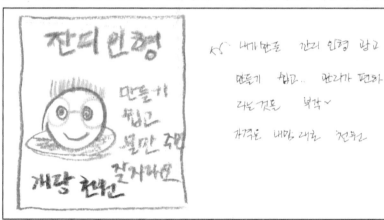

내가 만든 잔디 인형 광고

만들기 쉽고.. 판리가 편하
다는 것를 부각~

가격은 내맘 대로 결정

● 잔디 인형 키우기를 하면서 느낀 소감을 기록하세요.

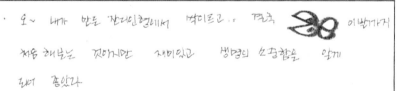

오~ 내가 만든 잔디인형에서 싹이트고.. 결국 이렇까지

처음 해보는 것이지만 재미있고 생명의 소중함을 알게

되서 좋았다

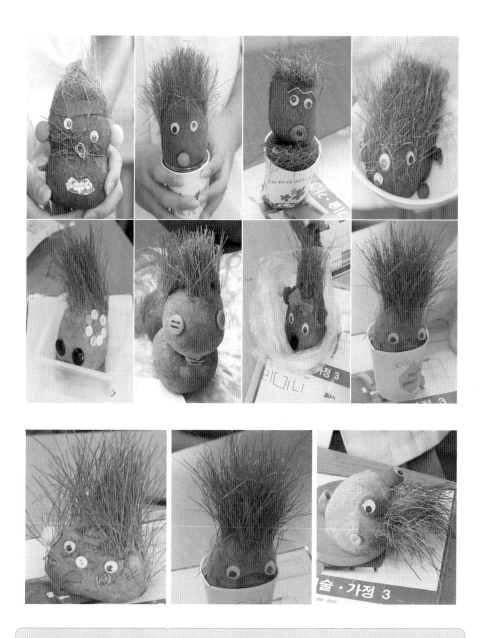

학생들이 만든 작품들 가운데 여러 가지 재미있는 작품들이 나왔는데 개중에는 사람의 얼굴이 아닌 동물을 만든 학생이 있었다. 잔디인형을 제작하여 재배를 경험해 봄으로써 생명의 소중함을 느끼고 노작 활동과 더불어 학생들의 창의력을 증진시킬 수가 있다.

참고문헌

강선영(2004). 15000원으로 행복해지는 뚝딱뚝딱 목공 만들기. 영진닷컴.

곽영순 외(2007). 수업 컨설팅 바로하기: PCK로 들여다 본 수업이야기. 서울: 원미사.

교육인적자원부(2002). 공교육 내실화를 위한 교수 · 학습 방법 개선 지원 방안.

교육인적자원부(2002). 실과 5, 6학년 교과서.

김민석(2005). 목공 만들기. 이비락출판사.

김수동 외(2005). 교사의 학생평가 전문성 신장 연구(Ⅱ). 한국교육과정평가원 연구보고 RRE2005 – 3.

박명배(2002). 전통목가구만들기. 한국문화재보호재단.

서울시교육청(2006). 서울시 수업 개선단 설명자료.

설증웅 · 조민호(2006). 컨설팅 프랙티스. (주)새로운제안.

신영창(2005). 목공예. 세화출판사.

신윤기(2007). 생활 속의 전기전자. 인터비젼

신윤기(2007). 전기전자공학의 길라잡이. 인터비젼.

엄영근 역(2005). 알기 쉽고 유익한 목재 길잡이. 한국목재신문사.

엄영근 역(2006). 목재 도장 가이드. 한국목재신문사.

엄영근 역(2006). 목재백과사전. 한국목재신문사.

N세대를 생각하는 교수 모임(2007). N세대를 위한 전기전자기초. (주)북스힐.

열린교육연구소(2007). 열린교육 실행연구. 10.

오세창 역(2005). 목조 혁명. 한국목재신문사.

유정식(2007). 컨설팅 절대 받지 마라. 서울: 거름출판사.

이상혁 · 진의남 · 이상봉(1999). 기술교과 교수학습 방법론. (주)교학사.

이용숙 외(2005). 교육현장의 개선을 위한 실행 연구 방법의 실제. 학지사.

이용숙(2007). 열린교육 실행연구. 10.

이춘식 외(2004). 실과(기술 · 가정) 교육과정 실태분석 및 개선 방향 연구. 교육인적자원부 수탁과제.

이춘식 외(2004). 실과(기술 · 가정) 교육내용 적정성 분석 및 평가. 연구보고 RRC 2004 - 1 - 7. 한국교육과정평가원.

이춘식 · 송현순 · 김종우(2007). **실과 교과 수업 컨설팅 연구**. 경인교육대학교 특성화사업 보고서.

이춘식 · 진의남(2008). **실과 수업컨설팅 이렇게 해봐요!**. 교육과학사.

이태원 외 역(2005). **기초 전기전자**. 한진.

이화진 외(2005). 2005 KICE 교수 · 학습개발센터 콘텐츠 개발 · 운영. 한국교육과정평가원 연구보고 RRI 2005 - 1.

이화진 외(2006). **수업 컨설팅 지원 프로그램 및 교과별 내용 교수법(PCK) 개발 연구**. 연구보고 RRI 2006 - 1. 한국교육과정평가원.

임찬빈 외(2006). **수업평가 기준 개발 연구(Ⅲ)**. 한국교육과정평가원 연구보고 RRI 2006 - 3.

전원속의 내집 편집부(2005). 목공 DIY. 주택문화사.

조민호 · 설증웅(2006). **컨설팅 프로세스**. (주)새로운 제안.

조민호 · 설증웅(2006). **컨설팅 입문**. (주)새로운 제안.

진동섭(2003). **학교 컨설팅**. 서울: 학지사.

진동섭(2006). 학교조직의 특성에 비추어 본 학교 컨설팅의 가능성 탐색. **한국교원교육연구**, 23(1), 373 - 396.

천안교육청(2006). 2006년 천안교육청 중등 에듀 멘토, 멘터 추진 계획.

최영전(2006). **목공 DIY가 별건가요**. 이비락출판사.

홍성완 역(2004). **컨설팅의 비밀**. 서울: 인사이트

Barnett, J., Hodson, D.(2001). Pedagogical context knowledge: Toward a fuller understanding of what good science teachers know. Science Teacher Education.

Britten, J. S., Mullen, L., & Stuve, M.(2003). Program reflections on the role of longitudinal digital portfolios in the development of technology competence. The Teacher Educator, 39(2), 79 - 94.

Brown, D.(1975). Consulting with elementary school teachers. Guidance monograph series: Series X, Elementary school guidance. (Unknown Binding)

Central Connecticut State University.(2004). Student Teaching Handbook. USA.

Cohen, L., Manion, L. & Morrison, K.(1996). A guide to teaching practice. London: Routledge.

Ermis, L., & Dillingham, J.(2002). An online career portfolio management tool for high school students conducting supervised agricultural experience programs. The Annual Conference of the Association for Career and Technical Education, 76th, Las Vegas, NV, December 12 - 15.

Felderman, S.(1998). Teacher quality and professional unionism. In Shaping the professional that shapes the future, speeches from the AFT/NEA conference on teacher quality.

Florida Head Start State Collaboration Office.(2002). Pathways to professionalism: Florida's strategy for early childhood career advancement. voluntary professional portfolio for early childhood professionals - trainee and levels Ⅰ, Ⅱ, Ⅲ CD - ROM.

Flutter, J.(2007). Consulting Pupils: What's in it for Schools? Taylor & Francis.

Frank, S., & D'orsi, G.(2003). The career portfolio workbook. McGraw-Hill.

Huefner, D. S.(1988). The consulting teacher model: risks and opportunities. Exceptional Children, 54(5). 403-415.

Jordan, A.(1994). Skills in Collaborative Classroom Consultation. Routledge.

Kolb, D. A. & Frohman, A. L.(1970). An organization development approach to consulting. Sloan Management Review, Fall.

Leeds Metropolitan University.(2003). The Student Handbook for Primary/Middle Years Teaching Studies Programmes. Leeds, UK: Leeds Metropolitan University.

Margerision, C.(1982). Managerial Problem Solving. West Yorkshire: MCB Publication.

McGill University.(2004). Handbook for student teachers. Montreal: McGill University. Naruto University of Education.(2003). Student Teaching Handbook. Naruto, Japan: NUE.

Milan, K.(1997). Management Consulting(3rd ed.). ILO.

Sergiovani, T. J. & Starratt, R. J.(1983). Supervision: A redefinition(6th ed.). Boston: McGraw-Hill.

Shulman, L. S.(1986). Those who understand: Knowledge growth in teaching. Educational Researcher, 15(2), 4-14.

Shulman, L. S.(1987). Knowledge and teaching: Foundations of the new reform. Harvard Educational Review, 57, 1-21.

University of Durham.(2003). Student Teaching Handbook. Durham, UK: University of Durham.

University of London & Institute of Education.(2003). Primary PGCE Handbook. London: IOE.

Wenglinsky, H.(2000). How teaching matters: bringing the classroom back into discussion of teacher quality. Princeton, NJ: Educational Testing Service.

저자소개 ───

진의남

　충남대학교 기술교육과 졸업
　한국교원대학교 대학원(교육학 박사)
　전) 경남 통영고・생초고, 울산 중앙고・신정고, 인천 간석여중 교사
　현) 한국교육과정평가원 연구위원

　「체제적 접근에 의한 중학교 기술교과 교육과정 개발」
　「기술・가정과 교수・학습 자료 유형 및 기준 연구」
　「기술교과 교수학습 방법론」
　「실과 수업컨설팅 이렇게 해봐요」

이춘식

　충남대학교 기술교육과 졸업
　서울대학교 대학원(교육학 박사)
　전) 서울 중화중・중랑중・월계중 교사, 한국교육과정평가원 책임연구원
　현) 경인교육대학교 생활과학교육과 교수

　「Content Relevance Evaluation and Need Assessment of Elementary Technology Education」
　「Contents for an Invention Activity in Technology Education」
　「실과 수업 컨설팅, 이렇게 해봐요」
　「초등 설계기술 탐구」

이승표

　충남대학교 기술교육과 졸업
　안양대학교 교육대학원 컴퓨터교육과(교육학 석사)
　현) 인덕원고등학교 교사

　「수송기술의 교수・학습자료 개발 연구」
　「일반계 고등학교 정보 교육의 마인드 향상을 위한 수업법 연구」
　「기술・가정과의 교육과정에 따른 평가문항 개발」

기술교과
수업
컨설팅

초판인쇄 | 2010년 8월 30일
초판발행 | 2010년 8월 30일

지 은 이 | 진의남 · 이춘식 · 이승표
펴 낸 이 | 채종준
펴 낸 곳 | 한국학술정보㈜
주   소 | 경기도 파주시 교하읍 문발리 파주출판문화정보산업단지 513-5
전   화 | 031) 908-3181(대표)
팩   스 | 031) 908-3189
홈페이지 | http://ebook.kstudy.com
E-mail | 출판사업부 publish@kstudy.com
등   록 | 제일산-115호(2000. 6. 19)

ISBN   978-89-268-1261-7 93530 (Paper Book)
       978-89-268-1262-4 98530 (e-Book)

내일을여는지식 은 시대와 시대의 지식을 이어 갑니다.